Unterrichtsentwürfe Mathematik Primarstufe, Band I

Mathematik Primarstufe und Sekundarstufe I + II

Herausgegeben von
Prof. Dr. Friedhelm Padberg, Universität Bielefeld,
und Prof. Dr. Andreas Büchter, Universität Duisburg-Essen

Bisher erschienene Bände (Auswahl):

Didaktik der Mathematik

P. Bardy: Mathematisch begabte Grundschulkinder – Diagnostik und Förderung (P)
C. Benz/A. Peter-Koop/M. Grüßing: Frühe mathematische Bildung (P)
M. Franke: Didaktik der Geometrie (P)
M. Franke/S. Ruwisch: Didaktik des Sachrechnens in der Grundschule (P)
K. Hasemann/H. Gasteiger: Anfangsunterricht Mathematik (P)
K. Heckmann/F. Padberg: Unterrichtsentwürfe Mathematik Primarstufe, Band 1 (P)
K. Heckmann/F. Padberg: Unterrichtsentwürfe Mathematik Primarstufe, Band 2 (P)
F. Käpnick: Mathematiklernen in der Grundschule (P)
G. Krauthausen: Digitale Medien im Mathematikunterricht der Grundschule (P)
G. Krauthausen/P. Scherer: Einführung in die Mathematikdidaktik (P)
G. Krummheuer/M. Fetzer: Der Alltag im Mathematikunterricht (P)
F. Padberg/C. Benz: Didaktik der Arithmetik (P)
P. Scherer/E. Moser Opitz: Fördern im Mathematikunterricht der Primarstufe (P)
A.-S. Steinweg: Algebra in der Grundschule (P)
G. Hinrichs: Modellierung im Mathematikunterricht (P/S)
R. Danckwerts/D. Vogel: Analysis verständlich unterrichten (S)
G. Greefrath: Didaktik des Sachrechnens in der Sekundarstufe (S)
K. Heckmann/F. Padberg: Unterrichtsentwürfe Mathematik Sekundarstufe I (S)
F. Padberg: Didaktik der Bruchrechnung (S)
H.-J. Vollrath/H.-G. Weigand: Algebra in der Sekundarstufe (S)
H.-J. Vollrath/J. Roth: Grundlagen des Mathematikunterrichts in der Sekundarstufe (S)
H.-G. Weigand/T. Weth: Computer im Mathematikunterricht (S)
H.-G. Weigand et al.: Didaktik der Geometrie für die Sekundarstufe I (S)

Mathematik

F. Padberg/A. Büchter: Einführung Mathematik Primarstufe – Arithmetik (P)
F. Padberg/A. Büchter: Vertiefung Mathematik Primarstufe – Arithmetik/Zahlentheorie (P)
K. Appell/J. Appell: Mengen – Zahlen – Zahlbereiche (P/S)
A. Filler: Elementare Lineare Algebra (P/S)
S. Krauter/C. Bescherer: Erlebnis Elementargeometrie (P/S)
H. Kütting/M. Sauer: Elementare Stochastik (P/S)
T. Leuders: Erlebnis Arithmetik (P/S)
F. Padberg: Elementare Zahlentheorie (P/S)
F. Padberg/R. Danckwerts/M. Stein: Zahlbereiche (P/S)
A. Büchter/H.-W. Henn: Elementare Analysis (S)
G. Wittmann: Elementare Funktionen und ihre Anwendungen (S)
B. Schuppar/H. Humenberger: Elementare Numerik für die Sekundarstufe (S)

P: Schwerpunkt Primarstufe
S: Schwerpunkt Sekundarstufe

Weitere Bände in Vorbereitung

Kirsten Heckmann · Friedhelm Padberg

Unterrichtsentwürfe Mathematik Primarstufe, Band 1

Unter Mitarbeit von

Wolf-Dieter Beyer

Ralf zur Linde

Maike Schneider-Walczok

Jasmin Sprenger

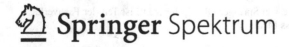
Springer Spektrum

Kirsten Heckmann
Bielefeld, Deutschland

Friedhelm Padberg
Fakultät für Mathematik
Universität Bielefeld
Bielefeld, Deutschland

ISBN 978-3-662-43955-5   ISBN 978-3-662-43956-2 (eBook)
DOI 10.1007/978-3-662-43956-2

Die Deutsche Nationalbibliothek verzeichnet diese Publikation in der Deutschen Natio-
nalbibliografie; detaillierte bibliografische Daten sind im Internet über http://dnb.d-nb.de
abrufbar.

Springer Spektrum
© Springer-Verlag Berlin Heidelberg 2008, Nachdruck 2014

Planung und Lektorat: Dr. Andreas Rüdinger, Ulrike Schmickler-Hirzebruch,
Barbara Lühker

Gedruckt auf säurefreiem und chlorfrei gebleichtem Papier.

Springer Spektrum ist eine Marke von Springer DE. Springer DE ist Teil der Fachverlags-
gruppe Springer Science+Business Media
www.springer-spektrum.de

Inhaltsverzeichnis

Vorwort

Wir wünschen uns, dass dieser Band
- vielen Studierenden im Rahmen ihrer verschiedenen Praktika,
- vielen Lehramtsanwärterinnen und Lehramtsanwärtern während ihrer Ausbildung,
- vielen praktizierenden Lehrerinnen und Lehrern im Rahmen ihrer eigenen Fortbildung

bei der Planung und Realisierung eines anregungsreichen und spannenden Mathematikunterrichts hilft.

Dieser Band konnte nur entstehen in enger Zusammenarbeit von Universität und Studienseminar. Für eine intensive und gute Zusammenarbeit bedanken wir uns bei
- Wolf-Dieter Beyer, Seminarleiter am Studienseminar Minden,
- Ralf zur Linde, Fachleiter für Mathematik am Studienseminar Bielefeld,
- Maike Schneider-Walczok, Fachleiterin für Mathematik am Studienseminar Marburg, früher langjährige Praktikumsbetreuerin an der Universität Gießen und
- Jasmin Sprenger, Mentorin für das Fachpraktikum Mathematik an der Pädagogischen Hochschule Schwäbisch Gmünd.

Insbesondere Wolf-Dieter Beyer war uns bei vielen Fragen während der gesamten Gestaltung dieses Bandes stets ein sehr kompetenter Berater und ein geduldiger, angenehmer Gesprächspartner. Hierfür nochmals ein extragroßes Dankeschön!

Die vorliegende Auswahl gut gelungener Unterrichtsentwürfe hätten wir zudem nicht vorstellen können ohne die kreativen Ideen folgender ehemaliger Lehramtsanwärterinnen und Lehramtsanwärter sowie Praktikumsbetreuer und Fachleiter, bei denen wir uns herzlich bedanken: Nicole Ludwig, Carsten Meier, Carsten Mühlmeier, Michaela Naumann, Axel Schulz, Charlotte Seger, Sabine Simon, Jasmin Sprenger, Gerda Wienand, Beate Weber, Ralf zur Linde.

Bielefeld, November 2007

Kirsten Heckmann   Friedhelm Padberg

1 Einleitung

Der vorliegende Band ist in erster Linie für Lehramtsanwärter[1] und für Studierende des Lehramts für die Primarstufe geschrieben, die sich im Rahmen des Referendariats oder im Rahmen eines Praktikums im Studium gründlicher mit der Planung und Realisierung von Unterricht befassen. Jedoch ist das Buch auch eine gute Handreichung für erfahrene Lehrer sowie Dozenten in Studienseminaren und Universitäten, insbesondere wenn die eigene Ausbildung vor der Zeit der Bildungsstandards erfolgte. Denn zum einen wird ein Bild des gegenwärtigen Mathematikunterrichts mit den hieraus resultierenden Anforderungen vermittelt, zum anderen geben die aufgeführten Unterrichtsentwürfe wertvolle Anregungen für die praktische Umsetzung dieser Anforderungen im Unterricht.

1.1 Unterrichtsentwürfe – kein überflüssiger Luxus!

Die erste Phase des Lehramtsstudiums bis zum ersten Staatsexamen ist aktuell durch einen recht hohen theoretischen und einen recht geringen praktischen Anteil gekennzeichnet. Die Vermittlung von fachlichen und didaktischen Kenntnissen steht eindeutig im Vordergrund und schafft die notwendige Basis für didaktisch sinnvolles Handeln. So gibt es mittlerweile eine Fülle von Anregungen beispielsweise für produktive Lern- und Übungsformate wie z. B. Zahlenmauern (vgl. Krauthausen 1995, Scherer 1997a), Zahlenketten (vgl. Scherer 2001, Scherer & Selter 1996, Selter & Scherer 1996, Verboom 1999), Zahlenmuster (vgl. Verboom 1998), Zahlentreppen (vgl. Schwätzer 2001) oder Einmaleinszüge (vgl. Abschnitt

---

[1] Der Kürze halber verwenden wir im Folgenden statt der ausführlichen und korrekten Bezeichnung Lehramtsanwärterinnen und Lehramtsanwärter, Lehrerinnen und Lehrer, Schülerinnen und Schüler etc. jeweils nur die männliche Form.

4.12). Im günstigen Fall gehen die Studierenden also mit einer Fülle didaktisch fruchtbarer Ideen in den Unterricht. Dies stellt jedoch nur eine notwendige, aber keine hinreichende Bedingung für das Gelingen von Unterricht dar, weil das Unterrichtsgeschehen sehr komplex ist und neben didaktischen Aspekten eine Vielzahl weiterer Faktoren miteinfließt. Auch die schönste didaktische Idee kann im Unterricht scheitern, wenn solche Einflussfaktoren nicht beachtet werden. So kann es etwa passieren, dass die Schüler resignieren, wenn man die Lernvoraussetzungen der Schüler missachtet, z. B. weil sie das zu Entdeckende bereits in einem anderen Zusammenhang (evtl. in einer früheren Klassenstufe) kennengelernt haben oder im umgekehrten Fall, wenn die notwendigen Voraussetzungen für die Erarbeitung bei den Schülern nicht gegeben sind. Die angehenden Lehrer müssen folglich ein Bewusstsein für die zahlreichen Faktoren entwickeln, die das Unterrichtsgeschehen beeinflussen können. Die in der zweiten Ausbildungsphase fest verankerten Unterrichtsbesuche in Verbindung mit den zugehörigen schriftlichen Unterrichtsentwürfen leisten hierzu einen wesentlichen Beitrag. Sie stellen jedoch ganz neue Anforderungen an die angehenden Lehrer und versetzen Lehramtsanwärter zuweilen in Angst und Panik. Dabei mangelt es nicht – wie oben beschrieben – an didaktisch wertvollen Ideen. Auch werden viele Einflussfaktoren des Unterrichts bei der „mündlichen" Planung intuitiv berücksichtigt. Der Knackpunkt liegt vielmehr in der Strukturierung und Ordnung dieser Ideen, um aus ihnen ein in sich schlüssiges Gesamtkonzept zu erstellen. Genau hierin liegt jedoch der Sinn und Zweck des Schreibens von Unterrichtsentwürfen, die zu diesem Strukturierungsprozess zwingen. Ihre Funktion besteht in erster Linie darin, die vielen unbewusst getroffenen Planungsentscheidungen bewusst zu machen und sie in einen logischen Begründungszusammenhang zu stellen. Die schriftliche Fixierung ermöglicht es dabei, die Planungsentscheidungen anschließend im Hinblick auf das konkrete Unterrichtsgeschehen kritisch zu reflektieren und dabei ggf. Schwachstellen – ebenso aber auch besondere Stärken – ausfindig zu machen und bei nachfolgenden Planungen zu berücksichtigen. Insofern bietet sich hier die Chance zur Optimierung von (nachfolgendem) Unterricht, sodass schriftliche Unterrichtsentwürfe als Evaluationsinstrument für den eigenen Unterricht zu betrachten sind. Schritt für Schritt entwickelt sich auf diese Weise Sicherheit im Treffen von Planungsentscheidungen, was den hohen Arbeitsaufwand der schriftlichen Unterrichtsplanung rechtfertigt, der von Lehramtsanwärtern zuweilen als Schikane empfunden wird. Erst in zweiter Linie geht es bei Unterrichtsentwürfen um die *Vorbereitung* des konkreten Unterrichts, zumal der Aufwand nur für eine sehr begrenzte Anzahl an Stunden realisierbar ist.

1.2 Zielsetzung des Bandes

Wie im vorigen Abschnitt erläutert, spielen Unterrichtsentwürfe schon in Praxisphasen des Studiums sowie insbesondere in der zweiten Ausbildungsphase eine große Rolle – nicht nur, weil sie entscheidend mit in die Note des zweiten Staatsexamens einfließen, sondern weil sie einen wichtigen Beitrag zur Optimierung der eigenen Unterrichtsplanung und -durchführung leisten.

Ziel des Bandes ist es vor diesem Hintergrund, den angehenden Lehrern bei dieser neuen Anforderung zu helfen. Ein Schwerpunkt liegt dabei in der Vermittlung einer Vorstellung davon, was guten Unterricht ausmacht, durch welche Merkmale er charakterisiert ist. Dies geschieht zum einen durch die allgemeine Beschreibung wichtiger Unterrichtsprinzipien, zum anderen aber auch durch konkrete Unterrichtsentwürfe und Literatur- und Internethinweise, die viele praktische Anregungen geben. Zusammen schafft dies eine gute Basis für eine Übertragung dieser Anregungen auf andere Unterrichtsinhalte, Ziele und Klassen.

Darüber hinaus besteht ein zentrales Anliegen darin, den Studierenden und Lehramtsanwärtern eine Art Handlungsanleitung für die konkrete Unterrichtplanung zu bieten, die jedoch keineswegs als festgeschriebenes „Rezept" zu verstehen ist, das man Schritt für Schritt abarbeiten könnte. Denn dies würde im krassen Widerspruch zu den Anforderungen stehen, die wir heutzutage an unsere Schüler stellen und folglich auch an uns selbst stellen sollten (vgl. Abschnitt 2.1). Vielmehr soll der sehr komplexe Prozess der (schriftlichen) Unterrichtsplanung aufgedröselt und strukturiert werden, und es soll Transparenz bezüglich der Anforderungen geschaffen werden. Ziel der Ausführungen ist es, bei der Strukturierung der eigenen Unterrichtsideen und Gedanken zu helfen, wobei jedoch bewusst viele Lösungsmöglichkeiten denkbar sind, die genügend Freiraum für die eigene Kreativität lassen.

1.3 Aufbau des Bandes

Nach den einführenden Erläuterungen im ersten Kapitel soll im zweiten Kapitel in Anlehnung an die neuen Bildungsstandards (2004) und die hierauf basierenden Lehrpläne eine Idealvorstellung des Mathematikunterrichts (bzw. häufig auch des Unterrichts allgemein) in der heutigen Zeit vermittelt werden. Dabei wird aufgezeigt, welche allgemeinen Grundsätze er erfüllen soll und welche Erwartungen bzw. Anforderungen an Lehrer und Schüler hiermit verbunden sind. Zentral auf Schülerseite ist dabei die Unterscheidung in allgemeine (prozessbezogene) und inhaltsbezogene mathematische Kompetenzen, die ausführlich dargestellt und an konkreten Beispielen erläutert werden.

Es folgt im dritten Kapitel eine ausführliche Erörterung der (schriftlichen) Unterrichtsplanung, die dabei helfen soll, die entwickelten methodisch-didaktischen Ideen unter Berücksichtigung aller relevanten Einflussfaktoren des Unterrichts sinnvoll in die Praxis umzusetzen. Zu diesem Zweck erfolgt zunächst eine theoretische Darstellung allgemeiner Grundlagen der Unterrichtsplanung, in der wichtige Strukturen und Beziehungen des Unterrichts offen gelegt werden und ein erster Einblick in die zahlreichen Aspekte vermittelt werden soll, die bei der Unterrichtsplanung zu berücksichtigen sind. Diese werden bei den Ausführungen zu den Inhalten und Anforderungen an schriftliche Unterrichtsentwürfe weiter konkretisiert und strukturiert, wobei zusätzlich praktische Hinweise zur Verschriftlichung gegeben werden.

Nach diesen theoretischen Grundlagen bezüglich der Anforderungen an den Mathematikunterricht sowie an die Gestaltung und Verschriftlichung eigener Unterrichtsstunden bzw. -besuche werden im vierten Kapitel exemplarisch 18 gut gelungene Unterrichtsentwürfe dargestellt. Es handelt sich um authentische Entwürfe, die sorgfältig durch Experten aus verschiedenen Studienseminaren (Bielefeld, Minden, Marburg) bzw. aus dem Fachpraktikum (Schwäbisch Gmünd) ausgewählt und für diesen Band weiter optimiert wurden (vgl. Abschnitt 4.1). Sie veranschaulichen exemplarisch gut reflektierte Umsetzungsmöglichkeiten didaktischer Grundideen unter Berücksichtigung der Gesamtkomplexität des Unterrichts. Sie sollen den Leser für wichtige Planungsüberlegungen und -entscheidungen sensibilisieren mit dem Ziel der Übertragung auf eigene Unterrichtsplanungen. Ferner bieten die Beispiele vielfältige Übertragungsmöglichkeiten auf andere Klassenstufen, andere Inhalte und Ziele. Denn neben der guten Qualität als selbstverständlich grundlegendem Auswahlkriterium wurden die Entwürfe bewusst so ausgewählt, dass sie ein möglichst breites Spektrum des Mathematikunterrichts in der Grundschule abdecken. So werden nicht nur alle Jahrgangsstufen der Grundschule berücksichtigt, sondern in jeder Jahrgangsstufe werden nahezu alle mathematischen Grundideen und viele allgemeine mathematische Kompetenzen angesprochen.

Der Band schließt mit einigen Internet- und Literaturhinweisen, die sowohl inhaltlich als auch methodisch weitere Anregungen für die Planung und Gestaltung von Unterricht geben können.

2 Zum Mathematikunterricht in der Grundschule

Ziel dieses Kapitels ist es, den Leserinnen und Lesern auf der Grundlage der aktuellen fachdidaktischen Diskussion und der gültigen Lehrpläne und Bildungsstandards ein Bild davon zu vermitteln, wie Mathematikunterricht in der heutigen Zeit auf der Grundlage allgemeiner Unterrichtsprinzipien gestaltet werden sollte. Denn das Wissen hierüber ist – neben der Kenntnis der neueren einschlägigen fachspezifischen Literatur zu den einzelnen Unterrichtsinhalten – Basiswissen für die Gestaltung von Mathematikunterricht und somit zugleich für die Erstellung von Unterrichtsentwürfen, um so Planungsentscheidungen treffen und begründen zu können. Im ersten Abschnitt werden daher zunächst allgemeine Unterrichtsprinzipien dargestellt und erläutert, bevor im zweiten Abschnitt spezieller auf die Inhalte und Ziele des Mathematikunterrichts eingegangen wird.

2.1 Allgemeine Unterrichtsprinzipien

„Auftrag der Grundschule ist die Entfaltung grundlegender Bildung." Mit diesem Satz beginnen die Bildungsstandards (2004, S. 6) und heben damit den Bildungsauftrag als übergeordnetes Ziel jeden Unterrichts hervor. Im Grunde stellen alle Unterrichtsprinzipien (empirisch gesicherte) Konkretisierungen dar, durch welche sich dieses Ziel bestmöglich erreichen lässt. Nachfolgend werden die Prinzipien dargestellt, die in den Bildungsstandards sowie den Lehrplänen aufgegriffen werden und als zentral für den Mathematikunterricht (aber auch für jedes andere Unterrichtsfach) angesehen werden können.

Ein zentrales Anliegen des Mathematikunterrichts besteht zunächst im **Aufbau eines gesicherten Verständnisses**, da ein Lernen ohne das

Gewinnen von Einsicht auf Dauer nicht erfolgreich sein kann. Winter (1991, S. 1) spricht in diesem Fall von „Scheinleistungen", die jeweils nur zeitlich und inhaltlich lokal funktionieren können, weil ohne Verständnis die benötigten Lösungsverfahren im Falle des Vergessens weder erneut hergeleitet werden können noch Transferleistungen auf ähnliche Sachverhalte möglich sind. Dementsprechend herrscht heute Konsens darüber, dass es im Mathematikunterricht der Grundschule um weit mehr geht als um das Rechnenlernen. Um jedoch keine Missverständnisse aufkommen zu lassen: Dem schnellen und sicheren Rechnen kommt insbesondere im Grundschulbereich nach wie vor eine hohe Priorität zu; aber nicht das unverstandene Auswendiglernen sollte die Basis für Rechenfertigkeiten sein, sondern inhaltliche Vorstellungen und ein tiefgreifendes Verständnis von Zahlbeziehungen und Rechenergebnissen (vgl. Franke 2002, S. 19).

Die Forderung nach Einsicht und Verständnis ist aufgrund der stark ausgeprägten Technisierung in der heutigen Zeit ausgesprochen wichtig. Weil Taschenrechner und Computer mittlerweile zur Standardausstattung gehören, kann es im heutigen Mathematikunterricht nicht mehr um das Lösen von Routineaufgaben gehen, da gerade dies an den Taschenrechner oder Computer abgegeben werden kann. Entsprechend leistungsfähige Taschenrechner und Computer können dabei mittlerweile bereits komplizierte Terme vereinfachen, differenzieren, integrieren, Graphen zeichnen, Gleichungssysteme lösen etc. Wichtig bleibt jedoch, dass die Schüler auch in Zukunft wissen, was sich hinter den Tasten verbirgt, d. h. verstehen, wie der Taschenrechner oder Computer arbeitet (vgl. Herget 2000, S. 5). Entsprechend wird für den Mathematikunterricht gefordert, dass er nicht auf die Aneignung von Kenntnissen und Fertigkeiten reduziert werden darf, sondern auf die Entwicklung eines gesicherten Verständnisses mathematischer Inhalte abzielen soll (vgl. Bildungsstandards 2004, S. 6). Dies ist weiterhin insbesondere auch deshalb unverzichtbar, da uns der Taschenrechner zwar die Berechnungen, nicht aber das Finden der benötigten Lösungsschritte abnehmen kann. Es liegt auf der Hand, dass die hierfür erforderlichen Kompetenzen kognitiv wesentlich anspruchsvoller als die anschließenden Berechnungen sind und ein gutes Aufgabenverständnis voraussetzen.

Die Forderung nach einer stärkeren Betonung von Einsicht und Verständnis wird aktuell dadurch verschärft, dass Untersuchungen wie TIMSS und PISA bei deutschen Schülern Defizite gerade in diesem Bereich festgestellt haben: So wurden bei komplexeren Aufgaben, die der realen Welt entstammen und deren Lösungen inhaltliche Vorstellungen erfordern, große Schwächen deutlich, während die Leistungen bei Routineaufgaben einigermaßen akzeptabel waren (vgl. Blum & Wiegand 2000, S. 52).

Ein weiteres Grundprinzip – sowohl des Mathematikunterrichts als auch jeden anderen Unterrichts – besteht im **Anknüpfen an die Vorkenntnisse**. Auf der Grundlage entsprechender Forschungsergebnisse wird in der aktuellen fachdidaktischen Literatur oft betont, dass die Schüler nicht als „Tabula rasa" in die Schule kommen (vgl. z. B. Spiegel & Selter 2004, S. 16ff.). Vor Schuleintritt hatten sie bereits mehrere Jahre Zeit, in denen sie – in der aktiven Auseinandersetzung mit ihrer Umwelt – viele Fähigkeiten, Fertigkeiten und Kenntnisse erworben haben. Diese Erfahrungen fließen natürlich in den Unterricht mit ein und sollten hier entsprechend beachtet werden. „Man soll die Schüler dort abholen, wo sie gerade stehen.", so wird gerne zitiert. Dies empfiehlt sich insbesondere aus motivationalen Gründen, da die Schüler ihre eigenen Erfahrungen in den Unterricht mit einbringen können. Gleichzeitig lässt sich durch das Anknüpfen an dieses Wissen bzw. an diese Erfahrungen Neugier und Interesse für den Unterrichtsinhalt wecken und somit eine positive Lernbereitschaft erzeugen. Entscheidend ist allerdings, dass man die Vorkenntnisse und -erfahrungen weiterentwickelt bzw. vertieft, dass man also beim „Abholen" der Schüler nicht am Treffpunkt stehen bleibt, sondern mit den Kindern zusammen weitergeht.

Auch die Forderung nach **Individualisierung** ist kein Spezifikum des Mathematikunterrichts, sondern des Unterrichts allgemein. Ziel muss es stets sein, *alle* Schüler zu fördern. Da aus Untersuchungen jedoch immer wieder hervorgeht (vgl. z. B. Schipper 1998), dass die Schüler häufig mit völlig unterschiedlichen Voraussetzungen in den Unterricht kommen, ist dies nur durch **differenzierte Lernangebote** möglich. Denn Lernprozesse finden nur statt, wenn eine „fruchtbare" Spannung zwischen den bereits erworbenen und den zu vermittelnden Kenntnissen, Fähigkeiten und Fertigkeiten besteht, da die Schüler andernfalls entweder unterfordert oder (bei einem zu großen Unterschied zwischen Ist- und Sollzustand) überfordert sind. Ein klassisches Beispiel hierfür ist die Beschränkung auf den Zahlenraum bis 20 im ersten Schuljahr, bei der die Schüler, die sich bereits sicher im Zahlenraum bis 100 (und zum Teil noch darüber hinaus) bewegen, hoffnungslos unterfordert sind, während eine Ausweitung des Zahlenraums auf 100 wiederum eine Überforderung für die Schüler darstellen würde, die noch keinerlei Zahlvorstellung aufgebaut haben. Vor diesem

Hintergrund sollte man sich von der Vorstellung lösen, dass alle Kinder im Unterricht das Gleiche tun, und stattdessen der Individualität der einzelnen Schüler gerecht werdende Differenzierungsmaßnahmen treffen. Angestrebt werden dabei ganzheitliche Kontexte, bei denen die Schüler die Wahl zwischen unterschiedlich schwierigen Fragestellungen haben, sodass alle Schüler – auf unterschiedlichem Niveau – am gleichen Thema arbeiten. Dabei ist zu berücksichtigen, dass sich die Schüler nicht nur hinsichtlich ihres Leistungsstandes, sondern auch in ihren Arbeitsweisen und Lernformen unterscheiden. So belegen aktuelle Studien zu den Vorgehensweisen von Schülern (vgl. z. B. Selter & Spiegel 1997) eindrucksvoll, wie variationsreich die Lösungsstrategien der Schüler (bereits innerhalb einer einzigen Schulklasse) sein können. In diesem Sinne bedeutet Individualisierung nicht nur das Bereitstellen von unterschiedlich schwierigen Aufgaben, sondern auch das Ermöglichen unterschiedlicher Arbeitsformen und Lernwege. Zu einer natürlichen, „inneren" Differenzierung (im Gegensatz zu einer rein organisatorischen, „äußeren" Differenzierung) gehört also auch die Freiheit der Anschauungsmittel, der Lösungswege sowie auch deren Darstellung. Das Prinzip der Individualisierung stellt recht hohe Anforderungen an den Lehrer, denn um an den Lernvoraussetzungen der einzelnen Schüler anknüpfen zu können, müssen diese zunächst bekannt sein. Interesse für den Einzelnen sowie eine gute Analysefähigkeit sind damit wichtige Voraussetzungen seitens der Lehrkraft.

Die Forderung nach Individualisierung ist darüber hinaus eng verbunden mit einem weiteren zentralen Unterrichtsprinzip, denn: „Mathematikunterricht, der von den Bedürfnissen und Möglichkeiten des einzelnen Kindes ausgeht, ist notwendig **offener Unterricht**" (Floer 1995a, S. 7). Entscheidendes Kriterium ist dabei ein hoher Grad an **Selbststeuerung** der Lernprozesse durch die Schüler selbst. Hengartner et al. (2006, S. 17) weisen in diesem Zusammenhang darauf hin, dass diese Offenheit über die Methodik und Organisation (d. h. das Bereitstellen alternativer Aufgaben und die freie Entscheidung über Arbeitsort, Zeitaufwand oder die Reihenfolge der Aufgabenbearbeitung) hinausgeht und insbesondere die inhaltliche Qualität der Aufgaben betrifft. Es gilt, das Lernen in kleinen und kleinsten Schritten in gestufter Form mit isolierten Schwierigkeitsmerkmalen, festgeschriebenen Lösungsstrategien und Musterlösungen zu vermeiden und stattdessen sogenannte „substanzielle" *Lernumgebungen* zu schaffen, in denen ein Lernen in größeren Sinnzusammenhängen auf eigenständigen Wegen möglich ist. Die Aufgaben sollen also von unterschiedlichen Voraussetzungen ausgehen und mit verschiedenen Mitteln, auf unterschiedlichem Niveau und verschieden weit bearbeitet werden können (vgl. Wittmann 1996, S. 5). Dies darf allerdings keineswegs als Beliebigkeit der Unterrichtsinhalte und Schüleraktivitäten missverstanden werden. Ganz im Gegenteil müssen die Aktivitäten unter einer bestimmten Zielstellung stehen, die bewusst angestrebt wird und nicht aus dem Blick geraten darf. Denn man kann nicht erwarten, dass die Schüler ohne die Vermittlung einer solchen Zielvorstellung mittels geeigneter Anregungen und Hilfen quasi aus dem Nichts heraus Erkenntnisse entwickeln bzw. ausbauen. **Zielorientierung** (vgl. z. B. Schipper 2001b) ist in diesem Sinne ein wichtiges Stichwort und verdeutlicht die Notwendigkeit einer bewussten, gut reflektierten Unterrichtsplanung gerade für diese offene Unterrichtsform. Zu berücksichtigen sind dabei auch klare Formulierungen, Einstiegshilfen und Kontrollmöglichkeiten (vgl. Rahmenplan Rheinland-Pfalz 2002, S. 28).

Die Forderung nach einer derartigen **Öffnung des Mathematikunterrichts** findet in der fachdidaktischen Literatur für alle Schulstufen aktuell große Beachtung. So geben neuere Publikationen zunehmend überzeugende Beispiele für offene Aufgaben bzw. Lernumgebungen (sowohl für den Primarbereich als auch für die Sekundarstufen), in denen die Schüler auf unterschiedlichem Leistungsniveau am gleichen Thema arbeiten können (vgl. Die Grundschulzeitschrift 177/2005, Hengartner et al. 2006, Blum et al. 2006, Krauthausen & Scherer 2007, Selter & Schipper 2001, Schütte 2001a,b u. v. m.). Allgemeine Hinweise, wie traditionelle (Schulbuch-)Aufgaben „geöffnet" und somit für entdeckendes Lernen (s. u.) nutzbar gemacht werden können, findet man u. a. bei Dockhorn (2000) und Herget (2000). Zwar stammen die Beispiele aus dem Sekundarbereich, jedoch lassen sich die beschriebenen Strategien (z. B. Weglassen von Informationen, vielfältige Variationen einer Aufgabe, Umkehren der Fragestellung, Erfinden eigener Aufgaben) auch auf den Primarbereich übertragen.

Mit der Öffnung des Mathematikunterrichts eng verbunden ist ein weiterer wichtiger Grundsatz des heutigen Mathematikunterrichts, die **Handlungsorientierung**. Im Mittelpunkt dieses Unterrichtskonzepts, das u. a. durch einen ganzheitlichen Zugang zu komplexen, lebensnahen Problemen sowie durch ein hohes Maß an Eigenverantwortung und kooperativen Handlungsformen gekennzeichnet ist (vgl. Gudjons 1998a, S. 103ff.), steht die **Selbsttätigkeit** der Schüler. Die Handlungen der Schüler bilden

den Ausgangspunkt des Lernprozesses, was Freudenthal bereits in den 1970er-Jahren (1973, S. 107) ausgezeichnet am Beispiel des Schwimmens verdeutlichte, welches man nicht durch theoretische Erklärungen erlernt, sondern durch das Ausführen der Bewegungsabläufe unter realen Bedingungen, d. h. im Wasser. Dass es sich beim (Mathematik-)Lernen im Grunde nicht anders verhält, gilt heute als erwiesen:

> „Von der Psychologie des Lernens und Denkens haben wir gelernt, dass man (nicht nur) mathematische Einsichten keineswegs wie Steine am Wege findet, die man nur noch nach Hause tragen muss, sondern aus konkreten Erfahrungen aktiv gewinnt, die im Denken nachvollzogen («verinnerlicht»), ausgebaut, verfeinert und mit anderen Einsichten in Verbindung gebracht werden. Lernen besteht nicht darin, dass dem Lernenden etwas Fertiges übergeben oder mitgeteilt wird. Es ist viel[e]mehr ein *Prozess*, bei dem der Lernende die entscheidende Rolle spielt: Er erfasst und begreift etwas, baut so Einsichten auf, verbindet sie mit anderen, erschließt mit ihrer Hilfe neue Erfahrungen, teilt sie mit, überträgt sie, ruft sie ab." (Floer 1995a, S. 8)

Lernen ist demnach ein **konstruktiver Prozess**, bei dem der Lernende selbst die entscheidende Rolle spielt. Erkenntnissen der Lernforschung zufolge bewirkt das eigene Tun und Handeln die nachweislich höchste Behaltensleistung, und darüber hinaus kann das auf diese Weise Gelernte besser für neue Problem- und Anwendungssituationen nutzbar gemacht werden (vgl. Klippert 2004, S. 30ff.). Dass es im Unterricht dementsprechend nicht mehr um ein Darbieten, Beibringen oder Vermitteln des Unterrichtsstoffs geht, sondern um ein *Erarbeiten* und *Entwickeln*, hat Kühnel (vgl. Wittmann 1995a) bereits zu Beginn des 20. Jahrhunderts erkannt. Jedoch hat es noch bis in die 1980er-Jahre gedauert, bis sich dieser Paradigmenwechsel allgemein durchgesetzt und Eingang in die Lehrpläne gefunden hat. Heute besteht Konsens darüber, dass sich die Schüler so selbstständig wie möglich die anzustrebenden Lerninhalte aneignen, Erkenntnisse aufbauen und Wissen strukturieren sollen. Ein wichtiger Grund hierfür liegt neben den lernpsychologischen Erkenntnissen sicherlich auch in den neueren gesellschaftlichen Anforderungen, da in der modernen Berufswelt die Befähigung zum selbstständigen Arbeiten und Problemlösen immer stärker gefordert wird (vgl. z. B. Klippert 2004, S. 20ff.).

Die Forderung nach möglichst viel **Selbstständigkeit und Eigenaktivität** bedeutet für den Unterricht, dass Wissen und Fertigkeiten nicht als „Fertigprodukt" gelehrt, sondern durch eine Bearbeitung **problemhaltiger Aufgaben** von den Schülern selbst entwickelt werden sollen (vgl. Müller & Wittmann 1984, S. 156). Die Mathematik soll von den Schülern „nacherfunden" oder „wiederentdeckt" werden, weshalb in diesem Zusammenhang auch oft vom Prinzip des **entdeckenden** bzw. **aktiventdeckenden** Lernens (vgl. z. B. Winter 1994a, Wittmann 1995a) gesprochen wird. Auch die Wurzeln dieser Maxime liegen weit vor dem Zeitpunkt, zu dem sie allgemeine Anerkennung gefunden hat. So formulierte z. B. Polya die Aktivität als Grundprinzip des Lernens und forderte: „Man lasse die Schüler selbst so viel, wie unter den gegebenen Umständen irgend tunlich ist, entdecken." (Polya 1967, S. 159). Konkreter bedeutet dies, dass Schüler herausfordernde Situationen, zu denen sie noch kein stabiles Lösungsschema besitzen, zunächst auf individuellen Wegen bearbeiten, also durch *Eigenproduktionen*. Dies bietet einen breiten Spielraum für **Eigeninitiative** und **Kreativität.** Die Schüler können bei dieser Arbeitsform entsprechend ihrer Stufe des Könnens auf **verschiedenen Darstellungsebenen** konkret mit Material (enaktiv), zeichnerisch mit bildlichen Darstellungen (ikonisch) oder abstrakt auf symbolischer Ebene arbeiten, womit zugleich der Forderung nach Differenzierung entsprochen wird. Wichtig ist dabei das Bewusstsein, dass anders als im traditionellen Mathematikunterricht nicht länger das Ergebnis einer Aufgabe im Vordergrund steht, sondern der Prozess, der zu dieser Lösung geführt hat: „Der Weg ist das Ziel" (Franke 2002, S. 19). Im Sinne dieser **Prozessorientierung** spielen im heutigen Unterricht so genannte Rechen- oder Strategiekonferenzen eine immer größere Rolle, bei denen die verschiedenen Lösungswege in einer Schülergruppe vorgestellt, begründet, verglichen, diskutiert, bewertet und ggf. optimiert werden. Die Fortsetzbarkeit muss dabei ein entscheidendes Kriterium sein, wie Schipper (2001b) u. a. am Beispiel des zählenden Rechnens gut verdeutlicht (Dieses ist bei Schulanfängern durchaus akzeptabel, in größeren Zahlenräumen jedoch nicht mehr tragfähig.). Des Weiteren empfehlen sich Strategiekonferenzen besonders auch unter kommunikativen Gesichtspunkten, da die Verständigung mit den Mitschülern nachweislich ein entscheidendes Moment für die Entstehung von Einsicht ist.

„Erst dadurch, dass die unterschiedlichen Vorstellungen ausgetauscht, verglichen und aufeinander abgestimmt und so Bedeutungen ausgehandelt werden, entsteht Verständnis." (Floer 1996, S. 28)

In diesem Sinne ist die **Kommunikation** ein weiteres wichtiges Unterrichtsprinzip. Sie fordert von den Schülern das Verbalisieren eigener und fremder Gedanken sowie die einheitliche Verwendung von Begriffen. Entsprechend ist die Förderung der **Sprachkompetenz** nicht nur im Sprachunterricht, sondern auch im Mathematikunterricht ein wichtiges Anliegen.

Die **Kommunikationsfähigkeit** wird oft im Zusammenhang mit der **Sozialkompetenz** gesehen, da das Lernen im Klassenverband, und somit in einem sozialen Rahmen, stattfindet. Ein Schwerpunkt bei den sozialen Kompetenzen, die häufiger unter den Begriffen „Kooperation" oder „soziales Lernen" gefasst werden, liegt dabei auf einem gelingenden Miteinander. Da das entdeckende Lernen von der Kommunikation lebt (Lösungsansätze werden vorgestellt, verglichen, diskutiert, bewertet), sind soziale Kompetenzen wie Teamfähigkeit, Empathie, Verantwortungsbewusstsein, Rollendistanz, Kooperationsfähigkeit, Konfliktlösungsbereitschaft, Konsensfähigkeit etc. besonders relevant und werden durch diese Unterrichtsform zugleich stark gefördert (vgl. Winter 1984b, S. 28). Ebenso werden sozial-kommunikative Fähigkeiten wie Zuhören, Argumentieren, Diskutieren etc. (Tab. 2.1) gefordert und gleichzeitig gefördert. Entsprechend wurden in den letzten Jahren vielfältige (nicht nur für den Mathematikunterricht relevante) **Kooperative Lernformen** entwickelt (vgl. z. B. Green & Green 2007), denen in der aktuellen didaktischen Diskussion ein hoher Stellenwert zugeschrieben wird.

Zu einem entdeckenden Unterricht gehört es, dass Schüler ihre Ideen und Lösungsansätze vorstellen bzw. zur Diskussion stellen. Dies werden die Schüler aber nur ohne Angst tun, wenn ein gesundes soziales Lernklima, geprägt durch ein hohes Maß an Akzeptanz, vorherrscht. Dies ist insbesondere auch für einen angemessenen **Umgang mit Fehlern** von entscheidender Bedeutung. Es handelt sich hierbei um eine weitere wichtige Zielsetzung des gegenwärtigen Unterrichts, da Fehler zu einem handlungsorientierten Unterricht auf natürliche Weise dazugehören. Denn genau wie es in der Geschichte der Mathematik Um- und Irrwege gegeben hat, sind diese auch bei einer vorwiegend selbstständigen Nachentdeckung der Mathematik zu erwarten:

„Nur wer etwas tut, kann Fehler machen! Gehen wir zusammen mit unseren Schülerinnen und Schülern die Gefahr ein, Fehler zu machen. So werden Fehler zu Helfern, zu Wegweisern über Unverstandenes, und führen zu neuen Erkenntnissen." (Jost 1997, S. 4)

In diesem Sinne sollen Fehler im Unterricht nicht nur zugelassen und akzeptiert werden, sondern darüber hinaus im Sinne einer positiven Fehlerkultur als *Lernchancen* genutzt werden. Für Winter (1994a, S. 24f.) bedeutet dies zum einen das Analysieren auftretender Fehler durch die Schüler selbst und zum anderen das Thematisieren von Kontrollmöglichkeiten (z. B. Überschlag, Plausibilitätsüberlegungen, Nachrechnen, Umkehroperation, Stichproben). Außerdem wirkt sich eine positive Fehlerkultur günstig auf die Forscherhaltung der Schüler aus, da sie bei einem produktiven Umgang mit Fehlern die Angst vor ihnen verlieren und eher dazu bereit sein werden, Hypothesen zu formulieren, auszutesten, zu verwerfen oder zu modifizieren (vgl. Krauthausen 1998, S. 30).

Neben der Fachkompetenz und der sozial-kommunikativen Kompetenz gilt die **Methodenkompetenz** als dritte Schlüsselqualifikation, die in einem handlungsorientierten Unterricht ebenfalls gut aufgebaut werden kann. Denn ein selbstständiges und eigenverantwortliches Lernen erfordert von den Schülern das Beherrschen von Arbeitstechniken wie z. B. Markieren, Nachschlagen, Ordnen etc. sowie auch von Wiederholungsstrategien zum Einprägen von Lerninhalten und Kontrollstrategien (Tab. 2.1). Wichtig für den Unterricht ist es daher, diese methodischen Basisfähigkeiten zu vermitteln und zu fördern.

Schließlich soll Unterricht auch auf die Förderung des **personalaffektiven Bereichs** abzielen, d. h. die Schüler in ihrer Persönlichkeit stärken und ihre Einstellungen und Interessen positiv beeinflussen (Tab. 2.1).

Damit ergeben sich insgesamt vier Bereiche schulischen Lernens, die für den Mathematikunterricht ebenso relevant sind wie für jeden anderen Unterricht auch. Tabelle 2.1 listet in Anlehnung an Klippert (2004, S. 57) zentrale Kompetenzen der einzelnen Lernbereiche auf, ohne dass die Liste jedoch erschöpfend gemeint ist.

Tabelle 2.1 Lernbereiche im Schulunterricht

Lernbereiche			
inhaltlich-fachlich	methodisch-strategisch	sozial-kommunikativ	personal-affektiv
wissen von Fakten, Regeln, Definitionen, Begriffen, …	*markieren* *nachschlagen* *strukturieren*	*zuhören* *fragen* *antworten*	Entwicklung bzw. Aufbau von … *Selbstvertrauen*
verstehen von Sachverhalten, Argumenten, …	*protokollieren* *organisieren*	*begründen* *argumentieren*	*Selbstreflexion* *Lernfreude und –bereitschaft*
erkennen von Beziehungen, Zusammenhängen, …	*recherchieren* *entscheiden* *gestalten*	*diskutieren* *moderieren* *präsentieren*	*Selbstdisziplin* *Belastbarkeit* *Werthaltungen*
(be)urteilen von Aussagen, Lösungswegen, …	*ordnen* *kontrollieren* …	*kooperieren* *helfen* *integrieren* …	*Kritikfähigkeit* …

Aus den bisherigen Ausführungen geht bereits hervor, dass das Prinzip der Handlungsorientierung bzw. des entdeckenden Lernens eine grundsätzliche Veränderung bei der traditionellen **Rollenverteilung** von Lehrern und Schülern bedeutet. Das Bild des Schülers als vornehmlich rezeptives Wesen muss ersetzt werden durch das Bild eines aktiv handelnden Schülers, der sich Wissen, Fähigkeiten und Fertigkeiten in einer tätigen Auseinandersetzung aneignet und damit für seine Entwicklung entscheidend mitverantwortlich ist. Obwohl es zunächst paradox klingt, stellt gerade die größere Selbsttätigkeit der Schüler zugleich höhere Anforderungen an den Lehrer, wobei sich seine Hauptfunktion von der Unterrichtsleitung auf die *Initiierung* und *Organisation* von Lernprozessen verschiebt. So muss der Lehrer die Voraussetzungen für eine selbstständige Erarbeitung schaffen, d. h. anregende Lernumgebungen gestalten, in denen die Schüler dieses Wissen möglichst eigenständig entdecken bzw. erfahren. Dazu gehören das Finden herausfordernder Einstiege sowie das Bereitstellen ergiebiger Arbeitsmittel und kreativer Übungsformen (vgl.

Winter 1984b, S. 29). Im Vergleich zur Unterrichtsvorbereitung ist der Lehrer im Unterricht selbst zwar passiver, erfüllt hier aber dennoch wichtige Funktionen, die insbesondere als *Hilfe zur Selbsthilfe* zu verstehen sind. So muss der Lehrer den Schülern Arbeitstechniken für selbstständiges Arbeiten vermitteln, sie zum Beobachten, Vermuten und Fragen *anregen* und dazu *ermutigen*, eigene Lösungswege einzuschlagen. Er muss Kommunikation aufbauen und durch entsprechende Impulse für die Vernetzung des neuen Wissens mit dem bereits Vorhandenen Sorge tragen (vgl. Wittmann 1995a). Es sei allerdings bemerkt, dass sowohl Schüler als auch Lehrer lernen müssen, mit dieser neuen Rollenverteilung umzugehen (vgl. Floer 1996, S. 23). So müssen sich die Schüler auf die größere Offenheit im Unterricht einstellen und lernen, dass sie selbst entscheidend für ihren Lernprozess mitverantwortlich sind. Umgekehrt müssen die Lehrer lernen, Verantwortung abzugeben, was Mut und vor allem Vertrauen in die Schüler, ihre Ideen und ihren ernsthaften Willen zu lernen erfordert (vgl. Schütte 2001a, S. 11). Hierzu sei bemerkt, dass Lehrer gerade mit dieser Abgabe von Verantwortung an die Schüler Probleme haben können, da dies für sie eine Art Kontrollverlust bedeutet. Der Unterricht kann andere Formen annehmen oder in eine andere Richtung gehen als ursprünglich geplant.

Es wäre jedoch utopisch zu glauben, dass der Mathematikunterricht vollständig offen und problemorientiert gestaltet werden könnte. **Frontale Phasen** haben durchaus ihre Berechtigung. Ihr schlechtes Image rührt nach Gudjons (1998b, S. 7) wesentlich daher, dass Frontalunterricht häufig als Synonym für *darbietenden* Unterricht verwendet wird. Tatsächlich handelt es sich zunächst jedoch nur um eine Organisationsform des Unterrichts, die durch den Lehrer geleitet ist. So weist vom Hofe (2001, S. 7f.) zu Recht darauf hin, dass „Entdeckungen" in gewissem Maße auch in solch **geleiteten Lernphasen** (z. B. in einem fragend-entwickelnden Unterrichtsgespräch) möglich – und sinnvoll – sind. Untersuchungsergebnissen zufolge wirkt sich eine kompetent praktizierte direkte Instruktion nicht nur positiv auf die Leistung, sondern u. a. auch auf allgemeine kognitive Kompetenzen und die Lerneinstellung aus, während sich eine Übergewichtung von offenen Lernformen als nicht optimal erweist (vgl. Weinert 1996, S. 7f.) Die Lernenden brauchen nicht nur Freiraum für konstruktive und explorative Aktivitäten, sondern auch gezielte Hilfen für den Umgang mit Informationen, für die Bearbeitung von Problemstellungen und die Zusammenarbeit in Gruppen (vgl. Reinmann-Rothmeier & Mandl

1997, S. 24). Besonders lernschwache Schüler sind auf gezielte didaktische Hilfen angewiesen, möchte man Leerlauf und Resignation vermeiden (vgl. Klippert 2004, S. 61). Folglich geht es nicht um ein Entweder-Oder, sondern um ein Aufeinander-Bezogen-Sein zwischen offenen und geleiteten Unterrichtsphasen, zwischen konstruktiver Aktivität der Lernenden und expliziter Instruktion durch den Lehrenden. Das Verhältnis zwischen Offenheit und Steuerung sollte ausgeglichen sein; auch Standardaufgaben und Lösungsbeispiele sollten weiterhin ihren Platz im Unterricht bekommmen. Ähnlich merkt auch der Rahmenplan Rheinland-Pfalz (2002, S. 29) an, dass auf *instruierendes* Lernen, bei dem Informationen, Strategien oder Kenntnisse auf direktem Wege vermittelt werden, nicht gänzlich verzichtet werden könne. Dies gilt vor allem auch für *Konventionen* (z. B. bezüglich Regeln, Bezeichnungen oder Schreib- und Sprechweisen), da diese von den Schülern nicht entdeckt werden können. Voraussetzung muss allerdings sein, dass die Schüler über Lernvoraussetzungen verfügen, die für das *Verstehen* dieser Inhalte notwendig sind.

Obwohl auch der **Aufbau einer positiven Einstellung** grundsätzlich für jedes Unterrichtsfach gilt, ist sie angesichts der ablehnenden Einstellung vieler Erwachsener zur Mathematik, die nach Selter (2003) zu einem beträchtlichen Teil Versäumnissen des selbst erlebten, herkömmlichen Mathematikunterrichts anzulasten ist, in diesem Unterrichtsfach besonders relevant. Eine positive Einstellung zur Mathematik äußert sich laut den Bildungsstandards in der Freude an der Mathematik sowie der Entdeckerhaltung der Schüler (vgl. Bildungsstandards 2004, S. 6), sodass das Bestreben nach möglichst viel Selbstständigkeit und Eigenaktivität auch als förderlich für diese allgemeine Zielsetzung des Mathematikunterrichts angesehen wird. Der nordrhein-westfälische Lehrplan (2003, S. 72) spricht in diesem Zusammenhang von Selbstvertrauen, Interesse und Neugier, Motivation und Ausdauer, einem konstruktiven Umgang mit Fehlern und Schwierigkeiten (s. o.) sowie von Einsicht in den Nutzen des Gelernten.

Im Mathematikunterricht haben sowohl die Anwendungs- als auch die Strukturorientierung eine wichtige Funktion bezüglich des Aufbaus mathematischer Grundbildung und sollten daher im Unterricht gleichermaßen berücksichtigt werden. Die *Anwendungsorientierung* dient dabei insbesondere der Umwelterschließung. Hierbei geht es allerdings um mehr als das Einkleiden von Aufgaben in mehr oder weniger konstruierte Sachkontexte, nämlich um Authentizität (vgl. Erichson 1998, 1999) sowohl bezüglich der Situationen, als auch des (Daten-)Materials und der Handlungen (erfinden, forschen, experimentieren, spielen etc.). Zudem sollte ein Bezug zur Lebenswelt der Schüler bestehen und für diese bedeutungsvoll sein. So könnte z. B. das Rechnen mit Größen im Rahmen der Vorbereitung für ein Klassenfest stattfinden, für das die Klasse Kuchen backt und hierfür zunächst die erforderlichen Zutaten in der jeweils erforderlichen Menge einkaufen muss. Gerade unter dem Aspekt der Umwelterschließung lassen sich auch gut Verbindungen zu anderen Fächern herstellen. Beim **fächerverbindenden bzw. fachübergreifenden Lernen** sollen den Schülern die Zusammenhänge zu anderen Fächern bewusst werden und Wissen soll vernetzt werden. Weitere Funktionen der Anwendungsorientierung sieht Winter (1994a, S. 35) zum einen im Aufbau mathematischer Begriffsbildung ausgehend von realen Situationen und zum anderen in der Vermittlung von Anwendungswissen (z. B. Kenntnisse über Größen und Statistik). Bei der *Strukturorientierung* geht es dagegen im Wesentlichen um die innermathematischen Strukturen des Unterrichtsinhalts, d. h. um Regelmäßigkeiten, Beziehungen und Gesetzmäßigkeiten. Das Erkennen und Nutzen dieser Strukturen ist ein entscheidender Faktor für die Entwicklung mathematischer Erkenntnisse und somit für mathematische Grundbildung. So ist z. B. Einsicht in die dekadische Struktur unseres Zahlsystems u. a. fundamental für das Zählen, indem die Struktur der Zahlwortreihe erkannt wird und somit auch auf größere Zahlenräume übertragen werden kann. Anwendungs- und Strukturorientierung stellen dennoch keine Gegensätze dar, sondern können im Unterricht durchaus vereint werden, da nach Winter (1994a, S. 38) *jeder* Lerninhalt einen strukturellen Kern enthält. Ein zentrales Anliegen des Unterrichts muss es sein, diesen sichtbar zu machen.

Im heutigen Zeitalter spielt der **Einsatz neuer Medien** eine besondere Rolle. Auch dieses Unterrichtsprinzip ist angesichts der großen Alltagsbedeutung von Taschenrechner und Computer auf der einen Seite unter dem Aspekt des Anwendungsbezuges zu sehen. Auf der anderen Seite resultiert die Forderung nach dem Einsatz dieser Medien aber auch insbesondere daraus, dass sich andere zentrale Inhalte des Mathematikunterrichts wie etwa das entdeckende Lernen, das flexible Rechnen oder das überschlagende Rechnen durch geeignete Aufgaben gut unterstützen lassen. So findet man u. a. bei Padberg (2005, S. 311ff.) oder Lorenz (1998) einige gelungene Beispiele, wie der Taschenrechner den Schülern Routineprozesse abnehmen kann und damit die Aufmerksamkeit für arithmetische Entdeckungen frei macht. Der Computer als Informationsplattform liefert eine gute Möglichkeit für handlungsorientierten Unterricht, da er die individuelle und aktive Wissensaneignung der Schüler unterstützt und hierdurch das Erlangen übergreifender Methodenkompetenz fördert. Dazu gehört das Identifizieren der benötigten Informationen, das Entnehmen und Dokumentieren dieser Informationen aus unterschiedlichen Quellen sowie das Prüfen auf sachliche Richtigkeit und Vollständigkeit (vgl. Kerncurriculum Niedersachsen 2006, S. 10). Darüber hinaus bietet der Computer die Möglichkeit zum Einsatz von sogenannter Lernsoftware, allerdings nur unter der Voraussetzung, dass diese didaktisch gut reflektiert ist (vgl. Krauthausen & Herrmann 1994). Der Computer darf hier nicht um seiner selbst Willen eingesetzt werden, sondern muss den didaktischen Anforderungen des heutigen Mathematikunterrichts genügen. Im Grunde lässt sich der Einsatz von Lernsoftware nur dann rechtfertigen, wenn sie einer entsprechenden realen Lernsituation methodisch-didaktisch überlegen (aber zumindest nicht unterlegen) ist (vgl. Padberg 2005, S. 322). Damit hängt die Frage nach dem Computereinsatz zugleich immer von den jeweiligen Inhalten und Zielen ab und ist daher immer wieder aufs Neue zu prüfen. Dies erfordert eine entsprechende Kompetenz des Lehrers, entscheiden zu können, in welchen Situationen der Computereinsatz vor diesem Hintergrund sinnvoll ist und in welchen Situationen nicht.

Eine weitere Forderung des Mathematikunterrichts lässt sich unter dem Begriff **beziehungsreiches Üben** fassen. Das Üben ist ein unverzichtbarer Bestandteil des Mathematikunterrichts, denn es sichert, vernetzt und vertieft vorhandenes Verständnis, Wissen und Können und dient der Geläufigkeit und Beweglichkeit (vgl. Lehrplan NRW 2003, S. 73). So können die Schüler ihre Aufmerksamkeit beispielsweise eher auf das Beobachten von Gesetzmäßigkeiten richten, wenn die auszuführenden Rechnungen automatisiert ablaufen. Sinnvoll ist es hierbei auch, den Schülern im Sinne von Zieltransparenz diesen Nutzen des Übens zu verdeutlichen, um eine positivere Einstellung zu dieser manchmal recht ungeliebten Unterrichtsaktivität zu bewirken.

Winter (1984a, S. 6f.) verdeutlicht, dass das Üben nur einen scheinbaren Kontrast zu den bisherigen Grundsätzen des Mathematikunterrichts darstellt, da es dem entdeckenden Lernen inhärent ist. Denn einerseits sind Entdeckungen nur möglich, wenn auf verfügbaren Fertigkeiten und Wissenselementen aufgebaut werden kann[1]; andererseits wird beim Prozess des Entdeckens ständig wiederholt und geübt, sodass im Rahmen eines entdeckenden Unterrichts „entdeckend geübt und übend entdeckt wird" (ebd.). Damit verbunden ist logischerweise die Forderung, dass Üben mehr als eine reine Reproduktion ist und anderen Grundsätzen des Mathematikunterrichts gerecht werden soll. So soll es **anwendungsbezogen**, **problemorientiert** (d. h. in übergeordnete Problemkontexte eingebettet) und **operativ** sein. Das bedeutet, dass die Aufgaben auf das Erkennen und Nutzen von Zusammenhängen ausgerichtet sind und die Schüler dazu anleiten sollen, Ergebnisse strategisch und geschickt zu ermitteln. Mittlerweile gibt es in der mathematikdidaktischen Literatur zahlreiche Konkretisierungen und Erfahrungsberichte zu solchen „substanziellen" Übungsformaten, zu denen u. a. Zahlenketten, Zahlenmauern (vgl. Abschnitt 4.8) oder Zahlenmuster gehören.

2.2   Inhalte und Ziele des Mathematikunterrichts

2.2.1   Bildungsstandards und Lehrpläne

Für die Planung von Unterricht spielen die **Lehrpläne** eine tragende Rolle, da deren Vorgaben für den Lehrer verbindlich sind und ihn zu bestimmtem pädagogischen und didaktischen Handeln verpflichten. Damit erfüllen die Lehrpläne zwei wichtige Funktionen, nämlich eine Orientierungsfunktion (Was muss ich im Unterricht wann tun?) und eine Legitimierungsfunktion (Wie kann ich meinen Unterricht vor anderen rechtfertigen?). Wie weit die Vorgaben allerdings gehen bzw. umgekehrt, welche Freiräume dem Lehrer bleiben, hängt von dem jeweiligen Lehrplan ab. Denn Lehrpläne werden von den zuständigen Ministerien der einzelnen Bundesländer herausgegeben und sind somit landesspezifisch. Obwohl die Lehrpläne der einzelnen Bundesländer in ihrer Offenheit, Struktur und äußeren Gestalt zum Teil erhebliche Unterschiede aufweisen, besteht eine

---

[1] Daher wird beispielsweise im Lehrplan NRW (2003, S. 73) hervorgehoben, dass Übungen auf einer sicheren Verständnisgrundlage aufbauen müssen und demnach nicht zu früh erfolgen dürfen.

entscheidende Gemeinsamkeit darin, dass sie (mit Ausnahme der vor diesem Zeitpunkt veröffentlichten Lehrpläne wie beispielsweise dem Rahmenplan Rheinland-Pfalz (2002)) die national geltenden **Bildungsstandards** aus dem Jahre 2003 implementieren. Diese wurden als Reaktion auf die Vergleichsstudien TIMSS und PISA entwickelt, die der Bildungsqualität in Deutschland schlechte Noten ausstellten, und legen zentrale Ziele und Erfolgskriterien für die Arbeit der Schulen in ganz Deutschland fest. Damit bilden sie die *Basis* für die Entwicklung der länderspezifischen Lehrpläne, weshalb wir uns im Weiteren vor allem auf die Bildungsstandards beziehen.

Im Unterschied zu der traditionellen Sichtweise, die sich an den *Inhalten* („Input") orientiert und den Mathematikunterricht in die drei Bereiche Arithmetik, Geometrie und Größen bzw. Sachrechnen untergliedert, verfolgen die Bildungsstandards (2004) eine neue, *ergebnisorientierte* („Output") Sichtweise. Bei diesem Perspektivwechsel steht nicht mehr die Frage „Was soll gelehrt werden?" im Vordergrund, sondern die Frage „Was sollen die Schüler können?" (A Campo & Elschenbroich 2004, S. IV). Mithilfe von *Kompetenzen* (vgl. Abschnitt 2.2.2) wird ein zu erreichender *Sollzustand* für das Ende des vierten Schuljahres beschrieben – zu verstehen als Mindestniveau. Dies soll für eine höhere Zielklarheit und damit für eine bessere *Orientierung* über normativ gesetzte Anforderungen sorgen (vgl. Blum et al. 2006, S. 16). Der Weg zum Erreichen dieser Ziele wird in den Bildungsstandards jedoch freigestellt. Genau hierin liegt der zentrale Unterschied zwischen den Bildungsstandards und den Lehrplänen, die hier ansetzen und den Weg mit Inhalt füllen, indem sie „detailliert einzelne Lernziele und Lerninhalte in kanonisierter Form auflisten" (vgl. Klieme & Steinert 2004, S. 133) und somit mehr als „Lernprogramme" fungieren. Allerdings weisen die Lehrpläne zum Teil erhebliche Unterschiede im Grad der Konkretisierung sowie in Aufbau und Struktur auf. So lehnen sich z. B. der baden-württembergische „Bildungsplan" (2004) und das niedersächsische „Kerncurriculum" (2006) sehr eng an die Bildungsstandards an und übernehmen die dort formulierten fünf Leitideen (s. u.) als Gliederungsstruktur für die Lernziele, während der nordrhein-westfälische Lehrplan (2003) hier die traditionelle Dreigliederung in die Bereiche Arithmetik, Geometrie und Sachrechnen beibehält. Zu diesen werden jeweils Aufgabenschwerpunkte formuliert, die mithilfe konkreter Lernziele verdeutlicht werden. Eine vergleichbare Unterteilung ist auch im „Rahmenplan" (2002) von Rheinland-Pfalz zu erkennen, jedoch werden hier die einzelnen Teilbereiche nur knapp mit Stichworten erläutert. Hier stellen die Inhaltsbereiche auch nur eine Ergänzung zu einer völlig anderen Strukturierung des Mathematikunterrichts[2] dar, die zwischen anwendungsfähigem Wissen, Lernkompetenzen, methodisch-strukturellen Schlüsselkompetenzen, sozialen Kompetenzen und Wertorientierung unterscheidet. Die zugehörigen Lernziele werden hierbei zudem sehr allgemein formuliert. So heißt es z. B. schlichtweg:

- „aus Fehlern lernen" (unter dem Aspekt „Lernkompetenzen") oder

- „Sachprobleme mathematisch modellieren" (unter dem Aspekt „anwendungsfähiges Wissen").

(Rahmenplan Rheinland-Pfalz 2002, S. 24/25)

Bezüglich letzterem Lernziel wird z. B. in Baden-Württembergs Bildungsplan sehr viel konkreter formuliert:

- „[...] bei der Bearbeitung von einfachen Textaufgaben aus dem Text mathematisch relevante Informationen entnehmen, diese in eine mathematische Struktur übertragen, lösen und das Ergebnis überprüfen" (Leitidee Daten und Sachsituationen, Klasse 2 und Klasse 4; Bildungsplan Baden-Württemberg 2004, S. 59/61).

So wie hier werden auch in den meisten anderen Lehrplänen die Lernziele viel stärker inhaltlich beschrieben als im Rahmenplan Rheinland-Pfalz. So heißt es beispielsweise:

- „sortieren die geometrischen Körper Würfel, Quader, Kugel nach Eigenschaften (z. B. rollt, kippt), benennen sie und erkennen sie in der Umwelt wieder" (Kompetenzbereich Raum und Form: Körper und ebene Figuren, erwartete Kompetenzen am Ende des Schuljahrgangs 2; Kerncurriculum Niedersachsen 2006, S. 27).

- „in kindgemäßen Experimenten mit geeigneten standardisierten und nicht-standardisierten Einheiten in den Größenbereichen Geld, Längen und Zeit vergleichen, schätzen und messen" (Leitidee Messen und Größen, Klasse 2; Bildungsplan Baden-Württemberg 2004, S. 58).

---

[2] Dieser strukturelle Unterschied zu den anderen Lehrplänen ist auch damit zu erklären, dass dieser Lehrplan aus dem Jahre 2002 die Bildungsstandards aus dem Jahre 2003 noch nicht umsetzen kann.

■ „zunächst die Kernaufgaben, später Zahlensätze des kleinen Einspluseins automatisieren und deren Umkehrungen bis zur Geläufigkeit
üben" (Arithmetik: schnelles Rechnen, Unterrichtsgegenstände in den
Klassen 1 und 2; Lehrplan NRW 2003, S. 78).

Diese Beispiele demonstrieren, dass die Lernziele zum Teil operationali-
siert, d. h. in beobachtbare Unterrichtsaktivitäten umgesetzt werden (z. B.
„sortieren die geometrischen Körper"), und bereits einige methodische
Hinweise zu Unterrichtsaktivitäten (z. B. „in kindgemäßen Experimenten"), zu Medien (z. B. „mit geeigneten standardisierten und nicht-
standardisierten Einheiten") und zur Abfolge („zunächst die Kernaufgaben, später Zahlensätze") geben. Außerdem wird zwischen den Lernzielen
für die Jahrgangsstufen 1/2 und 3/4 unterschieden. Damit liefern diese
Lehrpläne zum Teil schon sehr konkrete Hinweise für die Gestaltung des
Mathematikunterrichts (sowie auch für die konkrete Überprüfung der
Lernziele) und können so als Hilfe für die Unterrichtsplanung dienen.
Andererseits muss jedoch auch die Gefahr gesehen werden, dass eine zu
enge Ausrichtung an den teilweise recht detaillierten Vorgaben des Lehrplans der Kreativität der Lehrer im Wege steht und sie von der Entwicklung und Umsetzung eigener, guter Unterrichtsideen abhalten könnte.
Diesbezüglich sei allerdings bemerkt, dass die Lehrplan-Inhalte zwar den
obligatorischen Kern des Bildungsgangs darstellen sollen (genau deshalb
werden sie aktuell vorwiegend als Kernlehrpläne oder Kerncurricula bezeichnet), daneben aber auch Freiräume für individuelle Schwerpunktset-
zungen lassen sollen (vgl. Elschenbroich 2004, S. 141). Hierbei kommt es
allerdings darauf an, dass dies auch von den Lehrkräften entsprechend
verstanden wird, die nach wie vor die Schlüsselrolle bei der Realisierung
der Lehrpläne spielen.

Auf der anderen Seite könnte sich aber auch die Offenheit der Bildungsstandards als Problem erweisen, wenn nämlich die reine Ausrichtung am
„Endzustand" Lehrer überfordert und zu Orientierungslosigkeit führt
(obwohl dies durch die höhere Zielklarheit gerade vermieden werden soll,
s. o.). Aus diesem Grund spricht sich u. a. Selter (2003) gegen eine Erset-
zung der Lehrpläne durch die Bildungsstandards aus, wie sie in einigen
Bundesländern diskutiert wird, und fordert stattdessen „gehaltvolle"
Lehrpläne, die neben dem WAS (Inhalt) auch Fragen nach dem WER,
WIE und WARUM einbezieht, also z. B. die Aufgaben der Lehrkraft beschreibt und auf Prinzipien der Unterrichtsgestaltung eingeht.

Eine weitere Kritik an den Bildungsstandards liegt darin, dass sie – nicht zuletzt aufgrund des Begriffs „Standards" – leicht als *Standardisierung* missverstanden werden können. Begünstigt wird dieses Verständnis durch die durchaus begrüßenswerte Absicht, die Bildungsstandards auf Angemessenheit zu überprüfen und ggf. zu verbessern. Problematisch an dieser „Evaluation" ist jedoch die Tatsache, dass sie durch zentrale Lernstandserhebungen realisiert werden soll, was die große Gefahr einer Konzentration auf die Testvorbereitung birgt, d. h. einer Reduktion auf die ausformulierten Lernziele im Sinne eines sogenannten *„teaching to the test"* (vgl. Selter 2003; A Campo & Elschenbroich 2004, S. VIIf.).

2.2.2 Allgemeine und inhaltsbezogene mathematische Kompetenzen

Wie bereits erwähnt, werden in den Bildungsstandards **Kompetenzen** formuliert, die Schüler bis zum Ende der vierten Jahrgangsstufe ausgebildet haben sollen. Zentral ist dabei die Unterscheidung zwischen **allgemeinen** und **inhaltsbezogenen** mathematischen Kompetenzen. Erstere unterscheiden sich von den inhaltsbezogenen mathematischen Kompetenzen im Wesentlichen dadurch, dass sie sowohl inhalts- als auch fachübergreifend sind und sich dementsprechend auch durch sehr unterschiedliche Lerninhalte fördern lassen können. Darüber hinaus sind die allgemeinen mathematischen Kompetenzen stärker *prozessbezogen*. Sie lassen sich in der mathematikdidaktischen Literatur auch unter dem Begriff „allgemeine Lernziele" wieder finden, wobei je nach Autor jedoch zum Teil ganz verschiedene Qualifikationen unter diesen Oberbegriff gefasst werden (vgl. Krauthausen 2001, S. 87). Die Bildungsstandards erachten fünf allgemeine Kompetenzen als zentral für den Mathematikunterricht, die weiter unten näher erläutert werden: *Problemlösen, Argumentieren, Kommunizieren, Darstellen von Mathematik* und *Modellieren*.

Im Gegensatz zu den allgemeinen mathematischen Kompetenzen beziehen sich die inhaltsbezogenen mathematischen Kompetenzen jeweils auf bestimmte mathematische Themenbereiche und zielen hierbei jeweils auf ganz spezielle Fertigkeiten oder Fähigkeiten ab (z. B. die schriftlichen Rechenverfahren verstehen und sicher ausführen). Im Gegensatz zu der traditionellen Dreigliederung in die Bereiche Arithmetik, Geometrie und Sachrechnen (s. o.) unterscheiden die Bildungsstandards zwischen fünf mathematischen *Leitideen*, auf die ebenfalls noch näher eingegangen wird: *Zahlen und Operationen, Raum und Form, Muster und Strukturen, Größen und Messen* sowie *Daten, Häufigkeit und Wahrscheinlichkeit*.

Trotz der Unterscheidung zwischen allgemeinen und inhaltsbezogenen mathematischen Kompetenzen geht es im Unterricht jedoch nicht um ein „Entweder-oder", sondern um ein integratives Verständnis dieser beiden Kompetenzbereiche. So ermöglichen geeignete Aufgabenstellungen unter einer geeigneten Organisation der Lernprozesse stets eine Förderung in beiden Bereichen. In diesem Sinne wird auch in den Bildungsstandards (2004, S. 6) betont, dass diese untrennbar aufeinander bezogen sind, wobei die allgemeinen mathematischen Kompetenzen durch ihre größere Allgemeinheit quasi als Rahmen für die inhaltsbezogenen mathematischen Kompetenzen betrachtet und entsprechend dargestellt werden (Abb. 2.1).

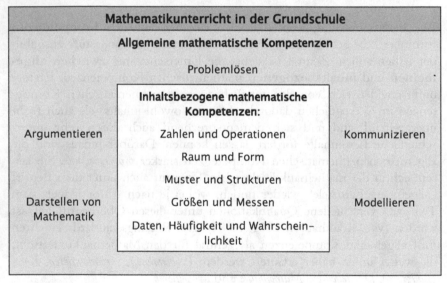

Abbildung 2.1 Allgemeine und inhaltsbezogene mathematische Kompetenzen

Sowohl die allgemeinen als auch die inhaltsbezogenen mathematischen Kompetenzen werden in den Bildungsstandards durch die Beschreibung zugehöriger Fähigkeiten weiter konkretisiert, die die Schüler am Ende der vierten Jahrgangsstufe erworben haben sollen. Diese werden im Folgenden erläutert und zum Teil mithilfe von Beispielen verdeutlicht. Zuvor sei jedoch auch die dritte Komponente der Bildungsstandards erwähnt: die Anforderungsbereiche (in Tab. 2.2 mit AB abgekürzt), die sich auf unterschiedlich hohe kognitive Ansprüche der Aufgaben bzw. Unterrichtsaktivitäten beziehen. Dabei wird zwischen drei hierarchisch geordneten Niveaus unterschieden, beginnend mit der geringsten Stufe (vgl. Bildungsstandards 2004, S. 13; Tab. 2.2):

Tabelle 2.2 Anforderungsbereiche

AB	Bezeichnung	Das Lösen der Aufgabe erfordert ...
I	Reproduzieren	Grundwissen und das Ausführen von Routinetätigkeiten
II	Zusammenhänge herstellen	das Erkennen und Nutzen von Zusammenhängen
III	Verallgemeinern und Reflektieren	komplexe Tätigkeiten wie Strukturieren, Entwickeln von Strategien, Beurteilen und Verallgemeinern

Es handelt sich hierbei allerdings nur um eine vorläufige, empirisch nicht validierte Einteilung, die darüber hinaus nicht ganz unproblematisch ist. So weisen bereits die Bildungsstandards selbst darauf hin, dass eindeutige Zuordnungen nicht immer möglich sind. Gerade im Hinblick auf die geforderte Öffnung des Mathematikunterrichts kann der Anforderungsbereich auch nicht nur von der Aufgabe abhängen, sondern auch von der (durchaus sehr unterschiedlichen) Art ihrer Bearbeitung. Aus diesem Grund ist die strenge Dreigliederung nur idealtypisch zu verstehen.

Allgemeine mathematische Kompetenzen

Problemlösen

In der mathematikdidaktischen Literatur ist man sich einig, dass das Problemlösen eine zentrale Kompetenz darstellt, obwohl es hier keine eindeutige Definition dieser Kompetenz gibt. Allerdings deutet die Bezeichnung „Problemlösen" darauf hin, dass die Anforderungen über eine korrekte mechanische Aufgabenbearbeitung hinausgehen. Blum et al. (2006, S. 39) bezeichnen es als Problemlösen, wenn eine Lösungsstruktur nicht offensichtlich ist und daher ein strategisches Vorgehen bei der Aufgabenbearbeitung notwendig ist. Ähnlich sprechen Büchter & Leuders (2005, S. 28) vom Problemlösen, wenn es mit Transferleistungen verbunden ist, und zwar konkret, wenn Schüler aus einer Vielzahl von Verfahren auswählen, neue Ansätze entwickeln oder bekannte Verfahren modifizieren oder kombinieren müssen. Diese Anforderungen findet man auch in den Bildungsstandards wieder, wo es heißt:

- „Lösungsstrategien entwickeln und nutzen (z. B. systematisch probieren)"

  Beispiel Ziffernkarten:
  Aus den Ziffernkarten von 0 bis 9 sollen jeweils zwei dreistellige Zahlen gebildet und addiert werden. Die Schüler sollen die Aufgabe mit dem kleinsten und die Aufgabe mit dem größten Ergebnis finden.

- „Zusammenhänge erkennen, nutzen und auf ähnliche Sachverhalte übertragen"

  Beispiel Hundertertafel:
  Die Schüler sollen die Struktur der Hundertertafel erkennen und sie auf das leere Hunderterfeld bzw. Ausschnitte hieraus übertragen können.

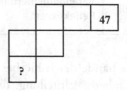

Während diese beiden Anforderungen zweifellos zum intuitiven Begriffsverständnis des Problemlösens passen, ist dies bei der folgenden Kompetenz fraglicher, da nur von der Anwendung mathematischer Kenntnisse, Fertigkeiten oder Fähigkeiten die Rede ist:

- „mathematische Kenntnisse, Fertigkeiten und Fähigkeiten bei der Bearbeitung problemhaltiger Aufgaben anwenden"

Dieser Einwand bleibt trotz des Zusatzes „problemhaltiger Aufgaben" (der wohl die Zugehörigkeit zum Problemlösen rechtfertigen soll) bestehen, weil sich die Aktivität der Schüler nach dieser Beschreibung dennoch auf reine Routinetätigkeiten beschränkt. Unklar bleibt zudem, was die Bildungsstandards unter diesen Aufgaben verstehen, da weitere Erläuterungen oder eine Abgrenzung zu „nicht-problemhaltigen Aufgaben" fehlen. Weiterhin sei bemerkt, dass wir – anders als Blum et al. (2006, S. 39) – der Ansicht sind, dass sich Problemlösen und der Anforderungsbereich I („Reproduzieren"; s. Tab. 2.2) im Sinne des obigen Begriffsverständnisses ausschließen, da sich die Anforderungen hier genau auf das Ausführen von Routinetätigkeiten beschränken.

Argumentieren

Dieser Kompetenzbereich steht in engem Zusammenhang mit dem Kommunizieren, da das Argumentieren oft (wenn auch nicht zwingend) den Gedankenaustausch mit anderen beinhaltet. Darüber hinaus wird hier der Forderung nach entdeckendem Lernen in besonderem Maße entsprochen, da die zuzurechnenden Fähigkeiten – nämlich Beschreiben, Begründen bzw. Beweisen von Regelhaftigkeiten – für mathematische Entdeckungen grundlegende Kompetenzen darstellen (vgl. Krauthausen 2001, S. 89). Dabei stellt das Beschreiben eine einfachere Stufe dar, in der es zunächst darum geht, solche Regelhaftigkeiten zu erkennen und diesbezüglich Vermutungen zu entwickeln.

■ „mathematische Zusammenhänge erkennen und Vermutungen entwickeln"

Beispiel Zahlenmauern:
Die Schüler sollen beispielsweise erkennen, dass sich der Zielstein in einer Dreier-Zahlenmauer um 4 vergrößert, wenn man alle Grundsteine um 1 erhöht.

Auf einer höheren Stufe geht es um die Ursachen der zuvor gemachten Entdeckungen, die die Schüler möglichst selbst finden sollen. Außerdem sollen sie in der Lage sein, die Begründungen anderer, die durchaus verschieden sein können (z. B. zeichnerisch oder algebraisch), nachzuvollziehen.

■ „Begründungen suchen und nachvollziehen"

Beispiel Zahlenmauern (s. o.):
Die Schüler sollen obige Beobachtung begründen: Wenn man in einer Dreier-Zahlenmauer alle Grundsteine um 1 erhöht, dann erhöhen sich die beiden Steine der mittleren Reihe als Summe von jeweils 2 Grundsteinen entsprechend um 2, also zusammen um 4. Der neue Zielstein ist also um 4 größer als der ursprüngliche Zielstein.

Nicht alle „Entdeckungen" müssen von den Schülern selbstständig gemacht werden. Alternativ können auch mathematische Behauptungen aufgestellt werden, die von den Schülern überprüft werden sollen.

▪ „mathematische Aussagen hinterfragen und auf Korrektheit prüfen"

Beispiel Zahlenreihen:
Leo behauptet: „Die Summe dreier aufeinander folgender natürlicher Zahlen kann niemals 100 ergeben." Hat er Recht?

Solche Aufgaben empfehlen sich auch im Hinblick auf die Mündigkeit der Schüler, da sie eine kritische Grundhaltung fördern, bei der nicht jede Behauptung leichthin als wahr hingenommen, sondern kritisch hinterfragt wird.

Hinweise darauf, dass eine Aufgabe die Fähigkeit des Argumentierens anspricht, geben Formulierungen der folgenden Art (vgl. Blum et al. 2006, S. 36):

- Begründe!
- Überprüfe!
- Kann es sein, dass …?
- Warum ist das so?
- Gilt das immer?
- Warum kann es keine weiteren Fälle geben?

Kommunizieren

▪ „eigene Vorgehensweisen beschreiben, Lösungswege anderer verstehen und gemeinsam darüber reflektieren"

▪ „mathematische Fachbegriffe und Zeichen sachgerecht verwenden"

▪ „Aufgaben gemeinsam bearbeiten, dabei Verabredungen treffen und einhalten"

Anhand dieser drei Anforderungen ist ersichtlich, dass hierbei die Interaktion mit anderen im Vordergrund steht. Im Hinblick auf die Verständigung stellt die Entwicklung der mündlichen und schriftsprachlichen Ausdrucksfähigkeit ein grundlegendes Unterrichtsziel dar, wozu auch die einheitliche (und sachgerechte) Verwendung von Fachbegriffen gehört. Durch den geforderten Austausch bzw. die Verabredungen mit anderen Mitschülern sprechen die Bildungsstandards darüber hinaus eine soziale Komponente an, sodass dieser Kompetenzbereich auch unter dem Aspekt „Kooperation" bzw. „soziales Lernen" (s. o.) steht.

Modellieren

Dieser Kompetenzbereich wird des Öfteren auch als „*Mathematisieren*" bezeichnet (vgl. z. B. Wittmann 1995a). Büchter & Leuders (2005, S. 18ff.) verdeutlichen jedoch, dass es sich hierbei genauer nur um den ersten Schritt eines Modellierungsprozesses handelt, zu dem außerdem das *Interpretieren* der Lösungen und das *Validieren* der Ergebnisse gehört.

Beim Modellieren kommt die geforderte Anwendungsorientierung besonders deutlich zum Tragen, da hier oft reale Sachverhalte zugrunde liegen. Mit dem Ziel der Klärung offener Fragestellungen werden diese Sachverhalte beim Mathematisieren zunächst in die Sprache der Mathematik übersetzt, d. h. in ein mathematisches Modell abgebildet, wobei ggf. Verkürzungen oder Vereinfachungen vorgenommen werden. Notwendige Voraussetzung für diesen Übersetzungsprozess ist es, dass die Schüler zunächst die relevanten Informationen aus dem Kontext herausfiltern und sie von den Informationen abgrenzen, die für die Problemlösung bedeutungslos sind:

- „Sachtexten und anderen Darstellungen der Lebenswirklichkeit die relevanten Informationen entnehmen"

So müssen die Schüler beispielsweise bei einem Schwimmbadbesuch aus der Vielfalt der angeschlagenen Preise für verschiedene Personengruppen (Erwachsene, Kinder, Ermäßigte, …), für verschiedene Bereiche (Sportbad, Freizeitbad, Sauna, …) oder für weitere Leistungen (Solarium, Leihhandtuch, …) die für sie relevanten Preise herausfiltern können. Neben den relevanten Zahlen müssen die Schüler insbesondere auch die benötigten Rechenoperationen aus dem Kontext erschließen.

Darüber hinaus erfordert das Aufstellen eines mathematischen Modells von den Schülern, diese Informationen mathematisch richtig in Beziehung setzen zu können. Dabei ist im Bereich der Grundschule vor allem der Aspekt der Reihenfolge zu beachten. Die Schüler müssen beispielsweise erkennen, dass bei einer Formulierung wie „ziehe 185 € von 467 € ab" zur Bestimmung des Restbetrages die Zahlen nicht in der gleichen Reihenfolge übernommen werden können; der zugehörige mathematische Term lautet 467 € – 185 € und nicht etwa 185 € – 467 €. Nach diesem Übersetzungsprozess erfolgt die Problemlösung dann zunächst auf dieser mathematischen Ebene, bevor das Ergebnis (oder auch Zwischenergebnisse) auf die Ausgangssituation bezogen, d. h. inhaltlich interpretiert bzw. rückübersetzt wird. Beim vorigen Beispiel müssen die Schüler also erkennen, dass das durch Subtraktion erhaltene Ergebnis den Betrag darstellt, der nach Abzug der 185 € noch zur Verfügung steht. Beim Validieren schließlich geht es um die Frage, ob das Modell und seine Ergebnisse der Situation angemessen sind. Dies lässt sich gut mithilfe eines Gegenbeispiels verdeutlichen, das von einem Schüler in einem Schulbuch gefunden wurde (vgl. Herget 2000, S. 9):

Ein U-Boot befindet sich 1 376 m über dem Meeresgrund. Es taucht erst 50 m tiefer, dann 179 m höher, dann 120 m tiefer, dann 67 m tiefer, dann 112 m höher und erreicht die Wasseroberfläche. Wie tief ist hier das Meer?

Zwar gelangt man hier rein rechnerisch zu einem Ergebnis, jedoch ist dies im Hinblick auf die Situation nicht realistisch, da sich im Nachhinein feststellen lässt, dass sich das U-Boot zwischenzeitlich über der Wasseroberfläche befinden müsste. Beim Validieren wird also nicht nur das Ergebnis auf Plausibilität geprüft, sondern auch sämtliche Zwischenschritte. Die beschriebenen Anforderungen werden in den Bildungsstandards folgendermaßen knapp zusammengefasst:

- „Sachprobleme in die Sprache der Mathematik übersetzen, innermathematisch lösen und diese Lösungen auf die Ausgangssituation beziehen"

Darüber hinaus wird hier auch die umgekehrte Richtung gefordert, also das „Kontextualisieren" von mathematischen Ausdrücken oder Bildern durch geeignete Sachverhalte:

- „zu Termen, Gleichungen und bildlichen Darstellungen Sachaufgaben formulieren"

Darstellen

Krauthausen (2001, S. 88) versteht unter dieser Kompetenz jegliche Art der „Veräußerung" des Denkens, sowohl in schriftsprachlicher als auch in mündlicher Form. Dies deckt sich nicht ganz mit der Verwendung des Begriffs Darstellen in den Bildungsstandards, da hier die mündliche und schriftliche Ausdrucksfähigkeit eher unter dem Aspekt des Kommunizierens (s. o.) gesehen wird. Dies deutet auf einen engen Zusammenhang zwischen diesen beiden Kompetenzbereichen hin, weil das Darstellen häufig auch auf die Interaktion mit anderen ausgerichtet ist.

Anders als man intuitiv meinen könnte, beschränkt sich das Darstellen im Sinne der Bildungsstandards nicht nur auf die bildliche („ikonische") Ebene, sondern bezieht sich auch auf die handelnde („enaktive") und symbolische Ebene. Ferner umfasst es nicht nur das eigenständige Erzeugen von Darstellungen mathematischer Sachverhalte, sondern auch umgekehrt den verständnisvollen Umgang mit bereits vorliegenden Darstellungen. Hiermit sind allerdings nur Darstellungen gemeint, die als Träger mathematischer Informationen fungieren und nicht nur illustrative oder motivierende Zwecke verfolgen (vgl. Blum et al. 2006, S. 44).

Im Mathematikunterricht gibt es eine breite Palette gebräuchlicher Darstellungsformen, sowohl allgemeiner Natur (z. B. Alltagsgegenstände bzw. Bilder von Alltagssituationen, Skizzen, Tabellen, Diagramme etc.) als auch spezielle Darstellungsformen aus der Mathematik (z. B. Rechenrahmen, Hundertertafel, Zahlenstrahl, Quadrat-Strich-Punkt-Darstellungen, Stellenwerttafeln, Ziffernschreibweise etc.). Dabei wird eine sinnvolle und begründete Wahl dieser Darstellungsformen gefordert. So sollen die Schüler

- „für das Bearbeiten mathematischer Probleme geeignete Darstellungen entwickeln, auswählen und nutzen" und

- „Darstellungen miteinander vergleichen und bewerten".

Von entscheidender Bedeutung für die kognitive Entwicklung sind dabei Transferprozesse, und zwar sowohl zwischen zwei Ebenen („intermodal") als auch innerhalb einer Ebene („intramodal"), weshalb in den Bildungsstandards weiterhin gefordert wird:

- „eine Darstellung in eine andere übertragen"

Inhaltsbezogene mathematische Kompetenzen

Zahlen und Operationen

- „Zahldarstellungen und Zahlbeziehungen verstehen"

In puncto Zahlbeziehungen geht es hier um eine sichere Orientierung im Zahlenraum bis 1 000 000, die ein gutes Verständnis für das dezimale Stellenwertsystem voraussetzt. Dazu gehört ein sicherer Umgang mit den verschiedenen Zahldarstellungen, nämlich mit der Schreibweise mit Stellenwerten (z. B. 2 Z 7 E), mit der Stellenwerttafel, mit der Summenschreibweise (hier: 20 + 7), mit der Zahlwortschreibweise (siebenund-zwanzig) sowie natürlich der Ziffernschreibweise (27) (vgl. Padberg 2005, S. 65). Für den Aufbau tragfähiger Größenvorstellungen empfiehlt sich ferner der Einsatz von Arbeitsmitteln (z. B. im Hunderterraum Rechen-rahmen, Hunderterfeld, Hundertertafel und Zahlenstrahl) mit zugehörigen Orientierungsübungen (vgl. Padberg 2005, S. 66ff.). Wichtig bei all den verschiedenen Schreibweisen und Darstellungen ist neben dem Ablesen und Darstellen vor allem auch die Fähigkeit zu Übertragungen zwischen den einzelnen Darstellungen, die durch den Unterricht entsprechend ge-fördert werden sollte.

▪ „Rechenoperationen verstehen und beherrschen"

Gemäß den allgemeinen Unterrichtsprinzipien betonen die Bildungsstan-dards hierbei den Verständnis- und Anwendungsaspekt. Die verschiede-nen Strategien des mündlichen und halbschriftlichen Rechnens sowie die Verfahren des schriftlichen Rechnens sollen nicht nur sicher ausgeführt, sondern verstanden und sinnvoll eingesetzt werden, sodass der Verständ-nisaspekt für die Unterrichtsgestaltung eine leitende Funktion einnimmt. So empfiehlt sich vor diesem Hintergrund beispielsweise die Einführung der schriftlichen Subtraktion im Sinne der Entbündelungstechnik, wobei sich die Kernidee des Entbündelns gut mithilfe von Rechengeld oder Zehner-Systemblöcken verdeutlichen lässt (vgl. Padberg 2005, S. 221ff.). Verständnis wird außerdem für die Zusammenhänge zwischen den Re-chenoperationen (z. B. Multiplikation als wiederholte Addition, Subtrakti-on als Umkehroperation der Addition) und für Rechengesetze gefordert. Auf der Seite der Anwendung spielt darüber hinaus auch der Vergleich und die Bewertung verschiedener Rechenwege sowie die Ergebniskontrol-le (durch Überschlag oder Umkehroperation) einschließlich des Findens und Korrigierens von Fehlern eine wichtige Rolle.

▪ „in Kontexten rechnen"

Das Rechnen in Kontexten stellt insbesondere Anforderungen an die allgemeine Fähigkeit des Modellierens (s. o.), wobei in einfachen Sachauf-gaben meist das Anwenden mathematischer Beziehungen (insbesondere Rechenoperationen) im Vordergrund steht (vgl. Franke 2003, S. 37). Bei komplexeren oder kniffligen Aufgaben wird darüber hinaus auch der Be-reich des Problemlösens angesprochen. So sollen die Schüler Sachaufga-ben durch Probieren oder systematische Vorgehensweisen lösen sowie Sachaufgaben systematisch variieren. Neben diesen eher strukturorientierten Forderungen wird auf der anderen Seite auch der Anwendungsaspekt betont, indem die Schüler prüfen sollen, ob für die Aufgabe ggf. eine Überschlagsrechnung ausreicht und ob ihre Ergebnisse im gegebenen Kontext plausibel sind.

Einen guten Überblick über Sachaufgaben geben Krauthausen & Scherer (2007, S. 77ff.), die zwischen acht verschiedenen Typen unterscheiden und diese an ausgewählten Beispielen verdeutlichen. Weitere Beispiele findet man u. a. bei Franke (2003, S. 36ff.), die zwischen realen und fiktiven Kontexten (z. B. Aufgaben aus Märchenwelten oder Kinderbüchern) unterscheidet, wobei letztere den Vorteil haben, dass die Kontexte den Schülern erstens vertraut sind und zweitens einen hohen Aufforderungscharakter besitzen, da sich Schüler i. A. gern mit den Helden dieser Geschichten identifizieren.

Raum und Form

▪ „sich im Raum orientieren"

Es geht vor allem um die Entwicklung des räumlichen Vorstellungsvermögens mit den zugehörigen Teilkomponenten (z. B. die Faktoren der Raumvorstellung nach Thurstone; vgl. Franke 2007, S. 55ff.): räumliche Beziehungen richtig erfassen, sich räumliche Bewegungen gedanklich vorstellen bzw. sich selbst gedanklich im Raum orientieren können. Entsprechende Aktivitäten mit Plänen, Würfelgebäuden, Kantenmodellen und Netzen, stellen diesbezüglich wichtige Unterrichtsinhalte dar. Bei Franke (2007) findet man eine Fülle entsprechender Anregungen, so z. B. eine Unterrichtseinheit zum Finden und Systematisieren sämtlicher Würfelnetze ausgehend von Schnittmustern (vgl. ebd., S. 158ff.), wobei zum Herausfiltern deckungsgleicher Netze nebenbei auch die Dreh- und Spiegelsymmetrie Anwendung findet.

▪ „geometrische Figuren erkennen, benennen und darstellen"

Wichtig ist hierbei, dass die Schüler Eigenschaften sowohl ebener als auch räumlicher Figuren kennen, anhand derer sie die Figuren (z. B. in der Umwelt) identifizieren und klassifizieren können. Angestrebt wird dabei eine tätige Auseinandersetzung, in der die Schüler die gesuchten Figuren auszählen, färben, sortieren, ordnen und insbesondere auch selbst herstellen (z. B. legen, zeichnen, spannen, schneiden, bauen) sollen. Hierbei sollen die Schüler zur Untersuchung der Formen und Figuren angeregt werden, um deren charakteristische Merkmale und Eigenschaften möglichst selbstständig zu entdecken. So können die Schüler z. B. am Geobrett u. a. erste Erfahrungen mit der *Ähnlichkeit* von Dreiecken machen, indem sie durch das gleichmäßige Verändern an zwei Nägeln solche Dreiecke erzeugen (vgl. Franke 2007, S. 209).

▪ „einfache geometrische Abbildungen erkennen, benennen und darstellen"

Konkret geht es im Bereich der Grundschule um Achsenspiegelungen, Verschiebungen und Streckungen (d. h. Vergrößerungen und Verkleinerungen). Diese Abbildungen sollen von den Schülern zum einen in entsprechenden Bildern erkannt und zum anderen selbst ausgeführt werden, wobei durch das Entwickeln symmetrischer Muster auch Kreativität verlangt wird. Bei der Achsensymmetrie wird darüber hinaus das Beschreiben und Ausnutzen der Symmetrie*eigenschaften* gefordert (z. B. die gleiche Entfernung von Punkt und Spiegelpunkt zur Symmetrieachse). Dieser Abbildung wird in der Grundschule das größte Gewicht beigemessen, u. a. bedingt durch die vielfältigen Behandlungsmöglichkeiten. So unterscheidet Franke (vgl. 2007, S. 229ff.) zwischen sechs verschiedenen Zugängen zur Achsensymmetrie (durch Legen, Falten, Falten und Schneiden, Spiegeln mit einem Spiegel, Klecksbilder, Zeichnen mithilfe von Gitterpapier) und beschreibt eine Reihe weiterer konkreter Unterrichtsaktivitäten zur Verdeutlichung von Symmetrien.

▪ „Flächen- und Rauminhalte vergleichen und messen"

Es geht hierbei um eine geometrisch handelnde und nicht um eine rechnerische Bestimmung von Flächen- bzw. Rauminhalt. So soll der Vergleich zwischen zwei Flächen direkt durch geschicktes Zerlegen und Umlegen von Teilflächen erfolgen. Eine gute Möglichkeit bietet hier beispielsweise das Herstellen eines Legespiels aus einer Grundfigur, z. B. das Zerschneiden eines Quadrats in vier gleiche Dreiecke oder als komplexere Form das Tangram-Spiel. Abgesehen vom Erkennen und Benennen der entstehenden Formen (s. o.) geht es hierbei um die Veränderungen und Unterschiede zwischen den verschiedenen Legefiguren und insbesondere um das Erkennen der Flächengleichheit (vgl. Franke 2007, S. 271). Anknüpfend an das direkte Vergleichen von Flächen- bzw. Rauminhalten ist ein Auslegen geometrischer Figuren bzw. Körper mithilfe einheitlicher, jedoch nicht zwangsläufig standardisierter Flächen (z. B. nur Dreiecke einer bestimmten Größe) vorgesehen. Auf diese Weise lassen sich die Größe von

Flächen- bzw. Rauminhalten durch die Maßzahl dieser Vergleichsgrößen bestimmen, wodurch sie indirekt vergleichbar gemacht werden.

Muster und Strukturen

Diesen Kompetenzbereich findet man in den Lehrplänen zum Teil nur im Bereich der Geometrie, obwohl er gerade auch im Bereich der Arithmetik besonders gut für die Umsetzung allgemeiner Unterrichtsziele geeignet ist. So bieten Zahlenmuster wie z. B. die ANNA-Zahlen (vgl. Verboom 1998), Zahlenketten (vgl. z. B. Scherer 2001) oder strukturierte Aufgabenserien wie z. B. $1 \cdot 2$, $2 \cdot 3$, $3 \cdot 4$ usw. viel Raum für Entdeckungen, d. h. gute Möglichkeiten für problemlösendes und argumentierendes Lernen. Darüber hinaus werden aber auch funktionale Beziehungen wie z. B. die Abhängigkeit des Preises von der Menge diesem Bereich zugeordnet.

Dieser Anforderungsbereich zielt insbesondere auf die zugrunde liegenden Bildungsgesetze bzw. Strukturen ab, die von den Schülern erkannt und darauf aufbauend fortgesetzt bzw. genutzt werden sollen. Umgekehrt sollen die Schüler auch in der Lage sein, solche Muster und Strukturen selbstständig zu entwickeln bzw. systematisch zu verändern. Das sprachliche Verbalisieren der Gesetzmäßigkeiten stellt in beiden Richtungen eine zusätzliche Anforderung dar, wodurch neben dem Problemlösen und Argumentieren auch der allgemeine Kompetenzbereich des Kommunizierens berührt wird. Insbesondere bei den funktionalen Beziehungen spielt darüber hinaus auch das Darstellen in Form von Tabellen eine Rolle.

Konkret lauten die Anforderungen:

▪ „Gesetzmäßigkeiten erkennen, beschreiben und darstellen"

▪ „funktionale Beziehungen erkennen, beschreiben und darstellen"

Größen und Messen

▪ „Größenvorstellungen besitzen"

Ein wesentliches Ziel liegt hierbei im Aufbau anschaulicher Vorstellungen vorliegender Größen aus den Bereichen Geldwerte, Längen, Zeitspannen, Gewichte und Rauminhalte. So bemerkt Franke (2003, S. 247) zu Recht, dass im Alltag immer wieder Größen von Gegenständen oder Lebewesen auftreten, die zwar beeindrucken, aber nur wenig aussagen, solange man mit den Größenangaben keine Vorstellungen verbindet. Für den Aufbau dieser Größenvorstellungen ist es wichtig, dass die Schüler gegebene Größen vergleichen und ausmessen können. Für die Ausbildung dieser Fertigkeiten wird ein didaktisches Stufenmodell empfohlen, bei dem an erster Stelle Erfahrungen in Sach- und Spielsituationen stehen, bevor es von direkten Messvorgängen über indirekte Messvorgänge mit selbstgewählten Einheiten bis hin zum Messen mit standardisierten Maßeinheiten führt (vgl. Franke 2003, S. 201ff.). Abgesehen von der Kenntnis der gebräuchlichen Maßeinheiten (und dem Wissen, für welche Größen diese (sinnvoll) eingesetzt werden) wird von den Schülern auch Wissen über deren Zusammenhänge erwartet. Diese Umwandlungen können im Unterricht in einer weiteren Stufe durch die Verfeinerung bzw. Vergröberung der Maßeinheiten verdeutlicht werden. Der Aufbau von Größenvorstellungen bedeutet für den Unterricht das Ausführen zahlreicher Messaktivitäten. Das vorrangige Ziel besteht darin, dass die Schüler Repräsentanten für wichtige Standardmaße kennen lernen sollen, die als Stützpunkte eine wichtige Rolle für den Aufbau von Größenvorstellungen spielen (z. B. eine Tüte Milch als Repräsentant für 1 kg, ein Atemzug als Repräsentant für 1 sec, zwei Kästchen im Heft als Repräsentant für 1 cm etc.). Eine Sammlung gelungener Unterrichtsbeispiele findet man bei Franke (2003, S. 244ff.), so z. B. die Fragestellungen, wie viele Erbsen/Reiskörner/Fußballbilder/usw. 1 g wiegen oder wie viele Kinder so schwer wie ein erwachsener Eisbär sind. Nicht zuletzt beinhaltet eine adäquate Größenvorstellung gemäß den Bildungsstandards auch das Verständnis für die Bruchschreibweise bei einfachen, im Alltag gebräuchlichen Größen (z. B. ¾ h).

■ „mit Größen in Sachsituationen umgehen"

Diese Anforderung geht weit über das Lösen von Sachaufgaben, die im Kontext der oben genannten Größenbereiche stehen, hinaus. Hier kommt der Anwendungsbezug sehr deutlich zum Tragen, da insbesondere der *sinnvolle* Umgang mit Größen betont wird, indem Bezugsgrößen aus der Erfahrungswelt der Schüler zum Lösen von Aufgaben herangezogen werden sollen oder in entsprechenden Sachsituationen nur näherungsweise gerechnet werden soll. Das begründete Schätzen von Größen, das auf einer adäquaten Größenvorstellung (s. o.) aufbaut, ist dabei ein wichtiger Aspekt. Neben einfachen Schätzaufgaben (z. B. „Wie viele Erbsen passen in die Schachtel?") finden aktuell komplexe Schätzaufgaben, so genannte Fermi-Aufgaben, zunehmend Beachtung, bei denen die Schüler auf der Grundlage ihrer Erfahrungen Größen schätzen und mit diesen Vergleichsgrößen weiterarbeiten müssen (vgl. z. B. Franke 2003, S. 256ff.). Die Komplexität solcher Aufgaben sei exemplarisch an der Aufgabe „Wie viele Autos stehen in einem 3 km langen Stau?" (Peter-Koop & Ruwisch 2003) verdeutlicht. Hier müssen die Schüler Längen von (verschiedenen) Autos messen/schätzen und aus diesen Durchschnittswerte bilden sowie weiterhin Abstände zwischen den Autos und mehrere Fahrspuren berücksichtigen.

Zu einem sinnvollen Umgang mit Größen gehört schließlich auch die Wahl geeigneter Maßeinheiten, sowohl beim Messen von Größen als auch beim Rechnen mit ihnen und nicht zuletzt auch bei der Interpretation von Ergebnissen. So gehört zu einem sachgemäßen Umgang mit Größen z. B. auch die Erkenntnis, dass das (formal richtige) Ergebnis 55,76 m² als Produkt der Längen 8,2 m und 6,8 m zur Bestimmung des Flächeninhalts eines Klassenzimmers mit entsprechenden Seitenlängen ungeeignet ist, da es eine Scheingenauigkeit vortäuscht (Der Flächeninhalt scheint bis auf Quadratzentimeter genau bestimmt, während die Seitenlängen nur bis auf Dezimeter genau ausgemessen wurden.) (vgl. auch Grassmann 1982).

Daten, Häufigkeit und Wahrscheinlichkeit

▪ „Daten erfassen und darstellen"

Das Erfassen der Daten zielt dabei auf eine möglichst selbstständige Datenerhebung aus Beobachtungen, Untersuchungen und kleinen Experimenten ab (z. B. das Erfassen von Würfelergebnissen beim mehrmaligen Würfeln mit einem oder zwei Würfeln). Als Darstellungsformen werden Tabellen, Schaubilder und Diagramme genannt, die die Schüler selbst erstellen sowie auch umgekehrt ablesen (d. h. Daten entnehmen) können sollen.

▪ „Wahrscheinlichkeiten von Ereignissen in Zufallsexperimenten vergleichen"

Da die systematische Wahrscheinlichkeitsrechnung Unterrichtsstoff der Sekundarstufe II ist, kann es hier nur um die Vermittlung eines *Vorverständnisses* gehen. Das bedeutet, dass die Schüler Wahrscheinlichkeiten zwar nicht genau angeben, aber einschätzen können sollen. So sollen sie z. B. erkennen, dass beim Würfeln mit zwei Würfeln die Gewinnchancen für die Zahl 7 größer sind als für die Zahl 12. Weitere Beispiele für einfache (jedoch auch komplexere) Zufallsexperimente findet man u. a. bei Kütting & Sauer (2008, z. B. S. 31f.).

Gefordert wird des Weiteren die Kenntnis von Grundbegriffen aus diesem Bereich, wozu u. a. auch ein Verständnis für „sichere" und „unmögliche" Ereignisse gehört. (So ist beim Würfeln mit zwei Würfeln z. B. das Würfelergebnis 1 *unmöglich* und ein Würfelergebnis größer als 1 *sicher.*)

3 Zur Planung und Gestaltung von Unterricht

Die gut durchdachte Planung von Unterricht spielt in Praxisphasen des Lehramtsstudiums und ganz besonders in der zweiten Phase der Lehrerausbildung eine sehr wichtige Rolle, da sie maßgeblich an der Beurteilung beteiligt ist. Zwar liegt das Hauptaugenmerk der Bewertung auf dem konkret durchgeführten Unterricht, jedoch fließt die schriftliche Unterrichtsplanung (Unterrichtsentwurf) zumindest insofern mit ein, als die Unterrichtsqualität entscheidend durch die Güte der Unterrichtsplanung mitbestimmt wird. Denn Unterricht ist ein sehr komplexer Prozess, der von vielen Faktoren abhängt und daher viele (auch unerwünschte) Verläufe annehmen kann. Für den Lehrer kommt es daher darauf an, alle beteiligten Faktoren im Blick zu haben und bei der Planung zu berücksichtigen, um die Gefahr von unerwünschten Unterrichtsverläufen oder Unvorhersehbarkeiten möglichst gering zu halten. Anders als in der späteren Berufspraxis erfolgt die Unterrichtsplanung im Studium oder in Besuchsstunden schriftlich, um den Studierenden oder Lehramtsanwärtern die zahlreichen Planungsaspekte bewusst zu machen, sie zu fixieren und damit für eine spätere Reflexion zugänglich zu machen, die wiederum die Chance für eine positive Entwicklung bietet. Des Weiteren werden die Studierenden oder Lehramtsanwärter durch das Niederschreiben gezwungen, sich zu entscheiden, was sie wirklich wollen, was beim bloßen Nachdenken gerne in der Schwebe gelassen wird (vgl. Jank & Meyer 2005, S. 348). Sie müssen ihre Gedanken präzisieren, ordnen und in ein strukturiertes Konzept umsetzen. Die Funktion eines schriftlichen Unterrichtsentwurfes liegt somit neben der *Vorbereitung* von Unterricht entscheidend auch in der *Auseinandersetzung* mit Unterricht. Durch zunehmende Internalisierung stellt sich nach und nach Routine ein, sodass der Planungsprozess später auch gedanklich erfolgen kann.

Ziel dieses Kapitels ist es vor diesem Hintergrund, Hinweise für die Planung und Gestaltung von Unterrichtsbesuchen und deren schriftliche Fixierung zu geben, bei der die verschiedenen Einflussfaktoren des Unterrichts angemessen berücksichtigt werden. Dabei werden wir im Abschnitt 3.1 zunächst allgemeine Überlegungen aufzeigen, die für die Planung von Mathematikunterricht relevant sind, bevor wir in den Abschnitten 3.2 und 3.3 konkreter auf inhaltliche und gestalterische Aspekte schriftlicher Unterrichtsentwürfe eingehen und in Abschnitt 3.4 mit einem Ausblick auf offenere Unterrichtsplanungen abschließen.

3.1   Grundlagen der Unterrichtsplanung

Die folgenden Abschnitte enthalten Basiswissen, das in die Unterrichtsplanung implizit mit hineinspielt, ohne jedoch im schriftlichen Entwurf explizit aufzutreten. Nach einer kurzen Einordnung unseres heutigen Didaktikverständnisses (Abschnitt 3.1.1) folgt ein Überblick über allgemeine Prinzipien, Stufen und Bereiche der Unterrichtsplanung (Abschnitte 3.1.2 bis 3.1.4) sowie schließlich über Qualitätsmerkmale und den groben Aufbau von Unterricht (Abschnitte 3.1.5, 3.1.6).

3.1.1   Didaktische Modelle

Unter Didaktik versteht man die Wissenschaft vom Lehren und Lernen; als didaktisches Modell bezeichnet man eine Theorie, die das didaktische Handeln auf allgemeiner Ebene analysiert und modelliert. Ziel ist eine Verbesserung des realen Unterrichts durch die Offenlegung der verschiedenen innewohnenden Merkmale und deren Strukturen, sodass diese Modelle folglich einen großen Wert für die (schriftliche) Planung von gutem Unterricht besitzen. In der Literatur findet man eine Vielzahl didaktischer Modellvorstellungen über das Lehren und Lernen im Unterricht. Eine Übersicht bieten z. B. Grunder et al. (2007, S. 23ff.). Während viele dieser Theorien für unser heutiges Didaktikverständnis nur von geringer Bedeutung sind, wurde dies von zwei Modellen entscheidend geprägt, die hier knapp skizziert seien. Es handelt sich zum einen um die Didaktik Klafkis und zum anderen um die lehr-lerntheoretische Didaktik nach Heimann und seinen Mitarbeitern (vgl. z. B. Peterßen 2000).

Zentral für Klafkis Modell ist der Begriff der *Bildung*, womit das Bewusstsein für Schlüsselprobleme unserer Gesellschaft gemeint ist, an denen sich Allgemeinbildung festmachen lässt. Die ursprünglich als *bildungstheoretisch* bezeichnete *Didaktik* wurde von Klafki später zur sogenannten *kritisch-konstruktiven Didaktik* weiterentwickelt, die die Schüler einerseits zu wachsender Selbstbestimmung und Mündigkeit befähigen und sie andererseits zur Gestaltung und Veränderung anregen möchte. Genau wie diese Zielsetzungen an Aktualität nichts verloren haben, stellt auch das von Klafki entwickelte Perspektivenschema der Unterrichtsplanung (Abb. 3.1) heute immer noch eine wichtige Orientierungshilfe für die Gestaltung von Unterricht dar (vgl. Abschnitt 3.2.5).

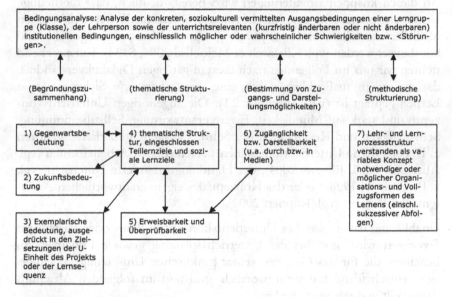

Abbildung 3.1 Perspektivenschema zur Unterrichtsplanung nach Klafki (aus Grunder et al. 2007, S. 25)

Die lehr-lerntheoretische Didaktik wurde in der ersten Fassung unter dem Namen „Berliner Modell" bekannt und anschließend maßgeblich durch Schulz (1981) zum „Hamburger Modell" weiterentwickelt. Ein zentrales und heute noch hochaktuelles Charakteristikum dieses Modells ist der Begriff der *Interdependenz* zwischen den Strukturmomenten didaktischen Handelns, die im Hamburger Modell in den vier Feldern Unterrichtsziele, Ausgangslage, Vermittlungsvariablen und Erfolgskontrolle gesehen werden. Bedeutsam für das heutige Didaktikverständnis ist zudem die Betonung der dialogischen Struktur des Lehrens und Lernens, bei der es nicht um die Unterwerfung der Lernenden unter die Absichten der Lehrenden geht, sondern um eine *Interaktion* zwischen Schülern und Lehrern.

An diesen knappen Erläuterungen wird bereits deutlich, dass die heutige Unterrichtspraxis eher eine Mischform aus unterschiedlichen didaktischen Modellen darstellt, von denen jeweils geeignete Elemente ausgewählt und kombiniert werden (vgl. Kliebisch & Meloefski 2006, S. 34). Entsprechend richten wir uns im Folgenden nach diesem gängigen Didaktikverständnis, das außerdem maßgeblich durch eine *konstruktivistische* Sichtweise von Lernen geprägt ist (vgl. Abschnitt 2.1). Die zugehörigen Unterrichtskonzepte sind stark auf Mündigkeit, Eigenverantwortung, Selbstbestimmung, Selbsttätigkeit und Kooperation der Schüler ausgerichtet. Hierzu gehören z. B. der Offene Unterricht mit seinen verschiedenen Arbeitsformen (vgl. Abschnitt 3.2.5, Jürgens 2004), der Handlungsorientierte Unterricht (vgl. z. B. Gudjons 1998a) oder das Konzept des eigenverantwortlichen Arbeitens und Lernens (vgl. Klippert 2004).

Unabhängig davon, welches Unterrichtskonzept in Rein- oder Mischform favorisiert wird, sind bei der Unterrichtsplanung gewisse Prinzipien zu beachten, die für das Gelingen seiner praktischen Umsetzung im Unterricht entscheidend mit verantwortlich sind und im folgenden Abschnitt dargestellt und erläutert werden.

3.1.2   Prinzipien der Unterrichtsplanung

Gute Unterrichtsideen sind zwar notwendige Voraussetzungen, aber noch kein Garant für guten Unterricht. Damit ihre Umsetzung gelingt, sind nach Peterßen (2000, S. 32ff.) bei der Unterrichtsplanung folgende fünf allgemeine Prinzipien zu berücksichtigen:

Das Prinzip der *Kontinuität* meint dabei, dass einmal gefällte Lehrerentscheidungen konsequent weiterverfolgt werden müssen in dem Sinne, dass alle noch ausstehenden Entscheidungen systematisch aus den bereits gefällten Entscheidungen heraus entwickelt werden müssen. Anders formuliert darf Unterricht also keine additive Aneinanderreihung von Einzelentscheidungen sein, sondern diese müssen sich gemäß dem Grundsatz der Interdependenz wechselseitig aufeinander beziehen.

Das Prinzip der *Widerspruchsfreiheit* besagt, dass *alle* Entscheidungen einen Gesamtzusammenhang bilden, der in sich schlüssig ist. Es reicht also nicht aus, wenn einzelne Entscheidungen aufeinander abgestimmt sind, sondern es muss immer der gesamte Wirkungszusammenhang beachtet werden, der sämtliche Aspekte umfasst.

Anders als man meinen könnte, bedeutet das erstgenannte Prinzip der Kontinuität keineswegs, dass Entscheidungen nicht revidiert werden könnten. Im Gegenteil: Weil auf den unterschiedlichen Stufen der Unterrichtsplanung (vgl. Abschnitt 3.1.3) immer neue Aspekte berücksichtigt werden müssen, können sich zuvor getroffene Entscheidungen im Nachhinein als unangemessen erweisen und müssen – wieder im Sinne der Interdependenz aller Lehrerentscheidungen – korrigiert oder revidiert werden. „Planung bleibt ein bis zum Letzten offener Prozess" (Peterßen 2000, S. 127). Dies besagt der Grundsatz der *Reversibilität*.

Gemäß dem Prinzip der *Eindeutigkeit* ist jede Entscheidung auf eine eindeutige Handlungsabsicht ausgerichtet, d. h. dass die geplanten Unterrichtsaktivitäten klar definiert sind und keine anderen Interpretationen zulassen. Dies bedeutet allerdings nicht den Ausschluss von alternativen Handlungsmöglichkeiten, da es aufgrund der Unvorherschbarkeit aller Unterrichtsmomente sogar äußerst sinnvoll ist, Alternativen parat zu haben. Wohl bedeutet dies aber, dass auch diese Alternativen erstens gut reflektiert und zweitens ebenfalls eindeutig sein müssen.

Das Prinzip der *Angemessenheit* bedeutet auf der einen Seite Angemessenheit im Hinblick auf den aktuellen Stand der Forschung, d. h. alle Entscheidungen sollen auf den neuesten wissenschaftlichen Erkenntnissen basieren. Auf der anderen Seite ist Angemessenheit aber auch im Sinne von Zweckrationalität zu verstehen, womit gemeint ist, dass der Aufwand des Lehrers in einem angemessenen Verhältnis zum erwünschten Effekt stehen sollte.

3.1.3   Stufen der Unterrichtsplanung

Tabelle 3.1 Stufen der Unterrichtsplanung nach Peterßen (2000)

Stufe	Aufgaben	beteiligte Personen
bildungspolitische Programme	Organisation des Bildungssystems etc.	Politiker, Experten
Lehrplan/ Curriculum	schulformspezifische Inhalte, Lernziele und allgemeine Hinweise	Experten
Jahresplan	Themen und Lernziele für ein Schuljahr	Lehrer(-teams)
Arbeitsplan	Ordnung der festgelegten Themen und Lernziele mit Querverbindungen zu anderen Fächern	Lehrer(-teams)
mittelfristige Unterrichtseinheit	Folge von Lernthemen und -zielen einer Unterrichtsreihe	Lehrer(-teams)
Unterrichtsentwurf	Lernziele für eine Unterrichtsstunde und alle für ihre Erreichung erforderlichen didaktischen Aktivitäten	Lehrer

Die (schriftliche) Planung einer Unterrichtsstunde steht im Grunde an letzter Stelle im Gesamtplanungsprozess von Unterricht, wie die an Peterßen (2000, S. 206) angelehnte Tabelle (Tab. 3.1) verdeutlicht. Diese Stufe ist durch den höchsten Grad an Konkretheit gekennzeichnet, da der Unterricht hier so detailliert wie nur möglich geplant wird. Allerdings ist auch die vorige Stufe für Unterrichtsentwürfe von Bedeutung, da die einzelne Unterrichtsstunde i. d. R. in eine Unterrichtsreihe eingebettet ist, die ihrerseits im schriftlichen Entwurf zumindest grob dargestellt werden muss. Die anderen Stufen[4] spielen für die konkrete Planung einer Unterrichtsstunde zwar keine explizite Rolle, müssen jedoch implizit beachtet werden, weil Entscheidungen auf diesen Stufen bei der Planung Folge zu

---

[4] Strukturierungshilfen für diese Stufen, die für die Arbeit von Studierenden und Lehramtsanwärtern außerhalb der Planung von Besuchsstunden ebenfalls relevant sind, findet man bei Peterßen (2000, S. 303ff.) an ausgewählten Beispielen.

leisten ist. Der Unterrichtsentwurf hat die kontinuierliche und konsequente Fortführung der Entscheidungen und deren endgültige Umsetzung in die Praxis zu gewährleisten.

Der Unterrichtsentwurf ist ein Plan des kurz bevorstehenden Unterrichts. Er stellt jedoch nur eine von zahlreichen Gestaltungsmöglichkeiten des Unterrichts dar, und zwar diejenige, die unter allen gedanklich durchgespielten Möglichkeiten für den Lehrer am besten erscheint.
Wichtig ist das Bewusstsein, dass der Unterrichtsentwurf nur ein *theoretisches Konstrukt* ist. Er ist kein Abbild der Realität, sondern ein gedankliches Bild dessen, wie Unterricht sein soll, d. h. was der Unterricht auf welche Weise bewirken soll. Folglich kann der Unterricht auch einen ganz anderen als den geplanten Verlauf annehmen, was häufig mit der nicht angemessenen Berücksichtigung der spezifischen Lernvoraussetzungen zusammenhängt. Gerade dies macht den Planungsprozess so bedeutend, um sich der zahlreichen Einflussfaktoren des Unterrichts bewusst zu werden und diese entsprechend zu berücksichtigen.
Für den Unterrichtsentwurf gilt, dass er nicht festlegen, sondern offen halten muss (vgl. Peterßen 2000, S. 267). Dies bedeutet einerseits, dass er – gemäß dem Grundsatz der Reversibilität (vgl. Abschnitt 3.1.2) – bis zum letzten Moment an ggf. veränderte Bedingungen angepasst werden muss und andererseits, dass er flexibel im Hinblick auf verschiedene Unterrichtsverläufe sein muss. Denn aufgrund der Komplexität des Unterrichts ist das reale Unterrichtsgeschehen nicht vorhersehbar, sondern höchstens antizipierbar. Die Planung von Alternativen ist vor diesem Hintergrund eindringlich anzuraten.

3.1.4 Bereiche der Unterrichtsplanung

Auch wenn das lerntheoretische Konzept, das unter dem Namen „Berliner Modell" bekannt und maßgeblich durch Heimann initiiert wurde, die heutige Unterrichtsplanung nicht mehr entscheidend bestimmt, bietet es einen guten Überblick über die Bereiche, in denen der Lehrer bei der Unterrichtsplanung tätig werden muss (Abb. 3.2).

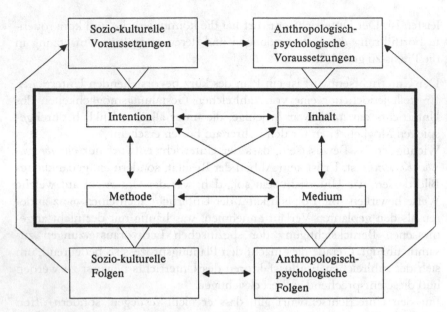

Abbildung 3.2 Strukturgefüge des Unterrichts nach Heimann (aus Peterßen 2000, S. 84)

Dabei wird auf erster Ebene zwischen *Bedingungsfeldern* und *Entscheidungsfeldern* unterschieden, die auf zweiter Ebene jeweils in verschiedene Bereiche differenziert werden:

Bedingungsfelder	zugehörige Fragen
▪ anthropologisch-psychologische Voraussetzungen	Welche unterrichtsrelevanten Dispositionen (z. B. Reifestand, Lernbereitschaft) besitzen die am Unterricht beteiligten Personen?
▪ sozio-kulturelle Voraussetzungen	Welche vorwiegend durch die Gesellschaft und Kultur geprägten Faktoren (z. B. Einstellungen, Wertorientierungen, finanzielle Aspekte) können in den Unterricht mit einwirken?

Entscheidungsfelder	zugehörige Fragen
▪ Intentionen	Welche (förderlichen) Ziele sollen die Schüler erreichen?
▪ Inhalte	An welchen (relevanten) Inhalten sollen die Ziele verwirklicht werden?
▪ Methoden	Auf welchem (günstigen) Weg sollen die Ziele verwirklicht werden?
▪ Medien	Welche Mittel können bei der Erreichung der Ziele (am besten) helfen?

In den Bedingungs- und Entscheidungsfeldern muss der Lehrer grundsätzlich verschiedene Aufgaben erfüllen. So besteht seine Aufgabe in den Bedingungsfeldern zunächst im Analysieren der vorliegenden Gegebenheiten, während er in den Entscheidungsfeldern gestalterisch tätig werden muss. Hierbei muss er unter einer Vielzahl potenzieller Gestaltungsmöglichkeiten diejenige auswählen, die im Hinblick auf die analysierten Bedingungen am angemessensten erscheint. Dabei muss er jedoch nicht nur die analysierten Voraussetzungen im Blick haben, sondern gleichzeitig auch die (sozio-kulturellen und anthropologisch-psychologischen) Auswirkungen verschiedener Unterrichtsverläufe hypothetisch antizipieren. Denn natürlich kann man nur von gutem Unterricht sprechen, wenn er neben einer angemessenen Berücksichtigung der situativen Bedingungen auch wünschenswerte Ergebnisse liefert.

Wodurch guter Unterricht außerdem gekennzeichnet ist, wird im folgenden Abschnitt dargestellt.

3.1.5 Merkmale guten Unterrichts

Guter Unterricht ist nach Grunder et al. (2007, S. 20) eine Veranstaltung, in der Lernende relevante Inhalte aufgrund effizienter Lehr- und Lernprozesse in einem lernförderlichen Klima erwerben. Die drei Kernbegriffe lauten *Relevanz*, *Effizienz* und *lernförderliches Klima* und vermitteln eine allgemeine Vorstellung über den angestrebten Zustand, aber nur eine vage Vorstellung von dem Weg zu diesem Zustand. Aufschlussreicher sind die von Meyer (2003b) formulierten Merkmale guten Unterrichts. Der Autor subsumiert hierbei die Ergebnisse verschiedener empirischer Untersuchungen, in denen bestimmte Unterrichtsmerkmale daraufhin untersucht wurden, ob sie das Gelingen des Unterrichts entscheidend mit beeinflussen, und gelangt zu zehn Merkmalen guten Unterrichts. Diese sind *übergreifend* für den gesamten Unterricht zu verstehen, sodass nicht jedes Merkmal für jede Unterrichtseinheit (und damit auch nicht für jeden Unterrichtsbesuch) relevant ist, sondern teilweise nur für bestimmte Phasen des Lehr-Lernprozesses (z. B. intelligentes Üben). Im Folgenden werden die einzelnen Merkmale erläutert und ihre Bedeutung für schriftliche Unterrichtsplanungen herausgestellt.

- Klare Strukturierung des Lehr-Lernprozesses

Eine klare Strukturierung – der berühmte „rote Faden" – ist grundsätzlich für jede Unterrichtseinheit wichtig. Hierbei geht es um Verständlichkeit, Plausibilität und Transparenz in Bezug auf alle Unterrichtsaspekte. So müssen zunächst die verschiedenen Unterrichtsphasen (auch für die Schüler) klar erkennbar sein und insgesamt eine plausible Gliederung der Unterrichtseinheit ergeben. Dabei muss jedem Schüler in jeder dieser Phasen klar sein, was von ihm erwartet wird. Hierfür ist wichtig, dass die Aufgabenstellungen verständlich und klar formuliert sind, und dass die Lernumgebung entsprechend vorbereitet ist (dass z. B. benötigte Materialien bereitgestellt sind).

- Intensive Nutzung der Lernzeit

Eine intensive Nutzung der Lernzeit möglichst ohne Pausen, Unterbrechungen und Störungen sollte für jeden Unterricht selbstverständlich sein. Aufgrund der großen Heterogenität in Schulklassen verlangt dies zwangsläufig differenzierende Maßnahmen, damit alle Schüler trotz unterschiedlicher Arbeits- und Lerntempi *sinnvoll* beschäftigt sind. Verständliche, klar formulierte Aufgabenstellungen sowie eine gut vorbereitete Lernumgebung sind dabei wiederum essenziell, um Unterbrechungen des Lernprozesses zu vermeiden.

- Individuelles Fördern

Wie gerade bemerkt, ergibt sich die Notwendigkeit individuellen Förderns bereits aus der Forderung einer intensiven Nutzung der Lernzeit. Um individuelle Maßnahmen für *alle* – leistungsstärkere wie auch leistungsschwächere – Schüler treffen zu können, muss der Lehrer seine Schüler gut kennen. Die Analyse der Schüler ist damit eine wichtige Aufgabe des Lehrers, um auf dieser Grundlage die individuellen

Lernbedürfnisse und Interessen der Schüler bei den Unterrichtsaktivitäten berücksichtigen zu können. Für das Erstellen von Unterrichtsentwürfen sind die zugehörigen Überlegungen von besonderer Bedeutung (vgl. Bedingungsanalyse, Abschnitt 3.2.3).

■ Stimmigkeit der Ziel-, Inhalts- und Methodenentscheidungen

Dieses Kriterium ist für jeden Unterricht relevant und für Unterrichtsentwürfe sogar von besonderer Bedeutung. Allgemein geht es darum, dass die Unterrichtsstunde eine abgeschlossene Einheit bildet, also „rund" bzw. „stimmig" ist. Die gesetzten Ziele und die gewählten Inhalte und Methoden müssen zueinander passen, wenngleich dies schwer allgemein fassbar ist. Wichtig ist aber zunächst das Bewusstsein, dass sich nicht jede Arbeits- oder Sozialform (z. B. Gruppenarbeit) für jeden Inhalt und jedes Ziel (und auch jede Schülergruppe!) eignet und daher nicht um ihrer selbst Willen eingesetzt werden darf. Die Entscheidungen für oder gegen bestimmte Formen können jeweils nur auf der Grundlage einer gründlichen Analyse erfolgen. Abgesehen hiervon bedeutet dieses Kriterium aber auch ein gutes „Timing", bei dem der Unterricht nicht allein durch die Pausenglocke beendet wird, sondern auch inhaltlich zu einem echten Abschluss kommt.
Wie schon erwähnt, ist das Erreichen von Stimmigkeit für schriftliche Unterrichtsentwürfe ein zentrales Qualitätsmerkmal. Die Ziele, Inhalte und Methoden sollen hier einen Begründungszusammenhang bilden, was bedeutet, dass jede Entscheidung in einem dieser Felder durch die beiden anderen Felder begründet sein muss.

■ Methodenvielfalt

Das Ausschöpfen des Repertoires unterschiedlicher Methoden (z. B. unterschiedliche kooperative Lernformen nach Green & Green 2007) ist eher auf lange Sicht relevant. Für einzelne Unterrichtsstunden ist es hingegen weniger interessant, wenngleich ein unausgesprochener Grundsatz mindestens einen Methodenwechsel pro Unterrichtsstunde verlangt. Eine gute und gern gesehene Möglichkeit bietet beispielsweise die sogenannte Lernspirale (vgl. z. B. Klippert 2004, S. 63ff.), in der die Schüler eine Aufgabe zunächst in Einzelarbeit bearbeiten, bevor die Ergebnisse anschließend erst mit einem Partner und dann in einer größeren Gruppe abgeglichen und schließlich im Plenum vorgetragen und diskutiert werden. Grundvoraussetzung für die Methodenwahl ist natürlich wiederum, dass obiges Stimmigkeitskriterium erfüllt wird. Für Besuchsstunden sind darüber hinaus keine den Schülern unbekannten Methoden zu empfehlen, da diese i. d. R. zunächst selbst zum Thema des Unterrichts gemacht werden müssen. Daher empfiehlt es sich, neue Methoden nicht erst in der Besuchsstunde, sondern bereits in vorhergehenden Unterrichtsstunden einzuführen.

▪ Intelligentes Üben

Auch wenn das Üben nur in bestimmten Unterrichtsphasen eine Rolle spielt, ist die Automatisierung und Vervollkommnung der Lerninhalte insgesamt ein wichtiger Bestandteil des Unterrichts. Wie aber bereits in Abschnitt 2.1 beschrieben, soll dies nicht durch reine Reproduktionen bewirkt werden, sondern durch anwendungsbezogene, problemorientierte und produktive Übungsformen. Die Motivation der Schüler kann außerdem erhöht werden, wenn die Übungsformen für die Schüler eine subjektive Bedeutung haben, und wenn auch beim Üben das Prinzip der Methodenvielfalt in Form von abwechslungsreichen Übungsformen beachtet wird.

▪ Lernförderliches Unterrichtsklima

Für das Erstellen von Unterrichtsentwürfen ist dieses Merkmal weniger relevant, da es sich schwer fassen lässt. Denn es geht um eine unterrichtsübergreifende Grundhaltung von Schülern und Lehrern, die durch wechselseitigen Respekt, Authentizität und Gerechtigkeit gekennzeichnet ist. Jedoch können diese sozialen Verhaltensweisen zur Zielsetzung bestimmter Unterrichtsstunden gemacht werden, wenn z. B. Konfliktlösetechniken vermittelt werden oder konkrete Konflikte in der Klasse aufgegriffen und aufgearbeitet werden sollen.

▪ Sinnstiftende Unterrichtsgespräche

Das Unterrichtgespräch ist Untersuchungen zufolge die am häufigsten eingesetzte Methode. Umso bedeutender ist dieses Qualitätsmerkmal, das sich allerdings wiederum schwer fassen lässt und daher nur bedingt planbar ist. Es sollten zwar Überlegungen angestellt werden, auf welche Fragestellungen im Unterrichtsgespräch eingegangen werden soll, jedoch kann der Ablauf des Unterrichtsgesprächs natürlich nicht bis ins Detail vorherbestimmt werden. Allgemein ist darauf zu achten, dass die Schüler ihre Erfahrungen und Einstellungen mit einbringen können, dass das Wissen mit anderen Bereichen vernetzt wird, und dass Lehrervorträge anschaulich gehalten werden.

- Regelmäßige Nutzung von Schüler-Feedback

Auch dieses Merkmal ist nur für bestimmte Unterrichtsphasen relevant. Rückmeldungen der Schüler zum Unterricht können entweder in schriftlicher, anonymer Form oder aber im Gespräch erfolgen („Meta-Unterricht"). Ein solches Feedback bietet auf Seiten der Schüler den Vorteil, dass sie sich ernst genommen und für den Unterricht mitverantwortlich fühlen. Auf Seiten der Lehrkraft besteht die Chance zur Optimierung des Unterrichts, sofern die Rückmeldungen entsprechend gehaltvoll sind. Zu diesem Zweck empfiehlt es sich, mit den Schülern vorab Beurteilungskriterien, Regeln und Methoden zu vereinbaren, unter denen das Feedback erfolgen soll.

- Klare Leistungserwartungen und -kontrollen

Gerade in der Zeit von Vergleichsuntersuchungen (z. B. PISA, TIMMS, IGLU) muss man wohl oder übel akzeptieren, dass Leistungskontrollen einen wesentlichen Bestandteil des Unterrichts darstellen, wenngleich Prüfungsstunden für Unterrichtsbesuche natürlich irrelevant sind. Die Transparenz bezüglich der Inhalte, Ziele und Bewertungskriterien ist dennoch allgemein ein wichtiges Stichwort, damit die Schüler jederzeit wissen, was von ihnen erwartet wird.

3.1.6 Die Grobstruktur einer Unterrichtseinheit

Ein entscheidendes Kriterium für guten Unterricht ist ein sinnvoller Aufbau, wobei man in der didaktischen Literatur eine Reihe verschiedener Stufen- und Phasenschemata, auch Artikulationsschemata genannt, findet, so z. B. folgende (vgl. Jank & Meyer 2005, S. 156ff.):

Vorbereitung	Stufe der Motivation	Aneignung
Darbietung	Stufe der Schwierig-keiten	Verarbeitung
Weiterführung		Veröffentli-chung
Verknüpfung	Stufe der Lösung	
Zusammen-fassung	Stufe des Tuns und Ausführens	(Scheller)
Anwendung	Stufe des Behaltens und Einübens	
(Rein)	Stufe des Bereitstel-lens, der Übertra-gung und der Integ-ration des Gelernten	
	(Roth)	

Obwohl sich die verschiedenen Strukturierungen in Anzahl und Bezeichnung der einzelnen Phasen durchaus stärker unterscheiden, lässt sich im Grunde überall der gleiche „methodische Grundrhythmus" erkennen, nämlich die Dreierkette *Einstieg – Erarbeitung – Ergebnissicherung* (vgl. Meyer 2006, S. 121). Die einzelnen Phasen werden dabei mit Funktionen belegt, die zum Teil weiter ausdifferenziert oder aber zusammengefasst werden. Insofern soll die folgende Darstellung nur als grobe Richtschnur bei der Strukturierung des Unterrichts dienen und keineswegs als pauschales Rezept für eine Verlaufsplanung dienen, denn: „Die richtige Schrittfolge muss vielmehr für jedes Unterrichtsthema und für jede Schulklasse neu und unter Beachtung der Handlungsspielräume des Lehrers bestimmt werden" (Meyer 2006, S. 108). Es ist also in Abhängigkeit von den spezifischen Inhalten, Zielen, Bedingungen und Methoden jeweils aufs Neue zu entscheiden, wie eine sinnvolle Strukturierung des Unterrichts aussehen könnte, ob der Verlauf also z. B. groß- oder kleinschrittig angelegt sein sollte oder sich eher am Thema oder eher an den Lernzielen orientieren sollte. Letztlich kommt es darauf an, dass die Strukturierung in sich schlüssig ist und eine abgeschlossene Einheit bildet.

Einstieg

Ziel der Einleitung ist es, eine „gemeinsame Orientierungsgrundlage für den zu erarbeitenden Sach-, Sinn- oder Problemzusammenhang" (Meyer 2006, S. 111) herzustellen.

In einem handlungsorientierten Unterricht kommt dem Einstieg ein besonderes Gewicht zu, da er maßgeblich bestimmt, wie die Schüler in der folgenden Phase arbeiten. Der Einstieg darf somit keineswegs beliebig, sondern muss gut überlegt sein, da er neben einer *informierenden* Funktion viele weitere wichtige Funktionen erfüllt. *Inhaltlich* gesehen kommt es darauf an, *zentrale* Aspekte des Unterrichtsthemas (und keine Nebensächlichkeiten) herauszustellen.

> „Ein gut gemachter Einstieg führt ins Zentrum, er ist so etwas wie eine Schlüsselszene, von der aus das ganze neue Lerngebiet erschlossen werden kann." (Meyer 2006, S. 131)

In emotional-affektiver Hinsicht besteht das Ziel darin, bei den Schülern *Interesse und Neugier* für das neue Thema zu wecken und sie somit zur Eigenaktivität zu motivieren. Das gelingt am besten, wenn an das *Vorverständnis* der Schüler angeknüpft wird und ihre Denk- und Handlungsweisen berücksichtigt werden. Insofern liegt eine weitere Funktion des Einstiegs in der *Verknüpfung von altem Wissen und neu zu erwerbendem Wissen.* Insgesamt sollen die Schüler hierdurch eine *Fragehaltung* aufbauen, die zu einer selbstständigen, aktiven Auseinandersetzung mit dem neuen Inhalt motiviert. Dies gelingt am besten, wenn die Schüler bereits die Problemfrage des Unterrichts selbst entwickeln.

Eine weitere wesentliche Funktion des Einstiegs sieht Meyer (2006, S. 133ff.) darin, dass er einen handelnden Umgang mit dem neuen Thema ermöglicht, was er durch eine Reihe von Handlungsmöglichkeiten verdeutlicht (z. B. experimentieren, vergleichen, kontrastieren, sortieren, verfremden, einen Widerspruch konstruieren, provozieren, vorspielen, veranschaulichen etc.). Nicht zuletzt erfüllt der Einstieg eine *Disziplinierungsfunktion,* d. h. er soll die Schüler auf das Unterrichtsfach einstimmen. Er kann somit z. B. auch in der Hausaufgabenkontrolle oder der übenden Wiederholung bestehen, vorausgesetzt allerdings, dass ein Bezug zum neuen Stundenthema hergestellt werden kann.

Für einen motivierenden Einstieg braucht man vor allem ein geeignetes Einstiegsmedium (z. B. ein Realobjekt, einen Begriff, ein Bild o. Ä.), welches vor dem Hintergrund der angesprochenen Funktionen gut reflektiert ausgewählt werden muss. Dabei ist zu beachten, dass die Information ganzheitlich und spontan aufgenommen werden kann. Die Visualisierung spielt daher eine große Rolle, lange Texte und komplexe Bilder und Grafiken sind hingegen zu vermeiden (vgl. Kliebisch & Meloefski 2006, S. 151).

Möglichkeiten für Einstiege sind u. a. das Zeigen eines Realobjektes, einer Filmsequenz, eines einfachen Bildes oder einer einfachen Grafik (z. B. aus Tageszeitungen), das Erzählen einer Geschichte, einer Anekdote oder eines Witzes. Ferner bieten sich Denk- oder Knobelaufgaben oder die Durchführung eines Experimentes oder einer Handlung an. Die Aufmerksamkeit der Schüler lässt sich darüber hinaus besonders gut wecken, wenn man den Unterricht mit einer Provokation beginnt oder bei den Schülern einen kognitiven Konflikt erzeugt. Beispiele zu diesen und anderen möglichen Einstiegen findet man z. B. bei Barzel (2001) und Quak (2006, S. 133ff.)

Erarbeitung

Diese Unterrichtsphase sollte gemäß den heutigen Unterrichtsprinzipien überwiegend durch die Eigenaktivität der Schüler gekennzeichnet sein, die auf die zuvor formulierte Problemstellung ausgerichtet ist. Dabei sollten die Schüler ihren Fähigkeiten entsprechend eigene Lösungswege finden, nach Bedarf Arbeitsmittel nutzen können und auch Fehler machen dürfen. Voraussetzung hierfür ist natürlich eine entsprechende Aufgabenauswahl, die unterschiedliche Bearbeitungen ermöglicht. Die Individualität der Schüler ist bei der Unterrichtsplanung daher unbedingt zu berücksichtigen. D. h. der Lehrer muss im Vorfeld Maßnahmen treffen, die es erlauben, das zu bearbeitende Problem auf unterschiedlichem Niveau anzugehen. Dabei muss er konkret seine eigene Klasse vor Augen haben, um auf der Grundlage der bisherigen Unterrichtserfahrungen und -beobachtungen Annahmen über die Vorgehens- und Verhaltensweisen der einzelnen Schüler treffen und diese bei der Aufgabenstellung entsprechend berücksichtigen zu können.

Ebenso wie der Einstieg beschränkt sich jedoch auch die Erarbeitungsphase nicht nur auf fachlich-inhaltliche Ziele. So geht es neben dem Aufbau von *Sach- und Fachkompetenz* auch um die Entfaltung von *Methodenkompetenz, sozialer* und *kommunikativer* Kompetenz (vgl. Meyer 2006, S. 151). Gerade diese Kompetenzen sind in einem Unterricht, der auf Selbstständigkeit und Selbsttätigkeit der Schüler ausgerichtet ist und in dem kooperative Lernformen groß geschrieben werden, für die Organisation des eigenen Lernens von besonderer Bedeutung. So müssen die Schüler u. a. mit Arbeitsanweisungen umgehen, benötigte Informationen einholen, Arbeitsschritte allein und gemeinsam planen und realisieren können. Außerdem müssen sie die erforderlichen Arbeitstechniken erlernen wie beispielsweise das selbstständige Schreiben, Zeichnen, Üben, Zusammenfassen, Beobachten etc. Dies macht es erforderlich, bei der Unterrichtsplanung auch die methodischen, sozialen und kommunikativen Ziele im Blick zu haben und ggf. direkt zum Thema des Unterrichts zu machen (z. B. durch entsprechende Erläuterungen oder Anweisungen, durch Probieren o. Ä.).

Obwohl sich der Lehrer in der Erarbeitungsphase selbst im Hintergrund hält, muss diese Phase sehr gründlich geplant werden. Für einen reibungslosen Arbeitsprozess ist es wichtig, dass die Arbeitsanweisungen präzise und verständlich auf dem Niveau der Schüler formuliert werden. Im Hinblick auf ein effizientes Arbeitsverhalten empfehlen Kliebisch & Meloefski (2006, S. 168) die Kürzung des Materials auf das unbedingt nötige Maß sowie klare Zeitvorgaben. Zudem sollte den Schülern bewusst sein, dass in der abschließenden Präsentations- bzw. Auswertungsphase jeder seine Arbeitsergebnisse vorstellen können muss. Zufallsmethoden bezüglich der Auswahl der Schüler in dieser Phase sind hierfür gut geeignet.

Ergebnissicherung

Die Funktion des Schlussteils besteht darin, sich einerseits über die Ergebnisse und Erfahrungen aus der Arbeitsphase und andererseits über den weiteren Verlauf des Unterrichts zu verständigen (vgl. Meyer 2006, S. 111).

Bei der Reflexion der *Arbeitsergebnisse* wird eine tief greifende Auseinandersetzung mit den verschiedenen Lösungswegen angestrebt, bei der die zugrunde liegenden Strategien verdeutlicht, Wege miteinander verglichen und im Hinblick auf Vor- und Nachteile (z. B. Ökonomie, Anspruch) diskutiert werden. Je nach den Ergebnissen der Schüler müssen ggf. Fehler aufgearbeitet, Wege optimiert oder wichtige (nicht-entdeckte) Alternativen erarbeitet werden. Wichtig bei der Ergebnissicherung ist dabei das *Protokollieren bzw. Dokumentieren* der zentralen Ergebnisse, um somit eine gemeinsame „Geschäftsgrundlage" für die weitere Unterrichtsarbeit zu legen, die jederzeit wieder abrufbar ist (vgl. Meyer 2006, S. 166). Da diese Phase in einem handlungsorientierten Unterricht hochgradig von der Bearbeitung der Schüler abhängig ist, erfordert dies vom Lehrer eine hohe

Flexibilität. Für ihn stellt sich die Aufgabe, trotz unterschiedlicher Ausgangslagen die Ziele der jeweiligen Unterrichtseinheit weiterverfolgen zu können. Für die Unterrichtsplanung bedeutet dies, möglichst viele Situationen gedanklich durchzuspielen, um im Unterricht auf (möglichst) alle Eventualitäten vorbereitet zu sein und jeweils entsprechende Impulse für ein Vorankommen geben zu können.

Die Verständigung über die *Erfahrungen* bedeutet dagegen eher eine Art Metakommunikation über den Unterricht. Durch das Sprechen über Erfolge und Misserfolge bzw. Schwierigkeiten sollen den Schülern methodische Prozesse verdeutlicht und ggf. mit den Schülern zusammen weiter optimiert werden.

Die Ergebnissicherung umfasst jedoch mehr als die Präsentation und Aufarbeitung der Arbeitsergebnisse.

> „Erst eine Weiterverarbeitung der Informationen, also eine Vertiefung durch Anwendung und/oder Übertragung sichert den Lernerfolg und das Behalten des Gelernten." (Kliebisch & Meloefski 2006, S. 171)

Es muss sich daher im weiteren Unterrichtsverlauf eine Phase der „Vernetzung" anschließen, in der das Gelernte übertragen, angewendet oder verarbeitet wird (vgl. ebd. S. 174f.). Ziel ist die Vernetzung des Gelernten mit bereits vorhandenem Wissen, um das Wissen zu festigen, zu vertiefen und um so die Chance auf ein langfristiges Behalten zu erhöhen. Nahe liegend sind im Mathematikunterricht vor allem operative Übungsformen (vgl. Abschnitt 2.1) und Anwendungen in Realsituationen, die zugleich verdeutlichen, dass das neue Wissen einen praktischen Nutzen hat. Abhängig vom Unterrichtsinhalt sind jedoch auch kreativere Formen wie Streitgespräche, Ausstellungen oder das Erstellen eines Schülerbuches bzw. einer Klassenzeitung möglich. Meyer (2006, S. 172ff.) gibt diesbezüglich eine Reihe von Hinweisen, die allerdings für den Mathematikunterricht nur bedingt geeignet sind. Die Phantasie und Kreativität der Lehrkraft ist hier gefragt.

3.2 Anforderungen an schriftliche Unterrichtsentwürfe

Anders als von Studierenden des Lehramts oder insbesondere Lehramtsanwärtern oft empfunden, ist die schriftliche Unterrichtsplanung keineswegs eine Schikane, sondern besitzt einen großen Nutzen im Hinblick auf die Unterrichtsqualität. So zwingt sie zu wichtigen unterrichtspraktischen Vorüberlegungen, fixiert diese und macht sie auf diese Weise für eine Reflexion zugänglich. Dies bietet wiederum die Chance, sowohl die gelungenen als auch die weniger gelungenen Aspekte des eigenen Unterrichts zu analysieren und hieraus zu lernen, indem Konsequenzen (z. B. Veränderungen, Alternativen) für die spätere Unterrichtspraxis abgeleitet werden.

Es sei bemerkt, dass diese Art der Unterrichtsplanung nicht die Alltagspraxis des Lehrers darstellt. Dies ist aufgrund des hohen Zeitaufwands auch gar nicht möglich, wenn man bedenkt, dass ein vollbeschäftigter Lehrer regulär derzeit 28 Unterrichtsstunden pro Woche unterrichtet und zusätzlich noch weiteren Verpflichtungen wie der Teilnahme an diversen Konferenzen oder dem Korrigieren von Klassenarbeiten nachkommen muss. Mit den Worten von Meyer (2003a) zu sprechen, handelt es sich bei Unterrichtsbesuchen daher um eine „Feiertagsdidaktik" im Unterschied zur Alltagsdidaktik. Dessen sollte man sich beim Lesen der nachfolgenden Abschnitte bewusst sein, da selbst der routinierteste Lehrer den hohen Anforderungen an einen Unterrichtsbesuch, wie sie hier erörtert werden, nicht in jeder Stunde und im vollen Umfang gerecht werden kann. Diese „Feiertagsdidaktik" lässt sich dennoch rechtfertigen, da erst sie dem Lehramtsanwärter als Berufsanfänger das Ausmaß von Einflussfaktoren für den Unterricht mitsamt deren Abhängigkeiten und Prioritäten richtig bewusst macht. Er lernt dadurch, unterrichtsrelevante Faktoren zu erkennen und seine Entscheidungen rational zu begründen, was für die Ausbildung von Planungsroutinen für die spätere Berufspraxis entscheidend ist.

Im Folgenden möchten wir auf die konstituierenden Bausteine eines schriftlichen Unterrichtsentwurfes eingehen, ohne jedoch eine feste Strukturierung vorgeben zu wollen, da sich die Elemente auf verschiedene Weise – und zudem in Abhängigkeit von dem jeweiligen Unterrichtsvorhaben – zu einem stimmigen Konzept zusammensetzen lassen (vgl. Abschnitt 3.3.2).

3.2.1   Unterrichtsthemen

Weil das Thema der Unterrichtsstunde quasi den Titel eines Unterrichtsentwurfes darstellt und als Rahmen für alle weiteren Ausführungen dient,
wird allgemein viel Wert auf eine prägnante Themenformulierung gelegt.
Dies ist umso schwieriger, als es gilt, kurz und knapp, aber präzise den
Kern des Unterrichtsvorhabens zu treffen. Es handelt sich auch deshalb
um eine wichtige Fähigkeit – eine Art „Handwerkszeug" – von Lehramtsanwärtern, weil in den Unterrichtsentwurf üblicherweise nicht nur das
Thema der Besuchsstunde gehört, sondern Themen zu allen Stunden, in
die das Unterrichtsvorhaben eingebettet ist. Wichtiges Kriterium ist, dass
die Einzelstunden sinnvoll aufeinander aufbauen und eine in sich geschlossene Einheit – die sogenannte „Unterrichtsreihe" – bilden. Eine
Formulierung des Reihenthemas, das alle zugehörigen Unterrichtsstunden
inhaltlich umfasst, wird i. d. R. ebenfalls erwartet. Es besitzt grundsätzlich
die gleiche Struktur wie ein Stundenthema, nur auf einer abstrakteren
Ebene. Aus diesen Gründen ist es wichtig, die Anforderungen an die
Themenformulierung zu kennen.

Ein zentrales Merkmal von Unterrichtsthemen ist, dass sie sich nicht nur
auf den Inhalt des Unterrichts – das WAS – beziehen, sondern immer
auch einen spezifischen Betrachtungsaspekt, eine pädagogische Intention,
erkennen lassen. „Die schriftliche Addition" wäre beispielsweise noch
kein Unterrichtsthema, da noch unklar ist, was mit dieser Rechenoperati-
on gemacht werden soll bzw. worin der Lernzuwachs der Schüler bestehen soll. Soll die schriftliche Addition eingeführt werden? Soll die Funkti-
onsweise analysiert werden? Soll die schriftliche Addition geübt werden?
Sollen Einsichten in das Stellenwertsystem vertieft werden? Zur Verdeutlichung des spezifischen Betrachtungsaspektes wird häufig die Formulierung „unter (besonderer) Berücksichtigung von" verwendet. So könnte
ein „richtiges" Stundenthema etwa folgendermaßen lauten: „Die schriftliche Addition unter besonderer Berücksichtigung des Bündelungsprinzips,
erarbeitet mithilfe von Spielgeld". Im Gegensatz zu dem reinen Inhalt
„schriftliche Addition" ist hier klar, dass der Schwerpunkt auf dem Über-
trag liegt, wobei das Prinzip des Umbündelns herausgearbeitet werden
soll. Wie in diesem Fall kann zusätzlich auch das spezifische Material oder
Beispiel angegeben werden, anhand dessen das Thema exemplarisch behandelt werden soll.

Für die Formulierung eines Unterrichtsthemas spielen der Lehrplan und das schulinterne Curriculum eine zentrale Rolle, einerseits als *Hilfe* bei der Themenfindung, andererseits zum Zwecke seiner *Legitimierung*. Von besonderer Bedeutung für die Legitimierung ist daneben die Bedeutsamkeit des Inhalts für die Lerngruppe, die sich im Rahmen einer didaktischen Analyse (vgl. Abschnitt 3.2.5) durch Fragen nach der Gegenwarts- und Zukunftsbedeutung sowie der exemplarischen Bedeutung des Inhalts beantworten lassen.

Merkhilfen zur Themenformulierung

▪ Das Stundenthema beinhaltet neben dem *Inhalt* immer auch eine *pädagogische Intention*.

▪ Hilfreich zur Verdeutlichung der pädagogischen Intention ist die Formulierung „unter (besonderer) Berücksichtigung von ...".

▪ Lehrplan und schulinternes Curriculum *helfen* bei der Themenfindung und dienen gleichzeitig der *Legitimierung*.

3.2.2 Lernziele

Haben zu der Zeit Klafkis noch die Inhalte im Zentrum der Unterrichtsplanung gestanden, kann heutzutage die Priorität der Zielsetzung als allgemein anerkannte didaktische Auffassung der Unterrichtsplanung gelten (vgl. Peterßen 2000, S. 24). Dieser Übergang vom Primat der Inhalte zum Primat der Intentionalität hängt stark damit zusammen, dass der Unterricht heute viel stärker auf die Schüler ausgerichtet ist. Im Mittelpunkt des Interesses stehen nicht länger die Inhalte selbst, sondern die Kenntnisse, Fähigkeiten oder Fertigkeiten, die die Schüler im Hinblick auf diesen Inhalt erwerben sollen. Die Entscheidung über Lernziele ist entsprechend die wohl bedeutsamste von allen Unterrichtsentscheidungen und *richtungweisend* für die gesamte Struktur des Unterrichts.

Meyer definiert Lernziele wie folgt:

> Ein Lernziel ist die „sprachlich artikulierte Vorstellung über die durch Unterricht [...] zu bewirkende gewünschte Verhaltensdisposition eines Lernenden." (vgl. Meyer 2003a, S. 138).

Charakteristisch für Lernziele ist demnach, dass sie *bewusst* gesetzt werden und ein *erwünschtes Verhalten* beschreiben, welches Lernende *nach Abschluss eines Lernprozesses* zeigen sollen. Bei der Lernzielformulierung ist daher vom angestrebten Ergebnis her zu denken. Sie sind *präskriptiv*, d. h. sie geben einen *Soll-Zustand* an, der dem real erreichten Ist-Zustand am Ende des Unterrichts nicht immer in vollem Umfang entspricht. Die Verwendung des Wortes „sollen" bei Lernzielformulierungen verdeutlicht diesen wichtigen Unterschied.

Ein entscheidendes Charakteristikum von Lernzielen ist weiterhin, dass sie zwei Komponenten beinhalten, nämlich eine *Inhalts-* und eine *Verhaltenskomponente*. So lassen Zielformulierungen auf der Inhaltsebene das WAS, den Lerngegenstand, erkennen, während sich die Verhaltenskomponente auf die Schüler bezieht und Auskunft über die Qualität des Erlernten gibt. So lässt sich auf dieser Seite beispielsweise unterscheiden, ob der jeweilige Inhalt beispielsweise „wiedergegeben", „angewendet", „selbst entdeckt" oder „selbstständig übertragen" werden soll.

Es lassen sich verschiedene *Typen* von Lernzielen unterscheiden, wobei die Bildungsstandards eine Unterscheidung zwischen *allgemeinen* (Problemlösen, Argumentieren, Kommunizieren etc.) und *inhaltlich-fachlichen* Lernzielen treffen. Dabei beschränken sich die Lernziele nicht nur auf den *kognitiven* Bereich – also auf Denken, Wissen, Problemlösung, Kenntnisse, intellektuelle Fähigkeit –, sondern können auch *affektiver* oder *psychomotorischer* Natur sein. D. h. der Unterricht kann (und soll!) auch auf die Veränderung von Interessenlagen, Einstellungen und Werthaltungen oder auf die Förderung (fein-)motorischer Fertigkeiten abzielen. Kliebisch & Meloefski (2006, S. 130f.) weisen allerdings darauf hin, dass die an Bloom et al. (1956) angelehnte, gängige Trennung in diese drei Lernzielbereiche idealtypisch ist, weil i. d. R. Fähigkeiten aus allen drei Bereichen aktiviert werden und man somit nur von einer Akzentuierung eines Bereichs sprechen kann.

Für Unterrichtsentwürfe relevant ist weiterhin die Unterscheidung von Lernzielen hinsichtlich ihres Abstraktionsniveaus. Diesbezüglich unterscheidet man zwischen Reihen-, Haupt- und Teillernzielen (bzw. nach Möller (1973, S. 75ff.) zwischen Richt-, Grob- und Feinzielen). Das Ziel der Unterrichtsreihe ist dabei am abstraktesten zu formulieren, da es die Hauptlernziele von allen zugehörigen Unterrichtsstunden subsumiert. Das Hauptlernziel einer Unterrichtsstunde wiederum umfasst alle Teillernziele, die für das Erreichen dieses Ziels erforderlich sind. Es handelt sich im

Grunde um eine Paraphrase des Stundenthemas, ergänzt um die spezifische Zielformulierung (vgl. Kliebisch & Meloefski 2006, S. 141). Wie stark das Hauptlernziel allerdings in konkret formulierte Teillernziele ausdifferenziert werden soll, ist unterschiedlich. Der aktuelle Trend geht nach dem Motto „weniger ist mehr" zu einer Konzentration auf wenige, zentrale Stundenziele, da bei der Formulierung zu vieler (weniger bedeutsamer) Teillernziele die Gefahr besteht, den Blick von den eigentlichen Schwerpunkten abzulenken. Im Sinne von Interdependenz ist es unseres Erachtens zudem sinnvoll, diese Ziele zusammenhängend darzustellen, wie in den meisten der dargestellten Entwürfe (Abschnitte 4.2, 4.3, 4.5 u. v. m.). Auch wenn man sich heutzutage bewusst ist, dass Lernziele nicht ausschließlich *operational* beschreibbar sind, d. h. an *beobachtbaren* Verhaltensweisen der Schüler festgemacht werden können, sondern dass immer auch ein gewisses Maß an *Interpretation* erforderlich ist, sollten sie möglichst eindeutig und nachprüfbar sein. Denn: „Wer nicht genau weiß, wohin er will, braucht sich nicht zu wundern, wenn er ganz woanders ankommt" (Mager 1977, Umschlagtext). In diesem Sinne sind explizite Lernzielformulierungen Voraussetzung für eine adäquate Lernorganisation, d. h. für die Auswahl geeigneter Unterrichtsmittel, Lernstrategien sowie auch Lernkontrollen. Sie machen das Unterrichtsgeschehen transparent. Während allerdings das Festlegen der Lernziele am Anfang der Unterrichtsplanung steht, empfiehlt Meyer die konkrete Ausformulierung der Lernziele (auf die in schriftlichen Unterrichtsentwürfen viel Wert gelegt wird) erst am Ende, da sie sich natürlich möglichst präzise auf die Unterrichtseinheit beziehen sollten und sich somit argumentativ aus dem Text ergeben müssen. Außerdem lässt sich so leichter prüfen, ob die Lernziele vollständig erfasst sind, wobei die Anzahl sowie auch der Genauigkeitsgrad von der spezifischen Unterrichtsplanung abhängen.

Für die möglichst konkrete Formulierung von Teillernzielen empfiehlt sich die Verwendung von Verben, die das Schülerverhalten möglichst eindeutig beschreiben (Tab. 3.2) anstelle von Verben, die viele Interpretationen zulassen (wie z. B. „wissen", „verstehen", „erfassen" o. Ä.). Mithilfe dieser Verben lässt sich außerdem gut die Bloom'sche Lernzieltaxonomie (Bloom et al. 1956) verdeutlichen, in der die kognitiven[5] Lernziele ihrer Komplexität nach in sechs Stufen geordnet werden (wobei für Un-

---

[5] Auch für den Bereich der affektiven und psychomotorischen Lernziele wurden später Hierarchisierungsvorschläge entwickelt (vgl. z. B. Peterßen 2000, S. 366ff.).

terrichtsbesuche i. A. Unterrichtsstunden empfohlen werden, in denen
mindestens ein Lernziel auf einer der höheren Stufen realisiert werden
soll). Anzumerken ist jedoch, dass nicht alle Verben einer festen Stufe
zugeschrieben werden können, sondern je nach Kontext durchaus auf
mehrere Stufen zutreffen können.

Tabelle 3.2 Mögliche Verben für Lernzielformulierungen in Anlehnung an Platte &
Kappen (1976, S. 12f.), geordnet nach Blooms Lernzieltaxonomie

Stufe	Bezeichnung	Kurzcharakterisierung	mögliche Verben
1	Kenntnisse	Reproduktion des Gelernten	angeben, aufsagen, aufschreiben, aufzählen, benennen, beschreiben, darstellen, eintragen, nennen, rechnen, skizzieren, wiedergeben, zeichnen, zeigen, …
2	Verständnis	Erkennen und Nutzen von Zusammenhängen	ableiten, abstrahieren, charakterisieren, deuten, einsetzen, erläutern, erklären, fortsetzen, frei wiedergeben, interpretieren, ordnen, umstellen, variieren, vergleichen, …
3	Anwendung	eigenständiges Übertragen auf andere Zusammenhänge	anpassen, anwenden, argumentieren, einordnen, konstruieren, korrigieren, modifizieren, nutzen, umwandeln, verknüpfen, verallgemeinern, …
4	Analyse	Zerlegung von Elementen/ Erkennen von Strukturen	ableiten, abschätzen, analysieren, aufgliedern, entdecken, ermitteln, erschließen, herausfinden, klassifizieren, nachweisen, zerlegen, …
5	Synthese	Verknüpfen von Elementen zum Aufbau neuer bzw. übergeordneter Strukturen	entwerfen, entwickeln, erstellen, erzeugen, gestalten, herstellen, kombinieren, konstruieren, konzipieren, optimieren, verfassen, …

Fortsetzung Tabelle 3.2

Stufe	Bezeichnung	Kurzcharakte-risierung	mögliche Verben
6	Beurteilung	kritische Beurteilung von Sach-verhalten auf Widerspruchs-freiheit, Brauchbarkeit etc.	begutachten, beurteilen, bewerten, einschätzen, einstufen, evaluieren, folgern, hinterfragen, Kriterien aufstellen, überprüfen, vereinfachen, vergleichen, widerlegen, ...

Sehr hilfreich ist zudem die Verwendung der Konjunktion „*indem*", mit der ein Lernziel im Falle eines zu großen Interpretationsspielraums konkretisiert bzw. an nachprüfbaren Verhaltensweisen der Schüler festgemacht werden kann. So wird im folgenden Beispiel deutlich, durch welche der zahlreichen Möglichkeiten das Erkennen und Nutzen von Zahlbeziehungen verbessert werden soll und gleichzeitig, wie man diese Fähigkeiten messen bzw. woran man sie erkennen kann.

Beispiel:
Die Schülerinnen und Schüler sollen additive Zahlzerlegungen im Hunderterraum erkennen und für die Lösung von Dreier-Zahlenmauern nutzen, indem sie die fehlenden Zahlen in den Grundsteinen aus den vorgegebenen Zahlen ableiten und in die Lücken einsetzen.

Wichtig für den schriftlichen Entwurf ist schließlich, dass die Teillernziele eine erkennbare Ordnungsstruktur aufweisen, wobei es generell mehrere Möglichkeiten gibt (zeitliche Reihenfolge im Unterrichtsverlauf; Komplexitätsgrad, Typen (s. o.) etc.) (vgl. Meyer 2003a, S. 352).
Nicht zuletzt sei bemerkt, dass es aus Gründen der Individualität utopisch wäre, bei allen Schülerinnen und Schülern die gleichen Ziele erreichen zu wollen. Es kann daher durchaus sinnvoll sein, spezielle Lernziele für bestimmte Schüler zu formulieren.

Merkhilfen zur Lernzielformulierung

- Ein Lernziel beschreibt einen Soll–Zustand.

- Ein Lernziel umfasst stets eine Inhalts– und eine Verhaltens-komponente.

- Ein Unterrichtsentwurf beinhaltet ein Reihenziel, ein Hauptlern-ziel und mehrere Teillernziele.

- Teillernziele sollten so formuliert sein, dass sie möglichst wenig Möglichkeiten zur Interpretation lassen und möglichst nach-prüfbare Verhaltensweisen der Schüler beschreiben.

- Hilfreich für Lernzielformulierungen ist die Konjunktion „indem".

3.2.3   Bedingungsanalyse

„Planung ist stets Planung für eine ganz bestimmte Lerngruppe in einer konkreten Situation" (Peterßen 2000, S. 64). Diese Aussage ist die logische Konsequenz eines Unterrichts, der der Individualität der Schüler Rech-nung tragen will (vgl. Abschnitt 2.1). Damit verbietet es sich, eine einmal gelungene Unterrichtsplanung unreflektiert auf eine andere Lerngruppe zu übertragen, sondern sie muss immer wieder von neuem an die speziellen Gegebenheiten angepasst werden. Die Wahl der Inhalte, Ziele und Me-thoden muss grundsätzlich unter Berücksichtigung der spezifischen Lern-situation erfolgen. Eine Analyse der vorliegenden Bedingungen ist somit unerlässlich für die konkrete Unterrichtsplanung, wobei alle Faktoren zu berücksichtigen sind, die das Lernverhalten der Schüler wesentlich beein-flussen bzw. es ausmachen. Die Ergebnisse dieser Analyse bilden das Fundament für alle weiteren methodisch-didaktischen Entscheidungen. Entsprechend umrahmen in der Visualisierung der bedeutsamen didakti-schen Modelle die Bedingungsfelder jeweils alle Entscheidungsfelder (vgl. Abb. 3.2).

In Anlehnung an die lehr-lerntheoretische Didaktik nach Heimann et al. (1977) ist eine Unterscheidung in *anthropologisch-psychologische* und *sozio-kulturelle* Voraussetzungen üblich, wobei erstere eher entwicklungs- bzw. reifebedingt (z. B. Sprachfähigkeit, Lernstand) und letztere eher durch gesellschaftliche Faktoren bedingt sind, die in den Unterricht hineinwirken (z. B. Einstellungen, finanzielle Aspekte). Obwohl im Zentrum der Überlegungen zweifellos die Schülergruppe steht, sind für die Unterrichtsplanung immer auch die Voraussetzungen seitens der Lehrkraft bedeutsam, da der gegenwärtige Unterricht durch das Wechselspiel zwischen Lehrer und Schüler gekennzeichnet ist. Neben diesen direkt betroffenen Personen werden weiterhin indirekt betroffene Personengruppen (z. B. Schulleitung, Eltern), die äußeren Rahmenbedingungen und natürlich der Unterrichtsgegenstand selbst als weitere Einflussfaktoren wirksam. Diese verschiedenen Faktoren werden nachfolgend weiter ausdifferenziert, wobei jedoch für die konkrete (schriftliche) Unterrichtsplanung nicht alle Aspekte relevant sein müssen. Vielmehr kommt es darauf an, die Faktoren zu erkennen und im schriftlichen Entwurf zu berücksichtigen, aus denen Konsequenzen für die Planung des Unterrichtsvorhabens gezogen werden können (vgl. Meyer 2003a, S. 252). Diese Konsequenzen sollten zudem als Begründung für die entsprechenden methodisch-didaktischen Entscheidungen formuliert werden.

Schülergruppe

Bei der Analyse der *Schülergruppe* ist eine Vielzahl verschiedener Aspekte zu berücksichtigen, wobei – aufgrund der großen Heterogenität – im Grunde immer der einzelne Schüler im Fokus stehen müsste. In schriftlichen Unterrichtsentwürfen kann dies natürlich nicht geleistet werden; jedoch sollten bei der Beschreibung der Klassensituation zumindest *hervorstechende Besonderheiten einzelner Schüler* (z. B. bezüglich des Arbeits-, Lern- oder Sozialverhaltens) bedacht werden.

Eine ganz wesentliche Grundüberlegung bezieht sich dabei auf die *kognitiven* Voraussetzungen der Schüler – d. h. auf ihre Kenntnisse, Fähigkeiten, Fertigkeiten, Denkweisen, Lern- bzw. Aneignungsstrategien, Konzentrationsfähigkeit etc. Grundlage für diese Analyse bilden im Wesentlichen vorhergehende Unterrichtsbeobachtungen. Wichtige Anhaltspunkte (gerade bei neuen Schülergruppen, in denen man die einzelnen Schüler und die internen Strukturen der Gruppe noch nicht hinreichend kennt) liefern jedoch auch allgemeine entwicklungspsychologische, lernbiologische und didaktische Erkenntnisse (z. B. Lernen mit möglichst vielen Sinnen, möglichst viel Selbstständigkeit und Selbsttätigkeit). Wichtige Namen sind hier u. a. Piaget und Bruner (vgl. z. B. Gage & Berliner 1996, S. 102ff.), Aebli (2003) und Gagné (1980).

Wie in Abschnitt 2.1 beschrieben, gilt es im Unterricht an die *Vorkenntnisse und Vorerfahrungen* der Schüler anzuknüpfen, wobei sowohl die schulisch vermittelten Kenntnisse, Fähigkeiten und Fertigkeiten (d. h. also der bisherige Unterrichtsverlauf) als auch außerschulische Vorerfahrungen zu berücksichtigen sind. Bedeutsam sind in diesem Zusammenhang zudem die Vertrautheit der Schüler mit bestimmten Arbeits- und Sozialformen. So wird eine Gruppe, die *kooperative Lernformen* gewohnt ist, ganz anders auf Lernspiralen, Gruppenpuzzles oder ähnliche Methoden (vgl. Abschnitt 3.2.5) reagieren als Lerngruppen, die solche kooperativen Lernformen nicht gewohnt sind. In diesem Fall müssen neben den fachlichen Voraussetzungen auch die Voraussetzungen für den reibungslosen Ablauf der gewählten Arbeitsformen geschaffen werden, indem sie (zuvor) selbst zum Thema des Unterrichts gemacht werden.

Von großer Bedeutung für die Motivation bzw. Lernbereitschaft der Schüler sind deren *Interessen und Einstellungen*, die wiederum häufig von Faktoren wie *Geschlecht, Schicht- oder Kulturgruppenzugehörigkeit* (z. B. Sportvereine) abhängen. Diese Faktoren können bei der Unterrichtsplanung auch in anderer Hinsicht von Belang sein. So könnten bei Schülern mit Migrationshintergrund z. B. sprachliche Probleme oder kulturbedingte Schwierigkeiten auftreten, auf die im Unterricht angemessen zu reagieren ist. Ein Beispiel hierfür ist das (Normal-)Verfahren der schriftlichen Multiplikation (Padberg 2005, S. 282), das in vielen Ländern entscheidend vom deutschen Normalverfahren abweicht und den Schülern ggf. bereits so vermittelt wurde.

Ein weiterer wichtiger Aspekt ist schließlich das *Interaktions- bzw. Sozialverhalten* in der Schülergruppe (z. B. Freundschaften, Rivalitäten, Anführer, Mitläufer, Außenseiter etc.), was insbesondere für kooperative Lernformen zu beachten ist. So wird man beispielsweise kaum alle „Störenfriede" einer Klasse in die gleiche Lerngruppe stecken.

Lehrer

Natürlich hat die *Kompetenz* des Lehrers Einfluss auf die Unterrichtsgestaltung, und zwar sowohl bezogen auf das Fachliche, den Unterrichtsgegenstand, als auch bezüglich der Unterrichtsmethoden. So wird ein methodisch gut geschulter Lehrer mögliche Umsetzungsprobleme besser antizipieren und sich entsprechend besser hierauf vorbereiten können als ein Lehrer mit einer geringeren Methodenkompetenz.

Im Hinblick auf die Motivierung der Schüler ist es von Bedeutung, inwieweit der Lehrer am Lernerfolg der Schüler sowie auch am Unterrichtsgegenstand selbst interessiert ist und diesbezüglich eigene Erfahrungen mit einbringt.

Nicht zuletzt ist es für die Unterrichtsplanung wichtig, dass sich der Lehrer der eigenen Präferenzen, Stärken und Schwächen bewusst ist, um dies entsprechend berücksichtigen zu können. Dies bezieht sich sowohl auf die eigenen kognitiven, sozialen und emotionalen Fähigkeiten als auch auf bevorzugte Lehrstile, Sozial- und Aktionsformen etc.

Äußere Rahmenbedingungen

Da sich der Unterricht nach dem *Lehrplan* und dem *schulinternen Curriculum* zu richten hat, kommt diesen bei den äußeren Rahmenbedingungen eine besondere Bedeutung zu. Weiterhin muss das Unterrichtsvorhaben auf die *organisatorischen* Rahmenbedingungen abgestimmt sein, denn die besten Ideen können scheitern, wenn die erforderlichen *zeitlichen, räumlichen* oder *materiellen* Voraussetzungen nicht gegeben sind. Hier müssen ggf. Einbußen in Kauf genommen und das Vorhaben an die spezifischen Bedingungen angepasst werden. Bei den zeitlichen Bedingungen spielt neben der Unterrichtszeit selbst auch der übergreifende zeitliche Rahmen eine Rolle. So macht es im Hinblick auf das Lern- und Arbeitsverhalten der Schüler beispielsweise einen Unterschied, ob der Unterricht in der ersten oder letzten Stunde stattfindet, ob zuvor eine Klassenarbeit geschrieben wurde, ein besonderes Ereignis (z. B. eine Klassenfahrt) ansteht o. Ä. Nicht zuletzt sind bei den äußeren Rahmenbedingungen Gewohnheiten bzw. spezielle Rituale einer Klasse zu beachten.

Unterrichtsgegenstand

Bezüglich des Unterrichtsgegenstandes spielt der *bisherige Unterrichtsverlauf* einschließlich von Unterrichtsergebnissen und -beobachtungen eine zentrale Rolle, um die schulisch vermittelten Kenntnisse, Fähigkeiten und Fertigkeiten der Schüler zu klären. Informationen erhält man zudem aus dem Lehrplan bzw. dem schulinternen Curriculum. Die Analyse des Unterrichtsgegenstandes selbst erfolgt im Rahmen der methodisch-didaktischen Analyse (vgl. Abschnitt 3.2.5).

Die Analyse aller Faktoren soll laut Meyer (2003a, S. 248) in Antworten auf die beiden Fragen münden,

    a) welche *Handlungsspielräume* man als Lehrer in der spezifischen
    ·   Schülergruppe bei dem jeweiligen Thema hat und

b) mit welchen Interessen und welchem Alltagsbewusstsein die Schüler diesem Thema vermutlich begegnen.

Auf dieser Grundlage lassen sich im nächsten Schritt methodisch-didaktische Entscheidungen für die konkrete Unterrichtsgestaltung ableiten und begründen. Dies ist für den schriftlichen Unterrichtsentwurf von entscheidender Bedeutung, da es bei der Bedingungsanalyse im Wesentlichen um das Herstellen einer engen argumentativen Beziehung zu der didaktischen Strukturierung geht. Entscheidend ist dabei, neben den existenten Voraussetzungen auch Defizite und Probleme im Blick zu haben, um im Unterricht hierauf entsprechend vorbereitet sein zu können.

Einige zentrale Fragen der Bedingungsanalyse

▪ Wie ist die Schülergruppe zusammengesetzt (Klassengröße, Alter, Geschlecht, soziale Herkunft, Lerntypen, Leistungsstand)? Welche Schüler sind mit Blick auf die bevorstehenden Anforderungen auffällig und müssen bei der Planung besonders berücksichtigt werden? Wie ist das soziale Klima in der Klasse zu beurteilen?

▪ Was wissen die Schüler bereits aus dem Alltag und aus dem bisherigen Unterricht über den gewählten Unterrichtsgegenstand? Welche erforderlichen Fähigkeiten und Fertigkeiten bringen sie mit? Welche Arbeitsweisen sind den Schülern vertraut? Welche Regeln und Rituale bestehen in dieser Klasse? Wie steht es mit dem Lerntempo und der allgemeinen Lernbereitschaft?

▪ Wie ist das Interesse an dem gewählten Unterrichtsinhalt zu beurteilen? Welche Anknüpfungsmöglichkeiten zu der Lebenswelt der Schüler bestehen?

▪ Welche zeitlichen, räumlichen oder materiellen Faktoren sind bei der Erarbeitung zu berücksichtigen?

▪ ...

... und welche Konsequenzen ergeben sich hieraus jeweils für die Unterrichtsgestaltung?

3.2.4 Sachanalyse

Es ist eine Selbstverständlichkeit für guten Unterricht, dass sich die Lehrkraft mit dem zu behandelnden Unterrichtsgegenstand – der „Sache" – auskennt. Dieses Wissen muss dabei über den eigentlichen Stundeninhalt hinausgehen. Der Lehrer muss den Inhalt als Ganzes verstehen und wissen, wie die einzelnen Aspekte zusammenhängen und welche Bezüge zu anderen Inhalten bestehen. Denn im Unterricht muss er die Beiträge der Schüler einordnen und bewerten sowie Bezüge zwischen dem exemplarischen Inhalt und dem Ganzen herstellen können. Ziel der Sachanalyse ist es daher, sich der Strukturen und Beziehungen des Unterrichtsgegenstandes bewusst zu werden und diese auf den didaktischen Planungsprozess beziehen zu können.

Zumindest in der Vergangenheit gab es allerdings Diskussionen darüber, was genau in eine solche Sachanalyse gehört. So vertrat z. B. Roth die Position, dass der Unterrichtsgegenstand allein aus fachwissenschaftlicher Sicht beleuchtet werden müsse, und dass diese Analyse den Ausgangspunkt für zunächst didaktische und anschließend methodische Entscheidungen darstelle. Heutzutage stimmt man jedoch vornehmlich mit Klafki überein, der sich entschieden gegen eine solche vorpädagogische Sachanalyse wendet und betont, dass die fachwissenschaftlichen Überlegungen von Beginn an in einen didaktisch-methodischen Begründungszusammenhang eingebunden sein müssen (vgl. Peterßen 2000, S. 21ff.). Für diese Sichtweise spricht auch die aktuelle Unterrichtsforschung, da die Stimmigkeit von Ziel-, Inhalts- und Methodenentscheidungen ein empirisch gesichertes Merkmal für guten Unterricht darstellt (vgl. Abschnitt 3.1.5). Außerdem merkt Meyer (2003a, S. 255) an, dass der routinierte Lehrer beim Studieren der jüngsten fachwissenschaftlichen Literatur i. d. R. immer schon methodisch-didaktische Überlegungen im Hinterkopf hat. Es wird jedoch von den spezifischen Erwartungen „vor Ort" (sprich: Studienseminar) abhängen, ob eine fachwissenschaftliche Darstellung des Unterrichtsinhalts für sich allein stehen oder in die methodisch-didaktische Analyse integriert werden soll.

In Anlehnung an Fraedrich (2001, S. 33ff.) soll nachfolgend dargestellt werden, welche fachlichen Überlegungen für die Sachanalyse eine Rolle spielen können. Dabei merkt die Autorin selbst an, dass viele der Punkte (z. B. typische Lösungsverfahren oder Fehler, Fortsetzungsmöglichkeiten) nicht losgelöst von methodisch-didaktischen Überlegungen sind, was einmal mehr für den engen Zusammenhang zwischen der inhaltlichen und methodisch-didaktischen Analyse und insofern gegen eine strikte Trennung spricht. Die Auflistung dient vorrangig der Sensibilisierung für die Funktion der Sachanalyse, muss jedoch im Grunde an jede Unterrichtsstunde individuell angepasst werden. Denn einerseits sind nicht alle Aspekte für jede Unterrichtsstunde relevant, andererseits ist die Liste sicherlich nicht für jedes Thema erschöpfend. So beschränkt sich die Auflistung beispielsweise auf die mathematische Seite des Unterrichts. Da jedoch im Gefolge von Maximen wie etwa der Anwendungsorientierung oder des fächerübergreifenden Unterrichts auch außermathematische Sachverhalte eine Rolle spielen können, müssen selbstverständlich auch diesbezüglich die notwendigen Sachinformationen gegeben werden.

- **Einordnung**: Welcher *allgemeine mathematische Sachverhalt* wird vermittelt und zu welcher *Disziplin* (z. B. Arithmetik, Kombinatorik) gehört dieser?

- **Mathematischer Hintergrund**: Welcher *mathematische Hintergrund* verbirgt sich hinter dem Unterrichtsinhalt (z. B. Rechengesetze) und wie ist dieser *strukturiert*? Welche *Definitionen, Beziehungen, Eigenschaften, Verknüpfungen, Begriffe, Gesetze, Verfahren* o. Ä. sind dabei zentral?

- **Aufgabentypen**: Welche *Beispiele/Gegenbeispiele* sind charakteristisch? Gibt es *Ausnahmen, Spezial-* oder *Grenzfälle*?

- **Anwendung**: Welche *inner- und außermathematische Bedeutung* besitzt der Unterrichtsinhalt (z. B. Beziehung zu anderen Unterrichtsinhalten, Umweltbezüge)? Welche *Aufgabentypen* und welche *Darstellungen* (z. B. Notationsformen, Veranschaulichungen) sind dabei gebräuchlich? Welche *Fortsetzungsmöglichkeiten* bieten sich an?

- **Voraussetzungen**: Welche *fachlichen Voraussetzungen* müssen die Schüler (und der Lehrer) mitbringen? Welche *Fachbegriffe* müssen bekannt sein oder ggf. eingeführt werden?

- **Ergebnis**: Welche verschiedenen *Lösungsmöglichkeiten* gibt es und wie sind diese zu bewerten? Welche *typischen Fehler* sind bekannt; welche *Kontrollmöglichkeiten* gibt es?

- **Transfer**: Welche Möglichkeiten bietet der Unterrichtsinhalt für *Analogiebildungen, Übertragungen, Verallgemeinerungen*?

- …

Diese Analyse muss natürlich jeweils auf der Grundlage des aktuellen fachwissenschaftlichen Standes der Forschung erfolgen, wobei im Mathematikunterricht neben der jeweiligen Fachliteratur auch der Lehrplan, das Schulbuch mit zugehörigem Handbuch oder zugehörigen Kommentaren sowie in der heutigen Zeit zunehmend auch das Internet bei der Aufarbeitung der Sachkompetenz hilft. Sehr effektiv ist zudem die Befragung von Experten, die auf der Grundlage ihres Erfahrungsschatzes neben den Sachinformationen häufig auch nützliche Hinweise für die praktische Umsetzung geben können und damit gleichzeitig die methodisch-didaktische Analyse erleichtern.

3.2.5 Methodisch-didaktische Analyse

Bei der (schriftlichen) Unterrichtsplanung wird heutzutage i. d. R. keine Trennung zwischen Methodik und Didaktik vorgenommen, sondern methodische und didaktische Aspekte werden von Beginn an im Zusammenhang gesehen. Denn übereinstimmend mit der lehr-lerntheoretischen Didaktik geht man von einer starken Interdependenz zwischen allen Momenten des Unterrichts aus – zwischen Zielen, Inhalten, Methoden und Medien. Weil diese Entscheidungen untrennbar aufeinander bezogen sind, widerspricht dies einer Aufsplittung in die einzelnen Bereiche und macht es stattdessen erforderlich, alle Bereiche in einem Begründungszusammenhang zu integrieren. Das zentrale Anliegen dieser methodisch-didaktischen Analyse besteht darin, aus den außerordentlich vielen Möglichkeiten, Unterricht zu gestalten, diejenige auszuwählen, die verwirklicht werden soll. Dabei müssen sämtliche Entscheidungen in sich stimmig und den spezifischen Bedingungen angepasst sein, was es im schriftlichen Unterrichtsentwurf innerhalb der methodisch-didaktischen Analyse zu begründen gilt.

Bevor näher auf die Aufgaben der methodisch-didaktischen Analyse eingegangen wird, erfolgen zunächst ein Exkurs zur Unterrichtsmethodik, da dieser Begriff in der Literatur nicht eindeutig verwendet wird, sowie ein kurzer Exkurs zur Auswahl von Medien, die im Mathematikunterricht der Grundschule eine besondere Relevanz besitzen.

Exkurs Unterrichtsmethodik

Die Entscheidung über die Unterrichtsmethode ist für den Planungsprozess von großer Bedeutung, da es im Wesentlichen von der Methodik abhängt, ob die Schüler Freude und Interesse am Unterricht haben und gerne in die Schule gehen (vgl. Peterßen 2000, S. 394). Wie bereits erwähnt (vgl. Abschnitt 3.1.5), dürfen Unterrichtsmethoden dennoch nicht um ihrer selbst Willen eingesetzt werden, sondern sie müssen in Einklang mit den anderen Planungsentscheidungen bezüglich der Ziele, Inhalte und Medien stehen.

Auch wenn der Begriff „Unterrichtsmethode" im pädagogischen Alltag gebräuchlich ist und es einfach ist, Beispiele hierfür anzugeben, so erweist sich eine Charakterisierung als erheblich schwieriger. Mit Blick auf die heutigen Vorstellungen von Unterricht erscheint eine Anlehnung an Meyer (2003a, S. 327) sinnvoll, der unter Unterrichtsmethoden „die Formen und Verfahren, mit denen sich Schüler und Lehrer[6] die sie umgebende natürliche und gesellschaftliche Wirklichkeit aneignen" versteht. Die Unterrichtsmethodik nimmt also quasi eine Vermittlerfunktion, eine Art „Transportmittel" zwischen dem Unterrichtsgegenstand und dem Lernenden (und Lehrendem) ein.

Ein wichtiger Grund für die uneinheitliche Verwendung des Begriffs Methode liegt wohl darin, dass auf ganz verschiedenen Ebenen von Unterrichtsmethoden gesprochen wird. So unterscheidet z. B. Heimann (1962, S. 420f.) zwischen fünf methodischen Hauptstrukturformen, innerhalb derer jeweils Entscheidungen für den Unterricht zu treffen sind. Zugehörige Fragen könnten lauten:

- In welche Phasen bzw. in welche geordnete Stufenfolge soll der Unterricht gegliedert werden? (*Artikulation*)

- Wie und unter welchen Bedingungen sollen die am Unterricht beteiligten Personen miteinander arbeiten und kommunizieren? (*Gruppen- und Raumorganisation*)

- Welche Tätigkeiten sollen welche Personen ausführen? (*Lehr- und Lernweisen*)

---

[6] Er lehnt sich damit gegen eine typische Definition als „Art und Weise der Vermittlung des Unterrichtsinhalts", da diese nur auf die Handlungsspielräume des Lehrers und nicht der Schüler ausgerichtet ist.

- Welche bekannten Modelle dienen ggf. als Vorbild? (*methodische Modelle*)

- Welche Handlungs- und Gestaltungsgrundsätze sollen verwirklicht werden? (*Prinzipien*).

Unterrichtsmethoden können sich demnach in unterschiedlichen Formen mit unterschiedlichen Charakteristika manifestieren, was eine Systematisierung sinnvoll macht. So ordnet Schulz (1977, S. 30ff.) sie hinsichtlich ihrer Trag- bzw. Reichweite, beginnend mit übergeordneten Entscheidungen über den Aufbau des gesamten Curriculums bis hin zu ganz kurzfristigen Entscheidungen über z. B. Lob oder Tadel. Klingberg (o. J., S. 297ff.) hingegen unterscheidet auf der obersten Ebene zwischen der äußeren, beobachtbaren Seite (z. B. Gruppenunterricht) und der inneren, auf Interpretation beruhenden Seite (z. B. Einstiegsphase) des Unterrichts. Der folgende Überblick über gängige Unterrichtsmethoden stammt von Meyer (2003a, S. 337) und lehnt sich an dieses Ordnungsschema[7] an (Tab. 3.3).

Tabelle 3.3 Strukturierung von Unterrichtsmethoden nach Meyer (2003a)

Methodische Grundformen	Didaktische Schritte	Logische Verfahren	Kooperationsformen
Unterrichtsgespräch (Kreisgespräch, Debatte, Streitgespräch etc.)	Einstieg	Experimentieren	Frontalunterricht
	Erarbeitung	Induzieren (vom Besonderen zum Allgemeinen)	Gruppenunterricht (Partnerarbeit, Groß- oder Kleingruppenarbeit)
gezielter Impuls	Ergebnissicherung (oder andere Strukturierungen, vgl. Abschnitt 3.1.6)	Deduzieren (vom Allgemeinen zum Besonderen)	
Lehrerfrage			
Lehrervortrag			Einzelarbeit
Lob und Tadel			
Stillarbeit			

---

[7] In dieses Schema nicht eingeordnet werden das Spiel und die Projektmethode.

Auf der äußeren Seite gibt es allerdings Überschneidungen, da einige methodische Grundformen (Unterrichtsgespräch, Stillarbeit) zugleich Auskunft über die enthaltenen Interaktions- und Kommunikationsmöglichkeiten bieten und somit auch den Kooperationsformen zugeordnet werden können. Zudem sei bemerkt, dass in der Literatur statt der Oberbegriffe „Methodische Grundformen" und „Kooperationsformen" oft die Begriffe *Arbeits- bzw. Aktionsformen* und *Sozialformen* verwendet werden. Dabei beschreiben erstere, in welcher Weise Lehrer bzw. Schüler im Unterricht tätig werden, wobei Uhlig (vgl. Peterßen 2000, S. 400) zwischen drei Grundformen unterscheidet, die nach dem Maß der Steuerung durch den Lehrer geordnet sind (Tab. 3.4).

Tabelle 3.4 Grundformen der Lehr- und Lernmethoden nach Uhlig (aus Peterßen 2000, S. 400)

Lehrerseite (Lehrmethode)	Schülerseite (Lernmethode)	Beispiele
darbietend	rezeptiv	Vortrag, Demonstration, Anschreiben/Anzeichnen
anleitend	geleitet–produktiv	Gesprächsführung, Richtigstellung, Beispiel geben
anregend	selbstständig-produktiv	Aufgabenstellung geben, Problem aufzeigen, Material bereitstellen

Bei den Sozialformen des Unterrichts sind die Begriffe *Frontalunterricht* (mit den wichtigsten Formen des *Lehrervortrags* und des *fragend-entwickelnden Unterrichts*), *Einzel-, Partner-, und Gruppenarbeit* bzw. *Gruppenunterricht* in Anlehnung an Kösel (1978) gebräuchlich, wobei die Steuerungsfunktion des Lehrers ebenfalls immer stärker abnimmt. In dieser Kategorisierung nicht enthalten ist das *Unterrichtsgespräch* (mit oder ohne Lehrer) als weitere wichtige Sozialform, das Aschersleben (1991, S. 95ff.) neben dem Frontalunterricht der Kategorie Klassenunterricht zuordnet.

Gemäß der aktuellen Forderung nach kooperativem Schülerverhalten wird dem Gruppenunterricht innerhalb dieser Sozialformen besondere Aufmerksamkeit gewidmet, erkennbar an der Entwicklung zahlreicher verschiedener Organsiationsformen. Dabei bietet sich in Anlehnung an Klingberg (vgl. Peterßen 2000, S. 411f.) eine Kategorisierung in vier Feldern an, indem einerseits bezüglich der *Aufgabenstellung* (Bearbeiten alle

Gruppen die gleichen oder verschiedene Aufgaben?) und andererseits bezüglich der *Arbeitsteilung* innerhalb der Gruppen (Machen alle Gruppenmitglieder das gleiche oder gehen sie arbeitsteilig vor?) differenziert wird. Eine gute Übersicht bietet Abbildung 3.3.

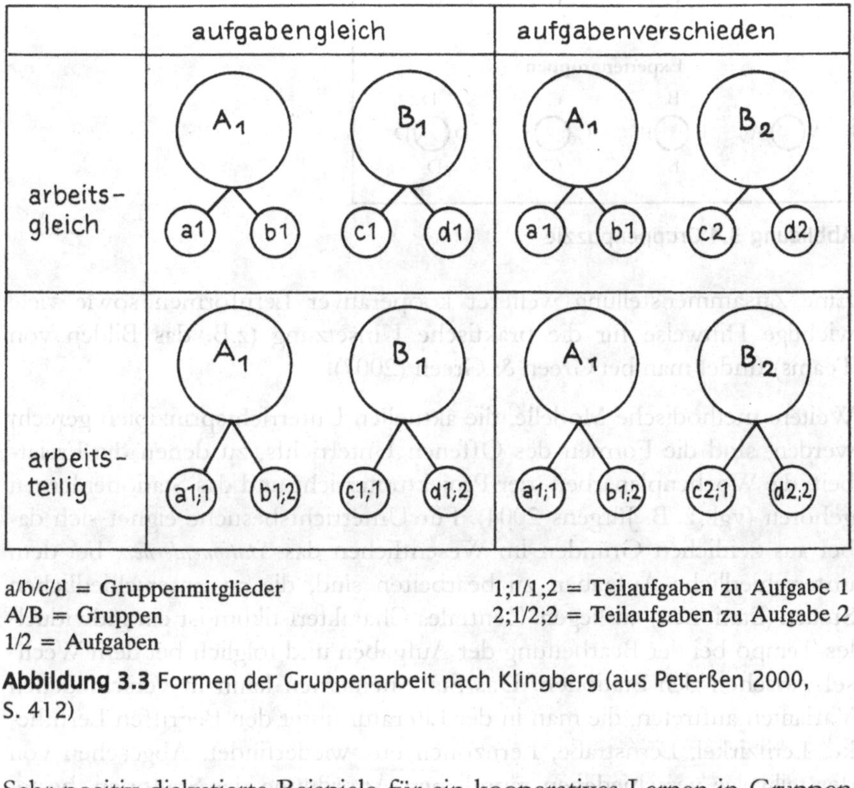

	aufgabengleich		aufgabenverschieden	
arbeits-gleich	A_1 a1 b1	B_1 c1 d1	A_1 a1 b1	B_2 c2 d2
arbeits-teilig	A_1 a1;1 b1;2	B_1 c1;1 d1;2	A_1 a1;1 b1;2	B_2 c2;1 d2;2

a/b/c/d = Gruppenmitglieder   1;1/1;2 = Teilaufgaben zu Aufgabe 1
A/B = Gruppen   2;1/2;2 = Teilaufgaben zu Aufgabe 2
1/2 = Aufgaben

Abbildung 3.3 Formen der Gruppenarbeit nach Klingberg (aus Peterßen 2000, S. 412)

Sehr positiv diskutierte Beispiele für ein kooperatives Lernen in Gruppen sind u. a. die in Abschnitt 3.1.5 bereits erwähnte *Lernspirale* oder das *Gruppenpuzzle* (vgl. z. B. Konrad & Traub 2005, S. 110ff.). Bei diesem methodischen Modell arbeiten die Gruppenmitglieder einer Stammgruppe an verschiedenen Aufgaben. Für die Bearbeitung finden sich die Schüler mit den gleichen Aufgaben in sogenannten Expertengruppen zusammen, bevor sie nach erfolgreicher, gemeinsamer Lösung in ihre Stammgruppen zurückkehren. Dort fungieren sie als Experte für die jeweils bearbeitete Aufgabe und vermitteln den anderen Gruppenmitgliedern nacheinander ihr Wissen, was abschließend in einer Evaluationsphase überprüft wird (Abb. 3.4.)

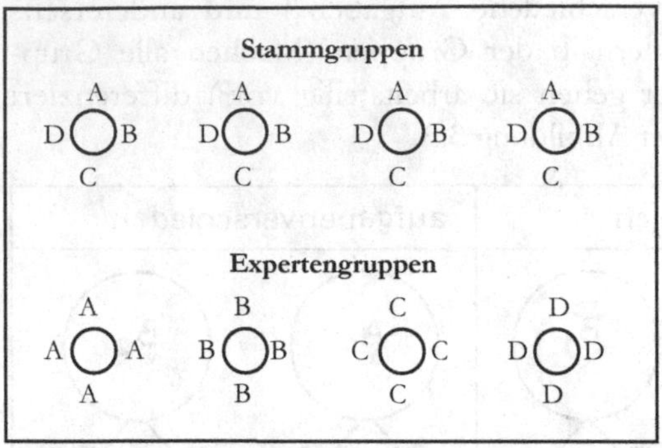

Abbildung 3.4 Gruppenpuzzle

Eine Zusammenstellung weiterer kooperativer Lernformen sowie viele wichtige Hinweise für die praktische Umsetzung (z.B. das Bilden von Teams) findet man bei Green & Green (2007).

Weitere methodische Modelle, die aktuellen Unterrichtsprinzipien gerecht werden, sind die Formen des Offenen Unterrichts, zu denen die Freiarbeit, die Wochenplanarbeit, der Projektunterricht und das Stationenlernen gehören (vgl. z. B. Jürgens 2004). Für Unterrichtsbesuche eignet sich dabei aus zeitlichen Gründen im Wesentlichen das *Stationenlernen*, bei dem unterschiedliche Aufgaben zu bearbeiten sind, die an unterschiedlichen Stellen (Stationen) ausliegen. Zentrales Charakteristikum ist ein individuelles Tempo bei der Bearbeitung der Aufgaben und folglich bei dem Wechsel zwischen den Stationen. Das Stationenlernen kann in verschiedenen Varianten auftreten, die man in der Literatur unter den Begriffen Lerntheke, Lernzirkel, Lernstraße, Lernzonen etc. wiederfindet. Abgesehen von der teilweise verschiedenen räumlichen Anordnung der Stationen, bestehen wesentliche Unterschiede darin, ob die Reihenfolge der Aufgaben beliebig oder festgelegt ist (weil z. B. die Aufgaben aufeinander aufbauen) und ob es Wahl- und Pflichtstationen gibt bzw. ob sogar alle Stationen bearbeitet werden müssen.

Eine knappe Darstellung der hier genannten sowie weiterer Unterrichtsmethoden findet man bei Peterßen (1999), wobei jedoch einige methodische Formen für den Mathematikunterricht nur bedingt relevant sind. Zudem sind die Methoden anders als bei z. B. Meyer (s. o.) nicht nach fachlichen Aspekten systematisiert, sondern in alphabetischer Reihenfolge angeordnet.

Exkurs Medienauswahl

Für Medien – genau wie auch für Unterrichtsmethoden – gilt, dass ihr Einsatz nie um ihrer selbst Willen, sondern immer sorgfältig reflektiert und in Einklang mit den übrigen Planungsentscheidungen erfolgen muss. Ein geeignetes Medium erfüllt dabei folgende drei Anforderungen, die situationsabhängig und daher immer wieder aufs Neue zu prüfen sind (vgl. Peterßen 2000, S. 436):

▪ Es stimmt in seiner Struktur weitgehend mit der des Inhalts überein, d. h. repräsentiert den Inhalt möglichst isomorph.

▪ Es bezieht sich möglichst eindeutig auf das Lernziel und hilft bei seiner Verwirklichung (wobei auch wichtig ist, dass die Schüler das Medium in der vorgesehenen Art – und nicht anders – verwenden).

▪ Es besitzt ein hohes Maß an dauerhafter Attraktivität.

Optimal ist die Auswahl, wenn das vorgesehene Medium im Hinblick auf diese drei Kriterien besser geeignet ist als jedes andere Medium.

Typische Medien sind das Schulbuch, Arbeitsblätter, der Overhead-Projektor, Filme, reale Anschauungsobjekte etc. Besonders zu nennen sind im Mathematikunterricht Arbeits- und Veranschaulichungsmittel, die bei dem Aufbau innerer Vorstellungsbilder helfen sollen, welche wiederum Voraussetzung für das mentale Operieren sind. Konkrete Handlungen spielen bei diesem Prozess eine entscheidende Rolle (vgl. z. B. Lorenz 1993). Bei der Auswahl dieser Lernmittel sollte man sich jedoch bewusst sein, dass der Umgang mit jedem Medium gleichzeitig auch eine zusätzliche Anforderung an die Schüler stellt (vgl. z. B. die Studie von Radatz 1995) und sich somit auch lernhemmend auswirken kann, wenn die zugrunde liegenden mathematischen Strukturen nicht erkannt werden. Denn es gibt – so Krauthausen & Scherer (2007, S. 215) – keinen direkten, zwingenden Weg vom „Anschauen" zur gewünschten Verinnerlichung des mathematischen Begriffs, weil die Verinnerlichung ein konstruktiver Akt des Lernenden ist und folglich auch zu der Entwicklung fehlerhafter oder weniger tragfähiger Vorstellungen führen kann. Aus diesem Grund müssen Arbeits- und Veranschaulichungsmittel wie z. B. das Hunderterfeld oder der Zahlenstrahl erstens sorgfältig ausgewählt und zweitens zunächst selbst zum Unterrichtsgegenstand gemacht werden. Dies geschieht auf der Grundlage konkreter Handlungen unter besonderer Berücksichtigung der Übersetzungsprozesse auf die ikonische und symbolische Ebene. Eine praktische Hilfe für die Auswahl geeigneter Arbeitsmittel und deren Einsatzmöglichkeiten findet man u. a. bei Radatz et al. (2004a, S. 34–46) oder Floer (1993, 1995b).

Didaktische Analyse und Didaktische Reduktion

Am Anfang der methodisch-didaktischen Analyse steht die sogenannte *Didaktische Reduktion*, die darauf abzielt, einen Inhalt auf die spezifischen Voraussetzungen der Lerngruppe zuzuschneiden und ihn auf diese Weise in einen „Lerninhalt" zu modifizieren. Es handelt sich um eine zentrale Aufgabe der methodisch-didaktischen Analyse, da Inhalte i. A. zu komplex oder für die Schüler zu anspruchsvoll sind, um sie erschöpfend behandeln bzw. erarbeiten lassen zu können. Sind also z. B. die kognitiven Anforderungen nicht bzw. bei einem Teil der Schüler nicht erfüllt, so muss der Lerninhalt entsprechend vereinfacht bzw. verändert werden.

Hilfreich hierfür ist die von Klafki entwickelte *Didaktische Analyse* (vgl. z. B. Klafki 1987). In ihr wird in einem ersten Schritt durch eine Kombination aus fachlichen Überlegungen (Sachanalyse) und Überlegungen bezüglich der Lerngruppe (Bedingungsanalyse) die Bedeutung des Unterrichtsgegenstands für die Lerngruppe geklärt, was eine zentrale Rolle bei der Legitimation der zu erreichenden Lernziele spielt. Klafki unterscheidet diesbezüglich zwischen drei Aspekten:

- Gegenwartsbedeutung

  Analysiert wird die Bedeutung des gewählten Inhalts für die gegenwärtige Lebenssituation der Schüler etwa durch folgende Fragen:
  - Welche Vorerfahrungen aus dem Alltag bringen die Schüler mit?
  - Wie ist das Interesse an diesem Inhalt zu beurteilen bzw. welche Aspekte sind für die Schüler interessant?
  - Welche Kenntnisse und Fähigkeiten bringen die Schüler bezogen auf den Inhalt mit?

- Zukunftsbedeutung

  Die zugehörigen Fragen beziehen sich auf die Bedeutung, die der Inhalt für das Leben haben kann, in das der Schüler hineinwächst. Dies betrifft zukunftsrelevante Qualifikationen, die durch die Behandlung des Inhalts erreicht werden können und gesellschaftliche Erwartungen, die hierdurch erfüllt werden können.

Hilfe bei der Ergründung der Zukunftsbedeutung findet man in den Lehrplänen, in denen man häufig Entscheidungen findet, die auf die Zukunftsbedeutung eines Inhalts verweisen. Gleiches gilt auch für die „Exemplarität" eines Inhalts.

■ Exemplarische Bedeutung

Es geht darum, ob bzw. inwieweit an dem speziellen Inhalt allgemeine Zusammenhänge, Gesetzmäßigkeiten, Beziehungen, Widersprüche o. Ä. dargestellt werden können. Da die Mathematik durch die Unendlichkeit der Zahlmenge oder anderer mathematischer Elemente in besonderem Maße auf Transferleistungen angewiesen ist, ist diese Analyse für den Mathematikunterricht von besonderer Bedeutung. Exemplarisch seien hier die sogenannten *beispielgebundenen Beweisstrategien* genannt, in denen man die Allgemeingültigkeit von Gesetzmäßigkeiten an einem Beispiel verdeutlichen kann, das analog auf alle entsprechenden Fälle übertragbar ist, so z. B. das Kommutativgesetz der Multiplikation durch die zeilen- bzw. spaltenweise Betrachtung von Punktmustern o. Ä. (vgl. z. B. Padberg 2005, S. 125f.). Aber auch bei der Einführung eines Algorithmus (z. B. schriftliche Subtraktion) sind die Beispielaufgaben so zu wählen und zu präsentieren, dass das zugrunde liegende Prinzip erkannt und entsprechend auf beliebige Beispiele übertragen werden kann.

Nach der Klärung dieser drei Fragenkomplexe geht es anschließend um die Aufbereitung des Inhalts für den Unterricht, welche die eigentliche „didaktische Reduktion" darstellt. Klafki unterscheidet zwischen Überlegungen zur thematischen Strukturierung des Inhalts und zu dessen Zugänglichkeit und Darstellbarkeit, wobei sich erstere eher auf den Umfang und letztere eher auf das Anforderungsniveau beziehen:

■ Thematische Strukturierung

Wie anfangs erwähnt, können Inhalte im Unterricht i. d. R. nicht in ihrer ganzen Reichweite behandelt werden. Daher müssen innerhalb der thematischen Strukturierung zunächst Strukturen, Probleme oder Fragestellungen bestimmt werden, unter denen der Inhalt erarbeitet wird, und die im Hinblick auf die zuvor gefundenen Antworten nach der gegenwärtigen, zukünftigen und exemplarischen Bedeutung für die Lerngruppe am angemessensten erscheinen. Sie bilden den *didaktischen Schwerpunkt,* der den Ausgangspunkt für eine Reihe weiterer methodisch-didaktischer Überlegungen zur „Zugänglichkeit" (s. u.) darstellt. (In engem Zusammenhang mit der thematischen Strukturierung sieht Klafki außerdem die Frage nach der Erweisbarkeit, bei der es um die Festlegung von Schülerleistungen geht, an denen man den Erfolg des Lernprozesses überprüfen kann.)

- Zugänglichkeit und Darstellbarkeit

  Die ausgewählten Elemente sind so aufzubereiten, dass sie von den Schülern auf einer verständnisbasierten Ebene möglichst selbstständig erarbeitet werden können. Dies kann durch Vereinfachungen bzw. Veränderungen des Inhalts, durch geeignete Darbietungs- und Anwendungsformen oder durch den Einsatz sinnvoller Materialien und Medien geschehen.

Didaktische Strukturierung

Aufgabe der didaktischen Strukturierung ist es, das vorläufig festgelegte Thema unter Berücksichtigung der spezifischen Voraussetzungen in ein sinnvolles didaktisches Konzept umzusetzen. Entscheidend ist hierbei, dass alle Ziel-, Inhalts- und Methodenentscheidungen (einschließlich der Medien) aufeinander abgestimmt sind, da die Unterrichtsqualität nach Meyer von der Qualität der Wechselwirkungen zwischen diesen Entscheidungen abhängt (vgl. Meyer 2003a, S. 314ff.). Im Rahmen der didaktischen Strukturierung sind folglich nicht nur eine Reihe methodischdidaktischer Entscheidung zu treffen, sondern insbesondere in einen Begründungszusammenhang zu stellen. Eine gelungene didaktische Strukturierung zeichnet sich dadurch aus, dass sie zu jeder einzelnen getroffenen Entscheidung eine Antwort auf die Frage des WARUMS liefern kann (und im Hinblick auf denkbare Alternativen insbesondere auch auf die Frage: WARUM NICHT ANDERS?).

WARUM ...

- dieser Lerngegenstand?
- dieses Thema/diese didaktische Intention?
- diese Lernziele?
- diese Arbeits- und Sozialformen/Methoden?
- diese Medien/Materialien?
- dieser Einstieg?
- diese Differenzierungsmöglichkeiten?
- diese Problemfrage?

- diese Erarbeitung?
- diese Arbeitsaufträge?
- diese Ergebnissicherung?
- diese Anwendung/Vertiefung?
- diese Hausaufgabe?
- ...

Jedoch geht es nicht um das sukzessive Auflisten und Abarbeiten dieser Teilentscheidungen, sondern die Begründungen müssen stets in einem Gesamtzusammenhang stehen, d. h. der berühmte rote Faden muss erkennbar sein (vgl. Meyer 2003a, S. 313). Diese Anforderungen lassen sich im Grunde knapp in folgender Frage zusammenfassen, die es im Rahmen der didaktischen Strukturierung zu beantwortet gilt:

Warum muss ...

... **dieser Sachverhalt** ...	(Inhalt/WAS?)
... **von diesen Kindern** ...	(Lernvoraussetzungen/
... **jetzt und nicht sonst** ...	unter welchen Bedingungen?)
... **so und nicht anders** ...	(Methode/WIE?)
... **mit dieser und keiner** **anderen Zielsetzung** ...	(Ziele/WOZU?)

bearbeitet werden?

Die einzelnen Begründungen sollten dabei idealerweise mehreren Kriterien genügen, nämlich den Ansprüchen
- der Schüler (Erfahrungen, Interessen, Bedürfnisse),
- der Lehrperson (Erfahrungen, Fähigkeiten, Qualifikationen),
- der Fachwissenschaft (Stand der Forschung mit den sich hieraus ergebenden gesellschaftlichen Forderungen)
- und der Gesellschaft (institutionelle Rahmenbedingungen, demokratische Grundsätze etc.).
(vgl. Meyer 2003a, S. 320ff.)

In der Realität kann dieser Forderung jedoch kaum vollkommen entsprochen werden, da die verschiedenen Ansprüche hier zum Teil miteinander konkurrieren. So werden die Schüler beispielsweise im Unterricht angehalten etwas zu tun, was sie von sich aus nicht tun würden, was für sie jedoch eine zukünftige Bedeutung besitzt. Meyer (2003a, S. 307ff.) unterscheidet

in diesem Zusammenhang zwischen den unmittelbaren *subjektiven* Schülerinteressen und den *objektiven* Schülerinteressen als überindividuelle Hand-
lungsmotive.

Konkrete Fragestellungen

Nachdem im letzten Abschnitt allgemein beschrieben wurde, wie ein Inhalt für den Unterricht didaktisch fruchtbar gemacht wird, sollen nachfolgend konkrete Gesichtspunkte aufgeführt werden, die bei diesem Prozess
helfen können.

Jedoch gilt auch für diese Auflistung, dass sie einerseits keinen Anspruch
auf Vollständigkeit erhebt und dass andererseits nicht für jeden Unterricht
jeder Aspekt relevant sein muss. Entsprechend sind die nachfolgenden
Fragestellungen nicht wie ein Katalog abzuarbeiten, sondern dienen mehr
der Sensibilisierung für unterrichtsrelevante Aspekte. Sie demonstrieren,
dass eine Vielzahl verschiedener Faktoren für das Gelingen bzw. Misslin-
gen des Unterrichts verantwortlich sein kann, und verdeutlichen auf diese
Weise die Komplexität des Unterrichtsgeschehens. Welche Faktoren dabei
mehr und welche weniger relevant sind, hängt jedoch von dem spezifischen Vorhaben (Thema, Ziele, Voraussetzungen) ab. Wichtig für den
schriftlichen Unterrichtsentwurf ist es, alle relevanten Planungsentscheidungen im Hinblick auf die konkrete Lerngruppe in der konkreten Lernsituation unter den konkreten Zielsetzungen zu treffen und zu begründen,
wobei auch die Antizipation der Schülerreaktionen eine wichtige Rolle
spielt. An dieser Stelle sei noch einmal betont, dass es falsch wäre, eine
Arbeits- oder Sozialform, ein Medium o. Ä. nur um ihrer/seiner selbst
Willen einzusetzen, wie es in der Realität erfahrungsgemäß häufiger praktiziert wird. Stattdessen sollte die Wahl immer auf die Methode fallen, die
unter den gegebenen Bedingungen am sinnvollsten scheint. Abgesehen
hiervon empfiehlt sich für die Unterrichtsplanung weiterhin die Berücksichtigung von Alternativen, um die Vorteile der gewählten Handlungsmuster gegenüber diesen alternativen Möglichkeiten hervorheben zu können.

Übergeordnete Felder, in denen verschiedene Möglichkeiten jeweils auf
ihre Wirksamkeit geprüft und für den Unterricht entsprechend ausgewählt
werden müssen, sind:

- *Allgemeine didaktische Grundprinzipien*
  Beispiele sind das entdeckende Lernen, das produktive Üben oder die Anwendungsorientierung (vgl. Abschnitt 2.1).

- *Methodische Modelle*
  Gemeint sind hier Konzeptionen, die nicht nur für einzelne Phasen des Unterrichts relevant sind, sondern einen Gesamtentwurf des Unterrichtsverlaufs darstellen wie z. B. das analytische oder synthetische Verfahren. Auch einige aktuell sehr positiv diskutierte kooperative Lernformen – z. B. die bereits erwähnten Lernspiralen oder Gruppenpuzzles – sind als Gesamtkonzept angelegt.

- *Phasen des Unterrichts*
  Es geht um eine Strukturierung des Unterrichts in Phasen, die sinnvoll aufeinander aufbauen und insgesamt eine geschlossene Einheit bilden.

- *Arbeits- und Sozialformen*
  Im Unterschied zu den Methodischen Modellen geht es hier um eine Konkretisierung der Lehrer- und Schüleraktivitäten und der Formen des Miteinanders in den einzelnen Unterrichtsphasen (z. B. Vortrag, Gespräch, Partnerarbeit). Zu beachten ist hier insbesondere das Prinzip der Handlungsorientierung. Ziel ist es daher, dass sich die Schüler den Inhalt möglichst aktiv und selbstständig aneignen können.

- *Medien und Materialien*
  Medien und Materialien sollen den Lernprozess so gut wie möglich unterstützen. Wie oben beschrieben, muss die Auswahl jedoch gut reflektiert erfolgen.

Diese noch sehr allgemeinen Aspekte sollen durch die nachfolgenden Fragestellungen (wobei die Liste auch hier nicht erschöpfend ist) konkreter mit Inhalt gefüllt werden. Eine Systematisierung nach den aufgeführten Oberbegriffen ist dabei nicht möglich, weil alle methodisch-didaktischen Entscheidungen gemäß dem Grundsatz der *Interdependenz* stets einen Begründungszusammenhang darstellen sollen und sich die genannten Aspekte daher überschneiden. Die Fragestellungen werden daher auf andere Weise nach ihren Zielsetzungen geordnet, die im Erzeugen einer möglichst großen Motivation und Lernbereitschaft, in einer sinnvollen Strukturierung des Unterrichtsablaufs und der Unterrichtsinhalte, im Erreichen von möglichst viel Verständnis bezüglich der Inhalte und ihrer Darstellung sowie in der Vorbereitung zweckmäßiger Unterrichtsaktivitäten bestehen.

Motivation und Lernbereitschaft

- Welcher Einstieg ist geeignet, um das Interesse der Schüler zu wecken und eine Fragehaltung aufzubauen? Welche Visualisierungsmöglichkeiten bieten sich dabei an?
- Wie lässt sich die Erarbeitung des Sachverhalts für die Schüler möglichst interessant gestalten (z. B. durch Einkleidung des Sachverhalts, durch Personifizierung, durch Spielformen)?
- Gibt es motivierende Anwendungen aus der Erfahrungswelt der Schüler? Gibt es Möglichkeiten der Vernetzung mit anderen Unterrichtsfächern?
- ...

Strukturierung des Unterrichts und der Inhalte

- Welches Verfahren der unterrichtlichen Erarbeitung scheint mit Blick auf die Schülergruppe am sinnvollsten?
  Voraussetzung für diese Entscheidungen ist die Kenntnis gebräuchlicher Verfahren und Alternativverfahren, deren jeweilige Vor- und Nachteile es abzuwägen gilt. So lässt sich die schriftliche Multiplikation beispielsweise aus dem halbschriftlichen Rechnen ableiten, was vorteilhaft im Hinblick auf die Vorkenntnisse der Schüler ist. Jedoch lässt sich auch die Einführung als neues, „eigenständiges" Verfahren begründen, weil hierbei die andere Reihenfolge von Multiplikator und Multiplikand als beim mündlichen und halbschriftlichen Rechnen einfach festgelegt werden kann und nicht problematisiert werden muss. Ein mögliches Alternativverfahren wäre hier die Gittermethode (vgl. Padberg 2005, S. 284ff.).
- Ist eine induktive oder eine deduktive Vorgehensweise vorzuziehen?
- Welche didaktische Stufenfolge des Unterrichtsinhalts ist günstig?
  Bezogen auf das Beispiel der schriftlichen Multiplikation ist entweder eine Stufung nach dem Prinzip der zunehmenden Schwierigkeit/Komplexität möglich (einstelliger Multiplikator ohne Überträge, einstelliger Multiplikator mit Überträgen, Multiplizieren mit Vielfachen von Zehnerpotenzen usw.) oder eine Stufung im Sinne der fortschreitenden Schematisierung (Ausgangspunkt ist eine komplexe Aufgabe, wobei die informellen Lösungswege der Schüler schrittweise bis zum Normalverfahren formalisiert werden).

Bei dieser Strukturierung ist nicht nur die Reihenfolge, sondern auch die Verbindung der einzelnen Teilschritte untereinander zu reflektieren (vgl. Wittmann 1981, S. 159). So ist z. B. zu durchdenken, ob gewisse Informationen für die Bearbeitung hilfreich oder sogar notwendig sind oder ob es ggf. sinnvoller ist, diese erst am Schluss zu ergänzen.

- Welche Impulse können die Kommunikation in Gesprächsphasen auf relevante Aspekte lenken?
- Welche Möglichkeiten zur Sicherung der Arbeitsergebnisse gibt es? Welche Möglichkeiten der Lernzielkontrolle scheinen am sinnvollsten oder verzichte ich bewusst hierauf?
- Welche Hausaufgaben stellen eine sinnvolle Weiterführung der Unterrichtsstunde dar?
- …

Verständlichkeit der Inhalte

- Durch welche Mittel schaffe ich ein für die Lerngruppe angemessenes Argumentationsniveau zur Einsicht-Gewinnung (z. B. durch Rückgriff auf einsichtige Konkretisierungen und Veranschaulichungen, repräsentative Beispiele o. Ä.)?
  In den jüngeren Jahrgangsstufen lassen sich beispielsweise Gesetzmäßigkeiten wie die Kommutativ- und Assoziativgesetze der Addition und Multiplikation oder das Distributivgesetz (vgl. z. B. Padberg 2005, S. 124ff.) leicht mithilfe beispielgebundener Beweisstrategien einsichtig machen, während formale Beweise – z. B. über die Peano-Axiome (vgl. Padberg et al. 1995, S. 32ff.) – hier natürlich keinen Sinn haben. Ebenso wenig wird hier eine allgemeine algebraische Schreibweise verlangt, sondern nur eine situationsangemessene Anwendung.
- Welche Beispielsituationen eignen sich für den Aufbau von Verständnis?
  Dass die Auswahl solcher Beispielsituationen nicht beliebig ist, verdeutlicht Fraedrich (2001, S. 37) exemplarisch an der Einführung des Begriffs „Viereck", bei der eine Beschränkung auf Rechtecke oder Quadrate als Beispielvorrat die Schüler leicht dazu verleitet, den Begriff „Viereck" nur auf diese speziellen Typen von Vierecken zu beziehen.
- Welche Aufgaben sind im Hinblick auf den Erkenntnisprozess sinnvoll?
  Es gilt im Grunde das gleiche wie für die Beispielsituationen. Auch hier eignen sich längst nicht alle Aufgaben, insbesondere dann nicht,

wenn wesentliche Schwierigkeitsmerkmale verdeckt werden. So wäre es z. B. bei Übungsformen zur schriftlichen Addition grundfalsch, bei den Aufgaben die Summanden bereits stellengerecht anzuordnen, da dann für eine erfolgreiche Bearbeitung keine Einsicht in das Stellenwertprinzip notwendig ist, was später zu Fehlern führen kann (etwa das linksbündige Anordnen der Zahlen oder das Einfügen von Leerstellen oder Nullen).

- Welche Lernschwierigkeiten, Fehlentwicklungen oder Verständnisprobleme (auch methodische) sind auf der Grundlage der analysierten Bedingungen sowie der Kenntnis typischer Schülerfehler zu erwarten? Wie kann ich diesen Entwicklungen im Unterricht möglichst stark vorbeugen oder andernfalls angemessen auf sie reagieren?
- ...

Verständlichkeit der Darstellung
- Wie sind Erläuterungen, Arbeitsanweisungen, Merkregeln etc. sprachlich zu formulieren, sodass sie einerseits dem Unterrichtsinhalt und andererseits dem Niveau der spezifischen Lerngruppe gerecht werden?
- Wie können zentrale Aspekte des Unterrichtsinhalts gut strukturiert, übersichtlich und sprachlich angemessen fixiert werden (z. B. Tafelbild)?
- Welche Repräsentationsebene (handelnder Umgang, bildliche oder symbolische Darstellung) ist geeignet und welche Sinneskanäle (visuell, akustisch, taktil) lassen sich gut ansprechen?
- ...

Unterrichtsaktivitäten
- Wie können die Schüler in den einzelnen Phasen des Unterrichts möglichst selbsttätig und eigenverantwortlich lernen? Welche Voraussetzungen müssen dafür erfüllt sein und wie kann ich diese sicherstellen?
- Welche Formen des Miteinander-Lernens eignen sich? Auch dieser Punkt setzt eine Reflexion der notwendigen Voraussetzungen und das Treffen entsprechender Maßnahmen zur Sicherung voraus.
- Welche Möglichkeiten zur Differenzierung bieten sich an? Hier sind neben Formen der äußeren Differenzierung (z. B. Zusatzaufgaben, Lernhilfen) insbesondere Möglichkeiten der inneren Differenzierung zu erwägen (z. B. offene Aufgaben, die sich auf unterschiedlichem Niveau lösen lassen und/oder verschiedene Handlungs-

möglichkeiten bieten). Gegebenenfalls sollten auch spezielle Zusatzmaterialien oder Hilfen für ganz spezielle Schüler bereitgestellt werden.
- Welche organisatorischen Maßnahmen müssen getroffen werden?
Für einen reibungslosen Ablauf des Unterrichts ist z. B. an die Bereitstellung der Medien und Materialien (Arbeitsblätter, Veranschaulichungen, Overhead-Projektor etc.) zu denken, die im Unterricht benötigt werden, ferner aber auch ggf. an Besonderheiten der geplanten Arbeits- oder Sozialformen wie etwa die Veränderung der Sitzordnung o. Ä. Organisationsfähigkeit ist im besonderen Maße auch dann gefragt, wenn der Unterricht außerhalb des üblichen Klassenzimmers – z. B. im Computerraum oder an einem außerschulischen Lernort – stattfindet, wobei ggf. auch die rechtzeitige Information der Eltern und des Rektorats erforderlich ist.
- ...

Wie ausführlich die methodisch-didaktische Analyse in einem Unterrichtsentwurf zu verschriftlichen ist, hängt von den Erwartungen des jeweiligen Studienseminars ab. So merken Kliebisch & Meloefski (2006, S. 122) an, dass heutzutage statt einer ausführlichen methodisch-didaktischen Analyse häufig nur noch eine kurze Darstellung des didaktischen Schwerpunktes und möglicher Schwierigkeiten bei der Umsetzung erwartet wird. Aber auch in diesem Fall empfiehlt sich eine ausführliche (gedankliche) Analyse, da sie erstens die Qualität des Unterrichts mitbestimmt und zweitens für die Begründung bzw. Rechtfertigung von Planungsdetails in der Nachbesprechung äußerst wichtig ist.

3.2.6 Verlaufsplan

Der Verlaufsplan bildet gewissermaßen einen Kontrast zu den bisherigen Bestandteilen schriftlicher Unterrichtsentwürfe, da in ihm die Informationen auf das Wesentliche reduziert werden sollen. Er soll den geplanten Unterrichtsverlauf *ohne* jegliche Rechtfertigung noch einmal knapp, aber prägnant skizzieren, da seine Funktion nicht darin besteht, methodisch-didaktische Entscheidungen transparent zu machen, sondern eine einfache, klare *Übersicht* über den geplanten Unterrichtsverlauf zu geben. Dieser dient nicht nur Außenstehenden (insbesondere den Prüfern) der besseren *Orientierung*, sondern auch der unterrichtenden Person selbst als *Erinne-*

rungsstütze, da jederzeit leicht ersichtlich ist, in welcher Unterrichtsphase man sich gerade befindet und welcher Schritt als Nächstes folgen soll.

Für die genaue Ausgestaltung der Verlaufspläne gibt es keine festen Normen; allerdings werden in den einzelnen Studienseminaren häufig konkrete Raster empfohlen. Obwohl sie sich durchaus in ihrer Strukturierung und Offenheit unterscheiden, bauen sie im Grunde auf den gleichen beiden „Dimensionen" auf, der *Zeit* und der *Handlung*, die i. d. R. in einem Methodenkreuz kombiniert werden (Abb. 3.5).

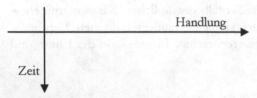

Abbildung 3.5 Grundschema für Verlaufspläne

Auf Seiten der Zeit ist die Abfolge der einzelnen Unterrichtsschritte festgelegt, wobei unterschiedliche Phasen des Unterrichts benannt (vgl. Abschnitt 3.1.6) und zum Teil minutengenau geplant werden. Im Fokus der Handlungsebene steht insbesondere die Charakterisierung des geplanten Vorgehens, wobei die vorgesehenen Aktivitäten des Lehrers und der Schüler konkret skizziert werden sollen. Da das Verhalten der Schüler höchstens antizipierbar ist, wird hier häufiger zwischen geplantem Lehrerverhalten und erwartetem Schülerverhalten unterschieden. In separaten Spalten werden zudem oft die geplanten Sozial- und Aktionsformen (Einzel-, Partner-, Gruppenarbeit, Unterrichtsgespräch, Schülergespräch, Lehrer- oder Schülervortrag etc.) sowie die vorgesehenen Materialien und Medien (Tafel, Arbeitsblatt, Folie, Lehrbuch, Bild, Stichwort, Plakat, Text, Experiment etc.) ausgewiesen. Gerade Letzteres hat einen großen Nutzen für den Lehrer, da die Angabe der benötigten Medien und Materialien unmittelbar erkennen lässt, welche organisatorischen Vorbereitungen (z. B. Kopie der Arbeitsblätter) vor dem Unterricht getroffen werden müssen. Einige Muster für Verlaufspläne, wie sie in diversen Literaturquellen vorzufinden sind, seien im Folgenden skizziert (Tab. 3.5 bis 3.12).

Tabelle 3.5 Grundmuster eines Verlaufsplans nach Peterßen (2000, S. 274)

Zeit	Ziele	Inhalte	Verfahren	Mittel	Sozialformen

Tabelle 3.6 Vereinfachtes Muster eines Verlaufsplans nach Peterßen (2000, S. 274)

Zeit	erwünschtes Schülerverhalten/ geplantes Lehrerverhalten	Mittel	inhaltliche Schwerpunkte

Tabelle 3.7 Vereinfachtes Verlaufsplanmuster (vgl. z. B. Abschnitt 4.10)

Phase	geplanter Unterrichtsverlauf	Arbeits- und Sozialform	Medien und Materialien

Tabelle 3.8 Vereinfachtes Verlaufsplanmuster (vgl. z. B. Abschnitt 4.11)

Phase	Handlungsschritte	Sozialform, Medien und Materialien	Didaktisch-methodischer Kommentar

Tabelle 3.9 Beispiel für einen Verlaufsplan nach dem „Hamburger Modell" von Schulz (1981, S. 167ff.)

Zeitbedarf	Lehr-Lern-Ziele	Lernhilfen und -kontrollen	Planungsvarianten

Tabelle 3.10 Standard-Raster eines Verlaufsplans nach Meyer (2006, S. 115ff.)

Zeit	Phase	geplantes Lehrer-verhalten	erwartetes Schüler-verhalten	Sozialform und Handlungs-muster	Medien

Tabelle 3.11 Vorschlag eines Rasters nach Meyer (2003a, S. 62 sowie Abschnitt 4.15)

Zeit	Handlungsschritte	Methoden/Arbeitsformen/Medien

Tabelle 3.12 Offeneres Planungsraster nach Meyer (2006, S. 118f.)

Zeit	Problem	Lösungsmöglichkeiten

Das letzte Beispiel (Tab. 3.12) verdeutlicht eine Möglichkeit für ein offeneres Planungsraster, das die Abhängigkeit des Unterrichtsverlaufs von dem Handlungsspielraum des Lehrers und den Lernvoraussetzungen der Schüler betont. Die Angabe von Handlungsalternativen und „Puffern" (vgl. Abschnitt 3.3.1) empfiehlt sich jedoch nicht nur für dieses Planungsraster. Außerdem verdeutlicht Meyer an konkreten Beispielen, dass neben dem üblichen Spalten-Schema auch andere, individuelle Formen die gewünschte Orientierungsfunktion erfüllen und insofern eine geeignete Verlaufsplanung darstellen können (vgl. Meyer 2006, S. 118ff.).

3.2.7   Literatur

Obligatorisch ist die Berücksichtigung des Lehrplans des betreffenden Bundeslandes in der jeweils gültigen Fassung aufgrund seiner Legitimierungsfunktion für Lerninhalte und -ziele. Ferner sollten jedoch auch innerhalb des Begründungszusammenhangs Bezüge zur aktuellen fachdidaktischen Literatur hergestellt werden, wobei diese Bezüge selbstverständlich durch Quellenangaben kenntlich gemacht werden müssen.

In das *Literaturverzeichnis* ist grundsätzlich jede Literatur aufzunehmen, die für die Planung verwendet wurde. Dieser Grundsatz gilt nicht nur für gedruckte Literatur, sondern auch für sämtliche neuen Medien wie CDs, DVDs, Software, Internetadressen o. Ä.

3.2.8 Unterrichtsmaterial

Grundsätzlich gehört in den *Anhang* eines Unterrichtsentwurfs jegliches Material, das in der geplanten Stunde verwendet werden soll, als Kopie. Zu nennen sind hier insbesondere Materialien zur Anleitung von Schüleraktivitäten wie Arbeitsblätter oder Stationskarten. Beizufügen sind daneben aber auch alle anderen Materialien, die beispielsweise für den Einstieg oder zu Demonstrationszwecken (Folien, Plakate etc.) verwendet werden, auch wenn diese ggf. nur mündlich vorgetragen werden (Texte jeglicher Art).

Von großer Bedeutung ist des Weiteren das geplante Tafelbild, welches im Unterricht mit den Schülern gemeinsam entwickelt werden soll. Dies erfordert es von dem Lehramtsanwärter, so genau wie möglich vorzuplanen, welche Inhalte in welcher Form an der Tafel festgehalten werden sollen. Diese Überlegungen sind ganz entscheidend für den langfristigen Lernerfolg, weil schriftliche Aufzeichnungen als Grundlage für wiederholendes Lernen dienen und das Tafelbild daher ein möglichst großes Maß an Prägnanz und Übersichtlichkeit aufweisen sollte.

3.3 Praktische Hinweise für die schriftliche Unterrichtsplanung

Nachdem in den vorigen Abschnitten die Frage nach den Inhalten eines schriftlichen Unterrichtsentwurfs geklärt wurde, sollen im Folgenden praktische Hinweise einerseits für eine sinnvolle Herangehensweise (Abschnitt 3.3.1) und andererseits für die formale Gestaltung (Abschnitt 3.3.2) gegeben werden.

3.3.1 Schritte bei der schriftlichen Unterrichtsplanung

Im Bewusstsein der wechselseitigen Abhängigkeiten von Zielen, Inhalten und Methoden erscheint es schwer, einen Anfang bei der Unterrichtsplanung zu finden. Daher soll in diesem Abschnitt eine sinnvolle Abfolge von Planungsschritten skizziert werden. In Anlehnung an Meyer (2003a, S. 227ff.) unterscheiden wir hierbei zwischen drei übergeordneten Schritten, der *Bedingungsanalyse* (1), der *didaktischen Strukturierung* (2) und den *Vorüberlegungen zur Auswertung des Unterrichts* (3), für die allerdings das Thema bzw. der Gegenstandsbereich bereits vorläufig festgelegt sein muss (0).

0) Vorläufige Festlegung des Unterrichtsthemas

Obwohl man heutzutage von einem Primat der Zielsetzungen sprechen kann (vgl. Abschnitt 3.2.2), wird man bei der praktischen Unterrichtsplanung kaum mit der Festlegung von Lernzielen beginnen, sondern mit der Bestimmung interessanter und bildungsrelevanter Inhalte. Dies geschieht meist auf der Basis von ersten methodisch-didaktischen Ideen (häufig auf der Grundlage entsprechender Literatur), was Wittmann (1981, S. 157) auch als „intuitive Vorarbeit" bezeichnet. Meyer (2003a, S. 261) macht jedoch darauf aufmerksam, dass die Themenfestlegung fachwissenschaftlichen Vorgaben (insbesondere den Richtlinien und Lehrplänen) sowie auch der gegenwärtigen und zukünftigen Lebenssituation der Schüler Rechnung tragen muss, sodass zugehörige Überlegungen bereits in diesem Schritt mit einfließen.

1) Bedingungsanalyse (vgl. auch Abschnitt 3.2.3)

Um der Forderung nach Individualisierung gerecht werden zu können und den Unterricht bestmöglich auf die spezifische Schülergruppe abstimmen zu können, müssen im Vorfeld eine Reihe von Voraussetzungen geklärt werden. Wie bereits in Abschnitt 3.2.3 beschrieben, müssen bezüglich der Schülergruppe insbesondere die individuellen Lernvoraussetzungen (Alter, schulische und außerschulische Vorkenntnisse bzw. -erfahrungen, Lernstrategien etc.), aber auch das Sozialverhalten, Interessen, Einstellungen etc. berücksichtigt werden. Abgesehen hiervon sind zudem Vorgaben durch Richtlinien, Lehrpläne und das schulinterne Curriculum sowie natürlich auch die organisatorischen Rahmenbedingungen zu beachten. Außerdem ist auf der Grundlage zugehöriger fachwissenschaftlicher Literatur der fachliche Hintergrund zu klären, um wichtige Aspekte, Strukturen bzw. Probleme berücksichtigen zu können.

Auch der „Faktor Lehrer" ist nicht zu vernachlässigen, dessen Handlungsmöglichkeiten u. a. von der eigenen Qualifikation, von eigenen Interessen, der eigenen Belastbarkeit etc. mitbestimmt werden.

Ziel der Bedingungsanalyse ist es, sich Klarheit über mögliche Handlungsspielräume, Behinderungen und Interessen aller am Lernprozess beteiligten Personen zu verschaffen.

2) Didaktische Strukturierung

Inhaltlich geht es um
- die Entscheidung über Lernziele und -inhalte
- die Entscheidung über Lern- und Lehrverfahren
- die Entscheidung über Sozialformen
- die Entscheidung über Lern- und Lehrmittel
- die Entscheidung über methodische Details.

Während Peterßen (2000, S. 278ff.) diese Teilentscheidungen als eigenständige Planungsschritte in der obige Reihenfolge darstellt, sieht Meyer (2003a, S. 227ff.) sie mit einer gewissen Ausnahme der Lernziele als einen Gesamtkomplex, der „Didaktischen Strukturierung". Im Sinne der Interdependenz aller Teilentscheidungen lehnen wir uns nachfolgend an diese Sichtweise an.

Die Bedingungsanalyse mündet in die *Festlegung der Lernziele,* wobei Meyer (ebd.) ebenso wie bei den Lernvoraussetzungen zwischen Lehrer- und Schülerseite unterscheidet, indem er einerseits von den *Lehrzielen* des Lehrers und andererseits den vermuteten *Handlungszielen* der Schüler spricht. Diese Festlegung stellt ein entscheidendes Moment der schriftlichen Unterrichtsplanung dar, da mit ein- und demselben Lerngegenstand sehr verschiedene Ziele angestrebt werden können. Aus diesem Grund schafft auch erst die Zuordnung der Inhalte zu den Lernzielen eine didaktische Begründung für die Auswahl der Inhalte (vgl. Kliebisch & Meloefski 2006, S. 147), die heutzutage Priorität vor einer fachwissenschaftlichen Begründung hat. Die Fragen nach der gegenwärtigen, zukünftigen und exemplarischen Bedeutung des Unterrichtsinhalts im Sinne der Didaktischen Analyse Klafkis (vgl. Abschnitt 3.2.5) spielen hierbei eine wichtige Rolle.

Bei der nun folgenden Ausgestaltung des Unterrichts gilt es, die Lehrziele des Lehrers und die vermuteten Handlungsziele der Schüler so weit wie möglich zu vereinen. Im Zentrum steht dabei zunächst die *Festlegung der Handlungsmuster*, für die zu überlegen ist, wie sich die angestrebten Lernziele am sinnvollsten in Handlungen umsetzen lassen, die für die Schüler gleichzeitig möglichst interessant und motivierend sind. Ein Blick in den Lehrplan kann hier sehr hilfreich sein, da die Lehrpläne häufig schon methodische Hinweise für die Umsetzung beinhalten, wie an den Beispielen in Abschnitt 2.2.1 erkennbar. Es ist sinnvoll, verschiedene (unter den gegebenen Bedingungen mögliche) Handlungsmuster in Betracht zu ziehen und innerhalb dieses Handlungsspielraums die jeweiligen Vor- und Nachteile abzuwägen. Hierdurch gelangt man schließlich zu einer begründeten Auswahl. Mit dieser Entscheidung legt man sich auf einen Schwerpunkt und damit zugleich auf das Unterrichtsthema als Zentrum der Unterrichtsstunde fest. Diese Festlegungen stellen den Ausgangspunkt für die weitere Detailplanung dar. Zum einen geht es dabei um eine auf den Schwerpunkt der Stunde ausgerichtete *Festlegung und Ausgestaltung von Unterrichtsphasen* (vgl. Abschnitt 3.1.6). Dazu sollte sich der Lehrer Gedanken darüber machen, welche Problemkontexte sich zur Einführung und Aufrollung des Lerninhalts eignen, welche Fragestellungen eine Reflexion oder eine Strukturierung der gewonnenen Erkenntnisse anregen und welche Übungs- und Anwendungsaufgaben das Verständnis festigen, vertiefen oder erweitern können (vgl. Wittmann 1981, S. 159). Folgeentscheidungen sind ferner zu treffen hinsichtlich der *Sozialformen, Aktionsformen bzw. Methoden* (vgl. Abschnitt 3.2.5). Auch diese Festlegung sollte gut reflektiert unter der Frage erfolgen, welche dieser Formen im Hinblick auf die bisherigen Planungsentscheidungen am angemessensten scheinen. Gleiches gilt für die Entscheidung über *Medien und Materialien* (vgl. Abschnitt 3.2.5), die ebenfalls im Hinblick auf die bereits gefällten Entscheidungen ausgewählt werden müssen. Besonders bei den Medien und Materialien sind zudem die zugehörigen organisatorischen Vorbereitungen (z. B. Bereitstellung des Materials, Entwurf von Arbeitsblättern etc.) zu berücksichtigen.

Nach der Festlegung dieser zentralen Punkte steht schließlich noch die Entscheidung über *methodische Details* aus. Wichtig sind hier Überlegungen zur Gestaltung des Tafelbildes und über sinnvolle Hausaufgaben einschließlich deren Kontrolle. Ein besonderes Augenmerk liegt zudem auf differenzierenden Maßnahmen. Peterßen (2000,

S. 280) weist in diesem Zusammenhang außerdem auf die kleinen Dinge hin, die zum Lehreralltag gehören, wie das Weitergeben wichtiger Informationen (Termine, mitzubringende Unterlagen etc.) oder das Ansprechen besonderer Schüler (z. B. beim Nachreichen vergessener Hausaufgaben oder Unterlagen, Gratulation zum Geburtstag). Weitere möglicherweise relevante Gesichtspunkte ergeben sich aus den konkreten Fragestellungen aus Abschnitt 3.2.5.

3) Vorüberlegungen zur Auswertung

Dieser letzte Schritt zielt auf die Veröffentlichung der Ergebnisse des Unterrichts ab. Die Bezeichnung „Vorüberlegungen" soll dabei verdeutlichen, dass in einem handlungsorientierten Unterricht eine sinnvolle Auswertung von den konkreten Handlungsergebnissen der Schüler abhängt und damit vorab nicht eindeutig festgelegt werden kann. Jedoch kann und sollte der Lehrer auf der Grundlage seiner Kenntnisse über die Schüler Hypothesen zu verschiedenen möglichen Handlungsergebnissen aufstellen und bezogen auf diese Fälle Überlegungen zur Auswertung anstellen (vgl. Ergebnissicherung; Abschnitt 3.1.6). Von großem Interesse ist dabei die Frage nach einer Art „Erfolgskontrolle", mit der man prüfen kann, ob bzw. inwieweit die angestrebten Lernziele verwirklicht werden konnten.

Meyer (2003a, S. 235) macht deutlich, dass diese Schritte auch kreisförmig angeordnet sein können, sodass sich also beispielsweise durch bestimmte didaktische Entscheidungen Änderungen bei der Festlegung des Themas oder der Lernziele ergeben können.

Ein zusätzlicher, sehr zu empfehlender Planungsschritt besteht schließlich in der Planung von *Alternativen* bzw. sogenannten optionalen Phasen (vgl. Kliebisch & Meloefski 2006, S. 178f.) für den Fall, dass der Zeitbedarf größer oder kleiner als geplant ist. Dies kommt in der Unterrichtswirklichkeit nicht selten vor, zumal sich das Verhalten der Schüler zwar antizipieren, nie aber genau vorhersagen lässt. Dabei neigen Lehramtsanwärter erfahrungsgemäß eher dazu, den Zeitbedarf zu unterschätzen, was für Unterrichtsentwürfe die Angabe von *Kürzungen* oder *Sollbruchstellen* sinnvoll macht. Dabei wird angegeben, an welchen Stellen inhaltlich ggf. gekürzt werden kann oder wie man die Unterrichtsstunde an früherer Stelle zu einem (alternativen) Abschluss bringen kann, sodass sie dennoch eine abgeschlossene Einheit bildet. Jedoch sollte man auch auf den Fall, dass am Ende der Stunde noch Zeit verbleibt, vorbereitet sein und „Puffer" bereithalten. Die entsprechenden Fragestellungen oder Materialien sollten dabei didaktisch sinnvoll an den bisherigen Unterrichtsverlauf anknüpfen. Empfehlenswert ist nach Kliebisch & Meloefski (2006, S. 178f.) eine zweite Vernetzungsphase, die ggf. auch in der Hausaufgabe erbracht werden kann, wenn sie im Unterricht nicht zum Tragen kommt.

3.3.2   Formale Ausgestaltung

Die Frage nach der formalen Ausgestaltung lässt sich ebenso wenig pauschal beantworten wie beim Verlaufsplan (vgl. Abschnitt 3.2.6). Auch hier findet man in verschiedenen Fachseminaren sowie in unterschiedlichen Literaturquellen oft ganz andere Vorgaben bzw. Empfehlungen. So gibt es nach einer Analyse Mühlhausens (1997, S. 66) „so viele unterschiedliche Empfehlungen zur Abfassung von Entwürfen wie Ausbildungsseminare". Die Bandbreite reicht von stark strukturierten bis hin zu sehr offenen Schemata.

Die Strukturierung eines Unterrichtsentwurfs wird gerade auch dadurch erschwert, dass die Sachanalyse und die methodisch-didaktische Analyse wechselseitig aufeinander bezogen sind und darüber hinaus von den Lernvoraussetzungen abhängen. Als allgemeiner Grundsatz lässt sich damit im Grunde nur festhalten, dass in einem Unterrichtsentwurf alle genannten Aspekte berücksichtigt werden, was sich knapp in folgendem Grundsatz festhalten lässt.

Der schriftliche Unterrichtsentwurf muss eine Antwort auf die in Abschnitt 3.2.5 erörterte Kernfrage geben:

> *Warum muss dieser Sachverhalt von diesen Kindern jetzt und nicht sonst, so und nicht anders mit dieser Zielsetzung bearbeitet werden?*

Es gilt also, den inhaltlichen Verlauf des Unterrichts im Hinblick auf die Schüler, die situativen Bedingungen, die gewählte Methodik und die Lernziele zu begründen. Als praktische Hilfe dient der Fragenkatalog aus Abschnitt 3.2.5. Die nachfolgenden Planungsschemata (unter Fortlassen des Daten-Kopfes mit Namen des Lehramtsanwärters, Datum, Ort, Zeit, Namen der Betreuungslehrer und Prüfer etc.) stellen nur eine kleine Auswahl aus der Vielzahl möglicher Gliederungen dar und werden durch die konkreten Gliederungsschemata in Kapitel 4 ergänzt, in denen einzelne Gliederungsaspekte gemäß dem Grundsatz der Interdependenz oft zusammenhängend dargestellt werden. Betont sei, dass alle aufgeführten Schemata nur Beispielcharakter haben, da wir mit Mühlhausen (1997, S. 68) übereinstimmen, dass es für den schriftlichen Unterrichtsentwurf keinen Königsweg, kein ideales Planungsschema, gibt. In diesem Sinne sprechen wir uns gegen eine unreflektierte Übernahme eines vorgefertigten Schemas und für die Entwicklung eines eigenen Konzepts für die jeweilige, spezielle Unterrichtsstunde aus. Denn genau wie wir von unseren Schülern Kreativität und produktives Denken im Mathematikunterricht erwarten (vgl. Abschnitt 2.1), so können wir dies auch von den Lehramtsanwärtern bei der Unterrichtsvorbereitung fordern.

Bemerkt sei jedoch, dass es vom jeweiligen Studienseminar abhängt, inwieweit die konkrete Ausgestaltung des Unterrichtsentwurfs den Vorstellungen und der Kreativität des Lehramtsanwärters überlassen bleibt. Denn es werden – so zeigen insbesondere die unten aufgeführten Beispiele aus diversen Studienseminaren[8] – vielerorts bestimmte Planungsraster „empfohlen", die einen mehr oder weniger verbindlichen Charakter haben. Häufiger mangelt es an der Möglichkeit, ein vorgegebenes Entwurfsschema zu diskutieren, und erst recht, ein eigenes Schema zu entwerfen oder verschiedene Varianten auszuprobieren (vgl. Mühlhausen 1997, S. 64).

---

[8] Zu genaueren inhaltlichen Anforderungen der einzelnen Gliederungspunkte vergleiche die jeweils angegebene URL (Internetadresse).

Mögliche, an die lehr-lerntheoretische Didaktik angelehnte Gliederung

1   Lehrplanbezug

2   Unterrichtsthema

3   Lernvoraussetzungen

    3.1 Sozio-kulturelle Voraussetzungen (Alter, Geschlecht, Schichtzugehörigkeit, Interessen etc.)

    3.2 Anthropologisch-psychologische Voraussetzungen (leistungsstarke und -schwache Schüler, auffällige Schüler etc.)

4   Ziele

5   Sachanalyse (fachliche Analyse der Inhalte)

6   Methodische Entscheidungen

7   Medien

8   Darstellung des Unterrichtsverlaufs

(vgl. Lauter 1995, S. 140f.)

Konventionelles Stundenentwurfsraster

1   Ziel und Thema der Stunde

2   Anmerkungen zur Situation der Klasse

3   Einordnung der Stunde in den Zusammenhang der Unterrichtseinheit

4   Sachanalyse

5   Didaktische Analyse

6   Methodische Analyse

7   Geplanter Verlauf

8   Anhang (Tafelbildentwurf, Arbeitsblätter, Sitzordnung, Literatur)

(vgl. Meyer 2003a, S. 232)

Meyer (ebd.) kritisiert an obiger Strukturierung den Dreischritt Sachanalyse/Didaktische Analyse/Methodische Analyse, der leicht eine Überbetonung der fachwissenschaftlichen Vorbereitung zur Folge hat.

Vorschlag für ein Gliederungsschema für einen handlungsorientierten Unterricht nach Meyer (2006)

1 Einordnung der Stunde in die Unterrichtseinheit

2 Bedingungsanalyse

   2.1 Lernvoraussetzungen der Schüler

   2.2 Fachwissenschaftliche Vorgaben und Problematik der Stunde

   2.3 Handlungsspielräume des Lehrers

3 Didaktische Strukturierung der Stunde

   3.1 Lehrziele der Stunde

   3.2 Handlungsmöglichkeiten der Schüler im Unterricht

   3.3 Der Begründungszusammenhang von Ziel-, Inhalts- und Methodenentscheidungen

   3.4 Vorüberlegungen zur Auswertung und Ergebnissicherung

4 Geplanter Verlauf der Stunde

5 Anhang

(vgl. Meyer 2006, S. 408)

Darstellungskonzept zur schriftlichen Unterrichtsplanung aus dem Studienseminar für die Primarstufe in Arnsberg

1 Thema der Reihe

2 Aufbau der Reihe

3 Thema der Stunde

4 Ziele der Stunde

Fortsetzung Darstellungskonzept zur schriftlichen Unterrichtsplanung aus dem Studienseminar für die Primarstufe in Arnsberg

> 5 Didaktische Schwerpunktsetzung
>
> 6 Bedeutsamkeit
>
> 7 Analyse einer (oder zweier) Lernaufgabe(n) als zentrierende Mittel
>
> 8 Material/Medien
>
> 9 Differenzierungsmaßnahmen
>
> 10 Literaturverzeichnis
>
> 11 Geplanter Unterrichtsverlauf
>
> (vgl. http://www.studienseminare-primarstufe.nrw.de/ar/info_LA_2003/htm/planung1.htm)

> **Leitfaden für Unterrichtsentwürfe („Vademecum") des Studienseminars für Grund-, Haupt- und Realschulen Cuxhaven**
>
> 1 Übersicht zur Einheit
>
> 2 Lerngruppe und Rahmenbedingungen
>
> 3 Didaktischer Begründungszusammenhang
>
> 4 Sach- und Aufgabenanalyse
>
> 5 Aufgaben- und inhaltsspezifische Lernausgangslage
>
> 6 Methodischer Begründungszusammenhang
>
> 7 Verlaufsübersicht
>
> 8 Literatur und Anhang
>
> (vgl. http://998.nibis.de/dokumente/vademecum2006.pdf)

Anregungen zur Unterrichtsplanung aus dem staatlichen Studienseminar für das Lehramt für Grund- und Hauptschulen Neuwied

Didaktische Analyse
(Sachanalyse, Didaktische Reduktion)

Lehr- und Lernvoraussetzungen

Methodische Strukturierung
(Stringenz der Lernprozesse, Begründetes Lernarrangement)

Zielsetzungen (Anliegen, Intentionen)

Verlaufsplan

(vgl. http://studsem-nhw.bildung-rp.de/ghs/Anregungen%20zur%20Unterrichtsplanung2004.htm)

3.4 Offenere Unterrichtsplanungen

Wie in Abschnitt 2.1 verdeutlicht, sind Offenheit und Schülerorientierung wichtige Stichworte für den gegenwärtigen Unterricht. Analog gibt es in jüngster Zeit die Konzeption offener bzw. schülerorientierter Unterrichts-*planungen* (vgl. Peterßen 2000, S. 153ff.). Dass diese Konzepte für Unterrichtsbesuche bislang höchstens ansatzweise Anwendung finden, liegt vermutlich daran, dass diese Art der Unterrichtsplanung sehr anspruchsvoll ist. Je offener nämlich die Planung, umso schwieriger ist der (schriftliche) Entwurf, wie die nachfolgenden Ausführungen deutlich machen.
Offenheit bei der Unterrichtsplanung bedeutet vor allem, dass der Plan nicht als Programm, sondern als Entwurf für mögliches Handeln zu verstehen ist. Folglich müssen ursprüngliche Planungsentscheidungen ohne große Schwierigkeiten an den sich ergebenden Unterrichtsverlauf angepasst werden können, d. h. situativ verändert bzw. variiert werden können. Das bedeutet insbesondere auch das Bereithalten möglichst vieler Alternativen. Gerade dies stellt eine hohe Anforderung an den Lehrer dar, weil diese Alternativen im Vorfeld natürlich ebenso sorgfältig durchdacht sein und im Unterricht souverän gehandhabt werden müssen. Für den schriftlichen Unterrichtsentwurf hat dies zur Folge, dass in ihm Lernziele, Hand-

lungen, Methoden und Interaktionen nicht festgeschrieben, sondern nur jeweils als eine (nämlich vermutlich beste) von verschiedenen Möglichkeiten aufgezeigt werden können. Da man hierdurch trotzdem nicht allen Unvorhersehbarkeiten gerecht werden kann, ist weiterhin eine gute Improvisationsfähigkeit erforderlich.

Des Weiteren wird der Schüler bei dieser Art der Unterrichtsplanung nicht als Objekt, sondern als Subjekt des Unterrichts gesehen. Alle Planungen setzen beim Schüler an und haben ihn zum Maßstab (vgl. Peterßen 2000, S. 160). Das bedeutet insbesondere, dass der Schüler als Person ernst genommen wird. Dazu gehört auch, dass einerseits sämtliche Entscheidungen für die Schüler transparent gemacht werden sollen, und dass die Schüler andererseits in den Planungsprozess einbezogen werden, d. h. den Unterricht so weit wie möglich mitbestimmen sollen. Kooperation ist in diesem Sinne nicht nur ein wichtiger Grundsatz für die Beziehung zwischen den Schülern untereinander, sondern auch für die Beziehung zwischen dem Lehrer und seinen Schülern.

Zusammenfassend lassen sich in Anlehnung an Peterßen (2000, S. 154ff.) folgende fünf Prinzipien für eine offene Unterrichtsplanung festhalten, die an die Stelle eines festen Baumusters treten:

- Offenheit für Veränderungen

- Bereithalten von Alternativen

- Transparenz für die Schüler

- Kooperation von Lehrer und Schülern

- Betonung der Personalität der Beteiligten

Besonders radikal ist das Konzept der *kooperativen Unterrichtsplanung*, bei dem die Erfahrungen der Schüler zu Lerninhalten werden, die Lernweise selbstbestimmt durch die Schüler erfolgt und der Lehrer sich nur als Experte anbieten, nicht aber von sich aus helfen bzw. unterstützen soll. Bei diesem Planungskonzept kann es im Grunde keinen Unterrichtsentwurf geben, da keine Vorentscheidungen durch den Lehrer getroffen werden, sondern Entscheidungen stets gemeinsam, d. h. erst beim Zusammentreffen von Lehrern und Schülern, getroffen werden. Der Lehrer kann allenfalls gut gerüstet in diese gemeinsame Situation hineingehen, indem er verschiedene Möglichkeiten sorgfältig reflektiert.

3.5   Resümee/Qualitätskriterien für die Unterrichtsplanung

Zusammenfassend seien an dieser Stelle in Anlehnung an Kliebisch & Meloefski (2006, S. 183) zentrale Kriterien aufgelistet, die eine gute Unterrichtsplanung, und insofern auch einen guten schriftlichen Unterrichtsentwurf, ausmachen. So hängt die Qualität der Planung davon ab, inwieweit

- der Lehrplan und die schulspezifischen Vorgaben berücksichtigt werden,

- die Auswahl des Lerngegenstandes und die didaktische Intention zueinander passen und die spezifische (gegenwärtige, zukünftige bzw. exemplarische) Bedeutung für die Lerngruppe erkennbar ist,

- die Inhalte, Ziele, Methoden und Medien aufeinander bezogen sind,

- die Besonderheiten der Lerngruppe berücksichtigt werden,

- die Schüler am Unterrichtsgeschehen beteiligt werden.

Meyer (2003a, S. 254) macht jedoch zu Recht darauf aufmerksam, dass die Art der schriftlichen Unterrichtsvorbereitung immer auch vom Begutachter abhängt. Aus diesem Grund lautet der vielleicht wichtigste Hinweis für die schriftliche Unterrichtsplanung, sich zunächst mit dem Betreuer über die Erwartungen zu verständigen, und zwar weniger den formalen Aufbau als vielmehr inhaltliche Aspekte betreffend. Dazu gehört insbesondere ein Austausch über Beurteilungskriterien für guten und schlechten Unterricht.

Abgesehen von diesen Aspekten sollte der Entwurf in klarer Sprache formuliert, die Gliederung plausibel und einzelne Abschnitte angemessen lang sein. Die Länge eines Unterrichtsentwurfs ist keineswegs ein Kriterium für dessen Qualität, sondern vielmehr das Geschick, zügig auf den Punkt zu kommen. Das bedeutet auch die Beschränkung auf *die* Aspekte (z. B. bei der Bedingungsanalyse), aus denen Konsequenzen für die getroffenen didaktisch-methodischen Entscheidungen gezogen wurden mit der Formulierung dieser Konsequenzen.

Nachdem die hier skizzierten Qualitätskriterien in den vorhergehenden Abschnitten theoretisch ausführlich dargestellt und erläutert wurden, sollen im nächsten Kapitel Möglichkeiten für deren praktische Umsetzung aufgezeigt werden. Dies erfolgt durch eine Zusammenstellung konkreter Unterrichtsentwürfe aus verschiedenen Bereichen und verschiedenen Jahrgangsstufen des Mathematikunterrichts der Primarstufe, die von Fachseminarleitern als gut gelungen beurteilt wurden.

4 Beispiele gut gelungener Unterrichtsentwürfe

4.1 Einleitende Bemerkungen

Dieser Band insgesamt und ganz besonders auch dieses Kapitel wendet sich an *Lehramtsanwärterinnen und Lehramtsanwärter*, um ihnen bei der konkreten Planung ihres Unterrichts zu helfen. Die im Folgenden vorgestellten Unterrichtsentwürfe können aber auch erfahrenen *Lehrerinnen und Lehrern* eine Vielzahl von Anregungen für den eigenen Unterricht geben und so zur eigenen Fortbildung beitragen. Daneben gewinnen *Praktika* für *Studierende* des Lehramts an Grundschulen – und nicht nur dort – in naher Zukunft eine immer größere Bedeutung. So tritt beispielsweise in Nordrhein-Westfalen im Jahre 2008 das neue Lehrerausbildungsgesetz in Kraft. Es setzt bewusst auf größere Praxisnähe und reflektierte Praxiserfahrung und führt hierzu optional ab dem Wintersemester 2009/2010, verpflichtend ab dem Wintersemester 2010/2011 u. a. ein:

- ein 10-wöchiges Schulassistenzpraktikum i. d. R. vor Aufnahme des Studiums,
- ein dreiwöchiges Orientierungspraktikum im Bachelorstudium,
- ein Praxissemester im Masterstudium.

Wir stellen in diesem Kapitel ausschließlich authentische Unterrichtsentwürfe vor. Diese wurden von uns aus einer größeren Auswahl besonders empfohlener, gut gelungener Unterrichtsentwürfe ausgewählt, die uns freundlicherweise zur Verfügung gestellt wurden von

- Wolf-Dieter Beyer, Seminarleiter am Studienseminar Minden,
- Ralf zur Linde, Fachleiter für Mathematik am Studienseminar Bielefeld,

- Maike Schneider-Walczok, Fachleiterin für Mathematik am Studienseminar Marburg, früher langjährige Praktikumsbetreuerin an der Universität Gießen und
- Jasmin Sprenger, Mentorin für das Fachpraktikum Mathematik an der Pädagogischen Hochschule Schwäbisch Gmünd.

Diese Unterrichtsentwürfe wurden noch optimiert durch die Autoren dieses Bandes, insbesondere durch Friedhelm Padberg, Professor für Mathematikdidaktik an der Universität Bielefeld (13 Entwürfe), Maike Schneider-Walczok (zwei Entwürfe, Abschnitte 4.10 und 4.13) sowie Jasmin Sprenger (drei Entwürfe, Abschnitte 4.4, 4.8 und 4.19).

Bei den Unterrichtsentwürfen haben wir bewusst *keine Vereinheitlichung* angestrebt – weder bezüglich des formalen Aufbaus noch bezüglich der inhaltlich zu thematisierenden Gesichtspunkte. Dies wäre auch keineswegs der Realität in Deutschland gerecht geworden. So lernen die Leserinnen und Leser verschiedene Möglichkeiten kennen und können sich auf dieser Grundlage gezielt für die eine oder andere Form oder eine Mischform entscheiden – sofern nicht „vor Ort" anderslautende Vorgaben dies unmöglich machen.

Die folgenden Entwürfe unterscheiden sich durchaus auch jeweils in der *Tiefe* und im Umfang der Darstellung der einzelnen Gesichtspunkte. Dies hängt – außer mit unterschiedlichen Schreibstilen bei den Verfassern der Unterrichtsentwürfe – vor allem damit zusammen, dass einige Unterrichtsentwürfe aus Examenslehrproben, andere wiederum aus „normalen" Unterrichtsstunden im Rahmen der Ausbildung stammen. Aber auch wegen des beschränkten maximal möglichen Seitenumfangs und in Abhängigkeit von der konkreten Thematik werden zu Recht unterschiedliche *Schwerpunkte* bei den einzelnen Unterrichtsentwürfen gewählt. Dies ist für den Leser kein Nachteil, sondern im Gegenteil ein Vorteil, da so in der Gesamtheit der hier vorgestellten Unterrichtsentwürfe deutlich mehr Facetten der Unterrichtsplanung sichtbar werden als bei einheitlichen, gleichgestylten Unterrichtsentwürfen.

Betrachtet man den *Umfang* und zum Teil auch den *Aufbau* von Unterrichtsentwürfen beispielsweise im Ablauf der letzten 30 oder 40 Jahre, so kann man sich nicht des Eindrucks erwehren, dass es auch hier im Zeitablauf durchaus unterschiedliche „Moden" gibt. Aktuell ist beispielsweise in Nordrhein-Westfalen auch bei Examenslehrproben wieder „Kürze" angesagt. So sind für die Unterrichtsentwürfe von Examenslehrproben maximal sechs Seiten Umfang ab 2008 vorgeschrieben. Die Lektüre und Ana-. lyse umfangreicherer Unterrichtsentwürfe bleibt allerdings dennoch sehr sinnvoll; denn die dort dokumentierten Überlegungen sind für die Realisierung von gutem Unterricht unverändert von großer Bedeutung. Ferner lassen sich umfangreichere Entwürfe leicht kürzen, während der umgekehrte Weg deutlich schwieriger ist.

Wir haben uns bemüht, in den von uns ausgewählten Unterrichtsentwürfen möglichst breit die verschiedenen *allgemeinen sowie inhaltsbezogenen Kompetenzen* im Sinne der Bildungsstandards (vgl. Abschnitt 2.2.2) zu berücksichtigen. Unser Ideal wäre es gewesen, dies jeweils für jede Jahrgangsstufe vollständig im Sinne eines entsprechenden Rasters zu schaffen, jedoch lässt sich dies aufgrund der – natürlich – beschränkten Seitenzahl in diesem Buch nicht vollständig realisieren. Während im Verlauf einer Unterrichtsstunde durchaus verschiedene *allgemeine* mathematische Kompetenzen angesprochen werden können und daher bei diesen Kompetenzen keine gravierenden Lücken vorliegen, werden bei den *inhaltsbezogenen* mathematischen Kompetenzen in den von uns analysierten Unterrichtsentwürfen nur jeweils ein oder zwei Kompetenzbereiche angesprochen. So sind bei den im Folgenden vorgestellten Unterrichtsentwürfen gewisse Lücken in den Kompetenzbereichen *Daten, Häufigkeit und Wahrscheinlichkeit* (Jahrgangsstufe 2 und 4) sowie *Raum und Form* (Jahrgangsstufe 4) erkennbar, während beispielsweise in dem Kompetenzbereich *Zahlen und Operationen*, häufiger auch kombiniert mit dem Bereich *Muster und Strukturen*, dies dort nicht zutrifft, wenngleich auch hier durchaus einige Wünsche offen bleiben müssen.

Der *Einsatzbereich* der folgenden Unterrichtsentwürfe lässt sich häufiger noch erweitern durch mehr oder weniger starke Abänderungen z. B. bei dem zugrunde liegenden Zahlenmaterial. So können die folgenden Unterrichtsentwürfe häufiger auch in anderen, benachbarten Jahrgängen eingesetzt werden. Dies gilt beispielsweise für die Unterrichtsentwürfe zu Rechenscheiben (Abschnitt 4.7), zu Zahlenmauern (Abschnitt 4.8), zur halbschriftlichen Addition (Abschnitt 4.11), zu Einmaleinszügen (Abschnitt 4.12), zum größten Ergebnis (Abschnitt 4.17) oder zu dem Entwurf: Ein Text – viele Fragen (Abschnitt 4.19).

Insbesondere bei der Dokumentation des geplanten Stundenverlaufs (oft tabellarisch, daneben aber auch in anderer Form) sind einige *Abkürzungen* üblich, die wir hier zum Abschluss dieses Abschnitts kurz zusammenstellen:

AB   Arbeitsblatt/Arbeitsbogen
EA   Einzelarbeit
HA   Hausaufgabe
L   Lehrer/Lehrerin
LAA   Lehramtsanwärter/Lehramtsanwärterin (in anderen Bundesländern auch LiV, …)
OHP   Overhead-Projektor
PA   Partnerarbeit
SuS   Schülerinnen und Schüler

Zur Wahrung der Anonymität wurden die Namen von Schülern in den Entwürfen jeweils geändert.

4.2 10 gewinnt – ein Strategiespiel (Klasse 1)

Thema der Unterrichtseinheit

„Wir spielen Strategiespiele" – eine handlungsorientierte Unterrichtseinheit zur Schulung des vorausschauenden und schlussfolgernden Denkens durch die aktive Auseinandersetzung mit Strategiespielen.

Intention der Unterrichtseinheit

Die Bereitschaft und die Fähigkeit der Schüler zur eigenständigen Problemlösung soll durch die handelnde Auseinandersetzung mit verschiedenen Strategiespielen gefördert werden. Kognitive Fähigkeiten, wie logisches, vorausschauendes und schlussfolgerndes Denken, sollen weiterentwickelt werden. Darüber hinaus sollen die Schüler versuchen, ihre entdeckten Strategien zu verbalisieren.

Überblick über die Unterrichtseinheit

(Die im Folgenden aufgelisteten Sequenzen finden nicht als unmittelbar aufeinander folgende Unterrichtseinheiten statt, sondern werden in regelmäßigen Abständen stattfinden.)

1. Sequenz: **„10 gewinnt" – Wir lernen das Strategiespiel kennen und setzen uns handelnd mit ihm auseinander.**

2. Sequenz: „10 gewinnt und seine Variationen" – Wir setzen uns vertiefend mit der Gewinnstrategie auseinander und lernen Variationen dieses Strategiespiels kennen.

3. Sequenz: „Ordnungsmemory" – Wir lernen das Strategiespiel kennen und setzen uns aktiv mit ihm auseinander.

(Weitere Strategiespiele folgen, wie z. B. Schiebespiele und Dreiecksmemory.)

Thema der Unterrichtsstunde

„10 gewinnt" – Wir lernen das Strategiespiel kennen und setzen uns handelnd mit ihm auseinander.

Ziele der Unterrichtsstunde

Durch die handelnde Auseinandersetzung mit dem Strategiespiel sollen die Schüler nach der vollständigen Gewinn- bzw. einer Teilstrategie suchen. Dies soll zur Förderung ihrer Fähigkeiten des vorausschauenden und schlussfolgernden Denkens beitragen. Sie sollen weiterhin versuchen, ihre Erkenntnisse zu verbalisieren und zu begründen.

Didaktischer Schwerpunkt

Ich habe mich dafür entschieden ...

... diese ausgewählten Sachaspekte ...

Im Mittelpunkt der heutigen Stunde steht die handelnde Auseinandersetzung der Kinder mit dem Strategiespiel „10 gewinnt". Dieses Spiel besteht aus zehn durchnummerierten, in einer Reihe angeordneten Spielfeldern. Es ist als Partnerspiel konzipiert und wird z. B. mit roten und blauen Plättchen gespielt, welche die Spielzüge kennzeichnen. Der Spielplan wird bei Feld 1 (Start) beginnend lückenlos mit Plättchen belegt. Die Spieler legen abwechselnd, aber nur jeweils ein oder zwei Plättchen ihrer Farbe. Gewonnen hat derjenige Spieler, der den letzten Platz, also 10, belegt (vgl. Wittmann & Müller 2005a, S. 75).
Grundsätzlich kann ein Spieler dieses Strategiespiel immer für sich entscheiden, wenn eine bestimmte Gewinnstrategie konsequent angewendet

wird. Diese Strategie setzt sich aus bestimmten Gewinnpositionen zusammen, nämlich aus drei Feldern, die den Gewinn des Spiels garantieren. Dementsprechend sind die übrigen Felder (mögliche) Verlustpositionen (vgl. Möller & Pönicke 1995, S. 42).

Die offensichtlichste Gewinnposition ist das Feld 10, da ein Spieler dieses erreichen muss, um das Spiel zu gewinnen. Ausgehend von dieser Zielzahl lassen sich die anderen Gewinnpositionen ermitteln, indem die Summen aus der minimalen und der maximalen Anzahl der zu legenden Plättchen von der Zielzahl subtrahiert werden:

$$10 - (1 + 2) = 7 \qquad 7 - (1 + 2) = 4 \qquad 4 - (1 + 2) = 1$$

Um das Spiel sicher gewinnen zu können, muss ein Spieler folglich die Gewinnpositionen 1, 4, 7 und 10 besetzen. Bei konsequentem Einhalten der Strategie gewinnt daher immer der Spieler, der das Spiel beginnt, da nur er die Möglichkeit besitzt, die erste Gewinnposition (das Feld 1) einzunehmen. Auf die weiteren Gewinnfelder kann der erste Spieler immer gelangen, wenn er in seinen Spielzügen die vom zweiten Spieler gesetzte Anzahl der Plättchen durch seine gesetzten Plättchen auf drei ergänzt, da die Differenz der Gewinnfelder immer drei beträgt.

Vermutlich werden die Kinder mit wachsender Erfahrung einen Teil der eben erläuterten Gesetzmäßigkeit entdecken und in etwa so erklären: „Wer das siebte Feld belegt, gewinnt; denn legt z. B. „Blau" bis zur 7, kann „Rot" entweder ein Plättchen legen. Dann legt „Blau" zwei Plättchen auf die Felder 9 und 10 und gewinnt. Legt „Rot" zwei Plättchen, bleibt das Feld 10 frei, welches „Blau" belegt und somit ebenfalls gewinnt."

Neben der Entdeckung des Gewinnfeldes 7 sind folgende weitere Entdeckungen in der heutigen Stunde denkbar: Kinder, die bereits das siebte Feld als Gewinnfeld erkannt haben, können nach mehrmaligem Ausprobieren und durch vorausschauendes Denken entdecken, dass sie das siebte Feld sicher einnehmen können, wenn sie zuvor das vierte belegen. Die Begründung ist analog zu der des Gewinnfeldes 7. Entsprechend könnten die Kinder auch das erste Feld als Gewinnposition finden (vgl. Möller & Pönicke 1995, S. 43). Voraussichtlich werden die Kinder eine Teilstrategie und einige eventuell die Gesamtstrategie des Spiels auf diese Art, also durch ein rückschreitendes Verfahren, entdecken.

... unter dieser besonderen Zielsetzung ...

Das Strategiespiel lässt die oben erläuterten Entdeckungen zu und wird damit dem entdeckenden Lernen als zentraler Leitidee des Lehrplans gerecht (vgl. Lehrplan NRW 2003, S. 72).

„Mathematik ist auch Schule des Denkens" (ebd., S. 75). Entsprechend sollen in der heutigen Stunde die Fähigkeiten des vorausschauenden und schlussfolgernden Denkens der Schüler gefördert werden. In den konkreten Spielsituationen müssen die Kinder die Auswirkung der Platzierung ihrer Plättchen bezüglich des weiteren Spielverlaufs durchdenken, um das Spiel gewinnen zu können. Durch die handelnde Auseinandersetzung mit dem Strategiespiel sollen die Schüler nach der vollständigen Gewinnstrategie bzw. einer Teilstrategie suchen. Sie sollen versuchen, ihre Erkenntnisse zu verbalisieren und zu begründen.

Der Einsatz des Spiels „10 gewinnt" fördert zudem „Interesse und Neugier an mathematikhaltigen Phänomenen" sowie „Freude an der Mathematik und eine positive Einstellung zum Mathematikunterricht" (ebd. S. 71, 72).

... mit diesen Kindern ...

Von Beginn an stehen die insgesamt 21 Kinder der Klasse 1a dem Mathematikunterricht aufgeschlossen und interessiert gegenüber. Die Leistungsheterogenität ist innerhalb der Lerngruppe sehr groß, wie ein durchgeführter Test zur Lernausgangslage und weitere Unterrichtsbeobachtungen zeigen. Besonders leistungsstarke Schüler sind Gabriel und Seda. Bereits zu Schulbeginn verfügten beide über erstaunliche mathematische Kompetenzen. Sie und andere leistungsstärkere Schüler (z. B. Denis, Michael und Lea) sind sehr interessiert an mathematikhaltigen Problemen und zeigen große Anstrengungsbereitschaft und Ausdauer auch bei der Lösung weniger vertrauter Aufgabenformate, Knobelaufgaben u. Ä. Im extremen Gegensatz dazu steht Maik. Er wiederholt das erste Schuljahr. Trotzdem hat er selbst bei geringsten Anforderungen erhebliche Schwierigkeiten. Gelegentlich ist Maik zwar motiviert, doch ist er nicht in der Lage, seine Fähigkeiten richtig einzuschätzen. Philipp, Lotta, Moritz und Nadine sind ebenfalls eher leistungsschwach und benötigen häufig zusätzliche Hilfe und Ermutigung.

Disziplin- und Aufmerksamkeitsprobleme zeigen Niklas, Maik, Nadine, Rudi und Denis. Recht häufig müssen sie auf Regeln und Inhalte hingewiesen werden.

Einige Schüler haben sich bereits mit Strategiespielen (z. B. Schiebespiele, Ko-No) im Rahmen der „Matheecke" beschäftigt. Die gesamte Lerngruppe weist in Bezug auf Strategiespiele jedoch keine unterrichtlichen Vorkenntnisse auf.

Mit Partnerarbeit sind die Kinder vertraut, wobei Rudi und Maik teilweise Schwierigkeiten haben, sich mit ihren jeweiligen Partnern zu arrangieren.

In Ansätzen ist die Lerngruppe mit dem Verbalisieren und Reflektieren ihrer Entdeckungen vertraut, jedoch stellt dies aufgrund ihrer allgemeinen und insbesondere mathematischen Sprachentwicklung eine hohe Anforderung dar und bereitet vielen Schülern häufig noch Probleme.

... auf diese besondere Weise ...

Zu Beginn der Stunde erhalten die Schüler anhand des an der Tafel befestigten großen Demonstrationsspiels „10 gewinnt" eine kurze Einführung in das Spiel, indem ihnen die Spielregeln erläutert werden. Zur Verdeutlichung der Regeln, und um möglichen Verständnisproblemen vorzubeugen, spielen zwei bis drei Schüler das Spiel gegen die LAA. Bei diesen Spielen wird die LAA voraussichtlich immer gewinnen. Sie erklärt den Kindern, dass sie „unschlagbar" sei, da sie einen „Trick" kenne, mit dem sie jedes Spiel gewinne.

Die LAA fordert die Kinder nun heraus, den Trick durch mehrmaliges Spielen herauszufinden. Um die Wettbewerbssituation zu entschärfen, die dieses Spiel mit sich bringt, wird betont, dass das gemeinsame Entdecken des Tricks, und weniger die Häufigkeit des Gewinnens, im Vordergrund steht.

Die Schüler erhalten Zieltransparenz, indem die LAA sagt, dass nach einiger Zeit des Spielens ein Austausch über den Trick stattfinden wird.

In der ersten Erarbeitungsphase beginnen die Schüler erste Erfahrungen mit dem Spiel „10 gewinnt" zu sammeln. Die jeweiligen Tischnachbarn spielen zusammen. Sie erhalten einen Spielplan und Plättchen. Da es insgesamt 21 Schüler sind, wird es eine Dreiergruppe geben. Der dort jeweils nicht mitspielende Schüler erhält die Aufgabe, das Spiel bezüglich des Tricks besonders zu beobachten.

Vermutlich werden sich die Schüler zunächst auf das Einhalten der Regeln konzentrieren und eher unsystematisch vorgehen, um das Spiel zu gewinnen.

Die sich anschließende Zwischenreflexion ist wichtig, damit sich die Schüler über Auffälligkeiten und Vermutungen bezüglich des Tricks austauschen können. Da die Kinder voraussichtlich noch Schwierigkeiten mit dem reinen Verbalisieren ihrer Entdeckungen haben werden, dient das Demonstrationsspiel an der Tafel als visuelle Hilfe. Dort können sie ihre Entdeckungen den anderen Kindern veranschaulichen oder ggf. das Spiel vorspielen.

Kinder, die noch keine Entdeckungen bezüglich des Tricks gemacht haben, sollen in dieser Unterrichtsphase versuchen, die Äußerungen ihrer Mitschüler selbstständig nachzuvollziehen, um somit Hilfe für die Weiterarbeit zu erhalten.

Falls zu diesem Zeitpunkt die Gewinnposition des Feldes 7 von den Kindern noch nicht entdeckt worden ist, wird diese anhand des Demo-Spiels gemeinsam erarbeitet. Zur Verdeutlichung wird das Gewinnfeld mit dem Symbol einer Krone gekennzeichnet, welches die Schüler auf die eigenen Spielpläne übertragen können.

Eventuell haben Kinder bereits weitere Gewinnfelder gefunden. In diesem Fall können sie ihren Mitschülern bereits Hinweise dazu geben. Ansonsten werden die Kinder dazu angeregt, nach weiteren Gewinnfeldern zu suchen.

Die Zwischenreflexion wie auch die Endreflexion findet in der gewohnten Sitzordnung statt, da so allen Kindern ein optimaler Blick auf das Demo-Spiel garantiert ist.

In der erneuten Partnerarbeit können die Schüler ihre neu erworbenen Kenntnisse im weiteren Spielverlauf selbstständig anwenden und festigen. Außerdem können sie nach weiteren Gewinnfeldern suchen. Es ist jedoch nicht das Ziel der heutigen Stunde, dass die Schüler alle Gewinnpositionen, und somit die gesamte Gewinnstrategie, entdecken. Voraussichtlich wird von den Kindern überwiegend das Feld 7 als Gewinnposition erkannt. Sollte es Kinder geben, welche die vollständige Gewinnstrategie gefunden haben, erhalten diese zur Differenzierung die Aufgabe, sich mit einer Variante des Spiels „10 gewinnt" auseinanderzusetzen (ein bis drei Plättchen legen).

In der abschließenden Reflexion erhalten die Schüler, die weitere Gewinnfelder gefunden haben, die Möglichkeit, diese vorzustellen und zu begründen. Auch an dieser Stelle können sie ihre Entdeckungen am Demo-Spiel erläutern. Die Veranschaulichung hilft besonders den visuellen Lerntypen, die Aussagen ihrer Mitschüler nachvollziehen zu können.

Die Erkenntnisse der abschließenden Reflexion werden in der folgenden Stunde vertieft, indem alle Schüler die Gelegenheit erhalten, die vorgestellten Strategien im Spiel selbst auszuprobieren.

... zu erarbeiten.

Geplanter Unterrichtsverlauf

Unterrichts-phase	Sozialverhal-ten/Hand-lungsmuster	geplantes Unterrichtsgeschehen	Medien
Begrüßung	Plenum	- LAA stellt den Besuch vor. - Singen des Begrüßungsliedes	
Einstieg	Plenum	- „10 gewinnt" wird vorgestellt, indem Spielregeln erläutert werden. - Zwei bis drei Kinder spielen nacheinander gegen die LAA. - Der Arbeitsauftrag und der weitere Stundenverlauf werden erläutert.	Demo-Spiel
Erarbeitung	Partnerarbeit	- Die Kinder spielen das Spiel und suchen nach der vollständigen Gewinn- bzw. einer Teilstrategie.	Spielpläne, Wendeplättchen
Zwischen-reflexion	Plenum	- Die Kinder nennen Auffälligkeiten und Vermutungen bezüglich der vollständigen Gewinn- bzw. Teilstrategie. - Ist die Gewinnposition 7 noch nicht entdeckt, findet eine gemeinsame Erarbeitung von dieser statt.	Demo-Spiel

Fortsetzung geplanter Unterrichtsverlauf

Unterrichts-phase	Sozialverhal-ten/Hand-lungsmuster	geplantes Unterrichtsgeschehen	Medien
Erarbeitung	Partnerarbeit	- Kinder spielen erneut das Spiel und wenden die neuen Erkenntnisse an. - Kinder suchen nach weiteren Gewinnpositionen. - Kinder, welche die vollstän-dige Gewinnstrategie ent-deckt haben, setzen sich mit einer Variante des Spiels auseinander.	Spielpläne, Wendeplätt-chen, Folienstifte
Reflexion	Plenum	- Kinder, die weitere Gewinn-positionen entdeckt haben, stellen diese vor. - LAA gibt Ausblick auf die nächste Stunde.	Demo-Spiel

Literatur

Maak Angela, *So geht's: Zusammen über Mathe sprechen. Mathematik mit Kindern erarbei-ten*, Verlag an der Ruhr, Mühlheim an der Ruhr, 2003

Ministerium für Schule, Jugend und Kinder des Landes NRW (Hrsg.), *Grundschule. Richtlinien und Lehrpläne zur Erprobung. Mathematik*, Ritterbach, Frechen, 2003

Möller Manfred & Pönicke Peter, *Mit Köpfchen spielen! Gewinnstrategien suchen und entwickeln*. In: Schipper, Wilhelm et al. (Hrsg.), Offener Mathematikunterricht in der Grundschule. Bd. 1: Arithmetik, Friedrich Verlag, Seelze, 1995, S. 42–44

Wittmann Erich Ch. & Müller Gerhard N., *Das Zahlenbuch. Mathematik im 1. Schul-jahr. Lehrerband*, Klett, Leipzig u. a., 2005a

4.3 Verdoppeln mit dem Spiegel (Klasse 1)

Thema der Unterrichtsreihe

Verdopplungsaufgaben entdecken und deren Vorteile nutzen lernen.

Überblick über die Unterrichtsreihe

1. Sequenz: Was der Spiegel alles kann – freies Experimentieren mit dem Spiegel.

2. Sequenz: Verdoppeln von Punktmustern mit dem Spiegel.

3. Sequenz: Übungen zum Verdoppeln von Anzahlen auf der ikonischen und symbolischen Ebene.

4. Sequenz: Übungen zur Addition im Zahlenraum bis 20 unter Einbeziehung der neu erworbenen Kenntnisse.

Thema der Unterrichtsstunde

Verdoppeln von Punktmustern mit dem Spiegel.

Ziel der Unterrichtsstunde

Die Kinder sollen entdecken, wie man durch den handelnden Umgang mit Spiegeln die Anzahl von Punkten in Punktmustern verdoppeln kann. Sie sollen so jeweils das Doppelte vorgegebener Anzahlen bestimmen. Dies soll dazu beitragen, dass sie Verdopplungen mehr und mehr rein in der Vorstellung durchführen können.

Didaktischer Schwerpunkt

Eine zentrale Zielsetzung im Bereich der Arithmetik besteht in der Ausbildung von Verständnis und Flexibilität im Umgang mit Zahlen (vgl. Lehrplan NRW 2003, S. 75). Ein wichtiger Aspekt sind hierbei die Beziehungen der Zahlen zueinander. Hierzu gehören gerade auch die Beziehungen *das Doppelte* und *die Hälfte*.

Verdopplungsaufgaben sind bei der Erarbeitung der Addition sehr hilfreich; denn: „Im operativen Rechenunterricht gehören die Verdopplungsaufgaben 1 + 1, 2 + 2, ... , 10 + 10 zu den Kernaufgaben, auf die sich viele andere Additionsaufgaben zurückführen lassen." (Wittmann & Müller 2006, S. 28).

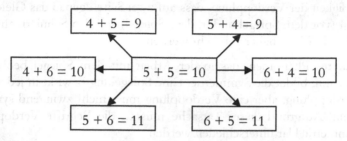

Die Verdopplungsaufgaben helfen den Kindern beim Lösen und späteren Automatisieren der Aufgaben des Kleinen Einspluseins. Über die Nachbaraufgaben lassen sich viele weitere Additionsaufgaben schnell lösen. „Die Verdopplungsaufgaben prägen sich [ferner] Grundschulkindern erfahrungsgemäß besonders leicht und schnell ein" (Padberg 2005, S. 91). Dies macht sie zu guten Stützpunktaufgaben.

Die Kinder der Klasse 1c haben bereits Additions- und Subtraktionsaufgaben im Zahlenraum bis 20 (innerhalb des ersten und des zweiten Zehners) gelöst. Die Aufgabenlösung erfolgte überwiegend durch konkrete Handlungen. Durch die Verdopplungsaufgaben sollen die Kinder eine heuristische Strategie kennen lernen, mit deren Hilfe das zählende Rechnen immer weiter abgelöst werden kann und muss. Kinder, die nämlich bei Zählstrategien stehen bleiben, haben schon bald große Probleme. So ist zählendes Rechnen bei großen Zahlen fehleranfällig, sehr aufwändig und lässt den Zusammenhang zwischen Aufgaben nicht erkennen und ausnutzen (vgl. Padberg 2005, S. 84). Des Weiteren bilden die Verdopplungsaufgaben eine große Hilfe zur Vorbereitung der Additionen, die den ersten Zehner überschreiten.

Durch das Verdoppeln lernen die Kinder ferner bereits eine erste multiplikative Operation kennen, auf die auch beim Erlernen des Einmaleins zurückgegriffen werden kann.

Um ein reines Auswendiglernen von Verdopplungsaufgaben zu verhindern, habe ich mich dazu entschlossen, mit dem Medium „Spiegel" zu arbeiten. Der Spiegel ist ein Instrument, das von Natur aus verdoppelt und zudem aus der Lebenswirklichkeit der Kinder stammt. Der Spiegel ist den meisten als Verdopplungsinstrument bekannt, auch wenn dieser Sachverhalt von den Kindern eher unbewusst wahrgenommen wird. Mit dem

Medium Spiegel lassen sich der Vorgang der Verdopplung und die Verdopplungsaufgaben sehr anschaulich für die Kinder darstellen. Die Gesetzmäßigkeit der Verdopplung, dass auf zwei Seiten genau das Gleiche zu sehen ist (vor dem Spiegel und in dem Spiegel) soll den Schülern auf aktiv entdeckende Weise näher gebracht werden.

Ein weiteres Phänomen, das in der Arbeit mit dem Spiegel beobachtet werden kann, bildet die Symmetrie. Eine Spiegelung bewirkt in jedem Fall eine Verdopplung, aber eine Verdopplung muss nicht zwingend symmetrisch sein. Aufgrund dieser Tatsache müssen die Begriffe Verdopplung und Symmetrie klar unterschieden werden.

Der Schwerpunkt dieser Einheit liegt jedoch im arithmetischen Bereich, im Erkennen und Verstehen von Verdopplungen. Daher möchte ich die Achsensymmetrie hier nicht weiter thematisieren. Auf die gesammelten Erfahrungen im Umgang mit dem Spiegel werde ich jedoch in einer späteren Geometrieeinheit zurückgreifen.

Zu Beginn der heutigen Stunde findet das für die Kinder gewohnte Begrüßungsritual statt. Anschließend versammeln sich die Kinder im Sitzkino in der Teppichecke. Auf einem Tisch liegt ein Plakat, auf dem ein Punktmuster zu sehen ist. Die Kinder bestimmen zunächst die Anzahl der Punkte, ohne dass ein Spiegel an das Muster gehalten wird. Dadurch wird der folgende Vorgang des Verdoppelns mit dem Spiegel intensiver wahrgenommen. In einem nächsten Schritt werden die Kinder dazu angehalten, Vermutungen darüber zu äußern, was passiert, wenn ein Spiegel neben das Punktmuster gehalten wird. Hier können die Kinder auf die Vorerfahrungen der ersten Sequenz zurückgreifen. Auch wenn keine Antworten kommen, werde ich den Spiegel an das Muster halten. Die Kinder können so gegebene Antworten überprüfen bzw. ihre Beobachtungen verbalisieren. Durch weiteres Nachfragen wird der Vorgang reflektiert (Wie viele Punkte siehst Du vor dem Spiegel? Wie viele Punkte siehst Du in dem Spiegel? Wie viele Punkte sind es zusammen?). Der Vorgang des Verdoppelns durch den Spiegel wird für alle Kinder transparent gemacht und an mehreren Beispielen thematisiert. Dabei werden auch die Schüler in das Zeigen von Verdopplungen einbezogen. Die Verbalisierung der Beobachtungen muss an dieser Stelle noch nicht in Form einer Plusaufgabe geschehen, dies ist erst ein weiterführendes Ziel. Das Beschreiben der Beobachtungen („Ich sehe … Jetzt sehe ich …") soll an dieser Stelle ausreichend sein, da das Verstehen des Verdopplungsvorgangs im Mittelpunkt steht. Jedem Kind soll ein individueller Zugang zum Verdoppeln ermöglicht werden. Dazu gehört auch eine individuelle Sprechweise. In einem weiteren Schritt werden die Kinder mit gezielten Fragen (Kann ich mit dem Spiegel auch drei Punkte sehen?) konfrontiert, um den Prozess des Verdoppelns bereits in der Vorstellung anzubahnen.

Nach der gemeinsamen Erarbeitung des Stundenthemas sollen die Kinder in Einzelarbeit Verdopplungen vornehmen. Dafür erhält jedes Kind einen eigenen kleinen Spiegel und ein Arbeitsblatt, auf dem ein weiteres Punktmuster zu sehen ist. Die Kinder sollen möglichst viele verschiedene Punktanzahlen durch das Verdoppeln mit dem Spiegel finden.

Ich habe mich an dieser Stelle für die Einzelarbeit entschieden, da ich jedem Kind die individuelle Möglichkeit geben möchte, auf seinem Niveau Verdopplungsaufgaben aktiv handelnd zu entdecken und seinen Fähigkeiten entsprechend mit dem Punktmuster zu „experimentieren". Trotz der Einzelarbeit ist der Austausch mit einem Partner erlaubt. Die Entscheidung darüber liegt bei den Kindern selbst. Für die Arbeitsphase setze ich bewusst ein Arbeitsblatt mit einem festen Punktmuster ein und stelle den Kindern nicht alternativ Plättchen zum Spiegeln zur Verfügung. Zwar hätte jedes Kind die Anzahl der zu spiegelnden Plättchen seinem Niveau entsprechend selbst wählen können, jedoch verleitet eine ungeordnete Plättchenmenge zum zählenden Rechnen. Eine fest vorgegebene strukturierte Punktdarstellung bietet eher die Möglichkeit, Anzahlen geschickt zählend oder rechnend zu erfassen, wozu diese Unterrichtsstunde speziell beitragen soll. Da die Summe der verdoppelten Punktmenge jedoch immer sichtbar ist, können die Verdopplungen trotzdem auf jeder Niveaustufe ermittelt werden: Abzählen mit Berühren, Zählen mit den Augen, Zählen in größeren Schritten, Addieren mithilfe individueller Strategien. Diese verschiedenen Vorgehensweisen bieten eine natürliche Differenzierung, bei der die Kinder das Verdoppeln mit dem Spiegel selbstständig in Eigenverantwortung vornehmen können. Eine weitere Differenzierung ist durch die Aufgabenstellung gegeben. Einige Kinder werden durch das unterschiedliche Anhalten des Spiegels sicherlich mehr Verdopplungen/Punktezahlen finden als andere Kinder. Als zusätzliche Differenzierungsmöglichkeit liegen weitere Punktmuster aus, die die Kinder nach Bedarf selbst wahrnehmen können. Alle Arbeitsblätter sind so konzipiert, dass durch die Verdopplung eine Zehnerüberschreitung möglich ist.

Das erste, verbindliche Punktmuster dient als Gesprächsgrundlage in der Reflexionsphase. Anhand des bekannten Musters, an dem die Kinder bereits individuell unterschiedliche Verdopplungen vorgenommen haben, möchte ich die Verdopplung von Anzahlen allein in der Vorstellung forcieren, worauf die Übung letztlich abzielt. Dazu wird mit einem Blatt ein Teil der Punktmenge verdeckt. Die Kinder sollen sich vorstellen, dass der Rand des Blattes der Spiegel ist und die sichtbaren Punkte vor dem Spiegel liegen. Erneut sollen die Kinder überlegen, wie viele Punkte vor dem imaginären Spiegel, im Spiegel und zusammen „zu sehen" sind. So wird der Vorgang des Verdoppelns von Anzahlen in der Vorstellung trainiert. Als Stütze bleibt jedoch die Menge der Punkte „vor dem Spiegel" sichtbar. Die Vermutungen der Kinder können ggf. mit dem Spiegel überprüft werden.

Dokumentation des geplanten Stundenverlaufs

Begrüßung

Erarbeitung

Den Kindern wird auf einem DIN-A4-Blatt ein größeres Punktmuster gezeigt. Sie bestimmen die Anzahl der Punkte. Anschließend äußern sie Vermutungen darüber, was geschehen wird, wenn ein Spiegel an das Punktmuster gehalten wird. Die Vermutungen werden überprüft. Die Kinder beschreiben, wie viele Punkte vor dem Spiegel, im Spiegel und zusammen zu sehen sind. Der Spiegel wird noch an weitere Stellen innerhalb des Musters gesetzt. Die Kinder verbalisieren erneut ihre Beobachtungen. Anschließend werden die Schüler mit konkreten Fragestellungen konfrontiert: Kann ich vier Punkte sehen? Kann ich auch nur einen Punkt sehen?

Sozialform:	Sitzkino, Unterrichtsgespräch
Medien:	Punktmuster, Demonstrationsspiegel

Arbeitsphase

Die Kinder sollen ausgehend von einem Punktmuster möglichst viele Punktanzahlen mithilfe des Spiegels entdecken. Dafür erhalten sie ein Arbeitsblatt und einen eigenen Taschenspiegel.
Zwei weitere Arbeitsblätter liegen aus.

Sozialform:	normale Sitzordnung, Einzelarbeit (evtl. Partnerarbeit)
Medien:	Arbeitsblätter mit Punktmustern, Taschenspiegel

Reflexion

Auf dem Tageslichtprojektor wird das Punktmuster des ersten, verbindlichen Arbeitsblattes gezeigt. Die LAA deckt mit einem Blatt Teile des Musters ab. Der Rand des Blattes symbolisiert den Spiegel. Die Kinder beschreiben, was vor dem imaginären Spiegel zu sehen ist, und vermuten, welche Punktanzahlen „im Spiegel" und zusammen zu sehen sein müssten.

Sozialform:	normale Sitzordnung, Unterrichtsgespräch
Medien:	Folie mit Punktmuster des ersten Arbeitsblattes, Tageslichtprojektor, Blatt zum Abdecken

Literatur

Krauthausen Günter & Scherer Petra, *Einführung in die Mathematikdidaktik*, 3. Auflage, Elsevier/Spektrum Akademischer Verlag, München, 2007

Ministerium für Schule, Jugend und Kinder des Landes NRW (Hrsg.), *Grundschule. Richtlinien und Lehrpläne zur Erprobung. Mathematik*, Ritterbach, Frechen, 2003

Padberg Friedhelm, *Didaktik der Arithmetik für Lehrerausbildung und Lehrerfortbildung*, 3. Auflage, Elsevier/Spektrum Akademischer Verlag, München, 2005

Wittmann Erich Ch. & Müller Gerhard N., *Handbuch produktiver Rechenübungen. Band 1: Vom Einspluseins zum Einmaleins*, 2. Auflage, Klett, Stuttgart u. a., 2006

Wittmann Erich Ch. & Müller Gerhard N., *Das Zahlenbuch. Mathematik im 1. Schuljahr. Lehrerband*, Klett, Leipzig u. a., 2005a

Anhang

Punktmuster 1:

Punktmuster 2:

Punktmuster 3:

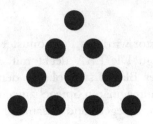

4.4 Graf Tüpo/geometrische Grundformen (Klasse 1)

Thema der Stunde

Graf Tüpo – Einführung geometrischer Grundformen im Anfangsunterricht.

Bedingungsanalyse

1. Informationen zur Klasse

Die Klasse 1a besteht aus 24 Schülern. Das Geschlechterverhältnis ist ausgewogen. Das Leistungsniveau der Schüler unterscheidet sich stark. Da geometrische Themen bislang jedoch nicht behandelt wurden, lässt sich noch nichts darüber aussagen, wie stark dies auch über den arithmetischen Bereich hinaus zu beobachten ist.

2. Informationen über Arbeitsformen und Methoden

Die im Unterricht auftretenden Arbeitsformen sind den Schülern bereits bekannt. Auch das Präsentieren war bereits Teil des Unterrichts. Dies bereitet jedoch manchen Schülern noch Probleme.

3. Verwendete Medien

Im Mittelpunkt der Unterrichtseinheit steht das Buch „Graf Tüpo, Lina Tschornaja und die anderen". Anhand dieser Geschichte wird die gesamte Einheit erarbeitet.
Das Buch „Graf Tüpo, Lina Tschornaja und die anderen" ist eine Hommage an den russischen Künstler El Lissitzky. Es wurde anlässlich dessen

100. Geburtstags am 10.11.1990 vom Ostberliner Autor Manfred Bofinger veröffentlicht. Das Buch handelt von zehn geometrischen Figuren (ein Quadrat, drei Rechtecke, zwei Halbkreise, zwei Kreise, zwei Dreiecke), die zunächst einzeln auftreten, später aber in Kontakt zueinander treten und sich zu den seltsamsten Gebilden zusammenfügen. Durch die Verwendung weniger geometrischer Formen schöpft Bofinger, ähnlich wie auch Kandinsky und Lissitzky, ausschließlich aus den unbegrenzten Möglichkeiten geometrischer Abstraktion. Nicht die geometrischen Figuren, sondern ihre Funktionen innerhalb der Gebilde stehen im Vordergrund. Die Grundformen sollen die Phantasie anregen und zeigen, dass man mit wenigen klaren Formen schnell eine Vielzahl von komplexen Figuren schaffen kann.

Inhaltsanalyse

Das Stundenthema

Das Thema der Stunde „Einführung geometrischer Grundformen" ist Teil einer Unterrichtseinheit zum Thema „erste Erfahrungen mit geometrischen Grundformen" und bildet die erste Unterrichtsstunde dieser Einheit.

In dieser Unterrichtsstunde geht es um den handelnden Umgang mit geometrischen Grundformen. Die Begriffe dieser Grundformen werden dabei jedoch erst in einer der weiteren Stunden eingeführt. Am Beginn der Unterrichtseinheit stehen der handelnde Umgang und die Funktion der Grundformen im Mittelpunkt.

Bei den zu behandelnden Grundformen handelt es sich um das Viereck mit seinen Spezialfällen Rechteck und Quadrat, das Dreieck und den Kreis.

Vierecke und Dreiecke zählen dabei zur Gruppe der Polygone (ebene Vielecke). Ein allgemeines Viereck ist ein Polygon mit vier Ecken und vier Kanten. Das Rechteck als Spezialfall ist ein Viereck mit paarweise gleich langen Seiten (gegenüberliegend) und einem rechten Winkel. Das Quadrat (eine Sonderform des Rechtecks) als weiterer Spezialfall ist ein Viereck mit vier gleich langen Seiten und einem rechten Winkel. Weitere spezielle Vierecke (Trapez, Raute, Parallelogramm, Drachen) werden im Geometrieunterricht der ersten Klasse nicht unterschieden. Beim Dreieck handelt es sich um ein Polygon mit drei Ecken und drei Kanten. Spezialfälle (spitzwinklig, rechtwinklig, stumpfwinklig, gleichseitig, gleichschenklig) werden hier nicht berücksichtigt. Der Kreis ist der geometrische Ort aller Punkte, die vom Mittelpunkt M die gleiche Entfernung haben.

Bezug zum Bildungsplan

Die Unterrichtseinheit ist der Leitidee 3: *Raum und Ebene* des Bildungsplans von Baden-Württemberg (2004) zuzuordnen. Die Schüler sollen dabei u. a. „Formen erkennen, sie benennen, beschreiben, zueinander in Beziehung setzen und mit ihnen kreativ gestalten" (ebd., S.58). Als konkrete Inhalte schreibt der Bildungsplan dabei Viereck, Rechteck, Quadrat, Dreieck und Kreis vor.

Didaktisch-methodische Überlegungen

„[...] da wurde mir klar, dass wir etwas versäumen, unwiderruflich verpassen, wenn wir Kinder im Grundschulalter nicht der Geometrie zuführen." (Freudenthal, zitiert nach Radatz & Rickmeyer 1991, S.7)

Vorüberlegungen

Bei der Erarbeitung des Themas sind zwei völlig unterschiedliche Vorgehensweisen denkbar:

a) Dominanz der Form: Die Schüler lernen zunächst die geometrischen Grundformen separat kennen, die Funktion steht im Hintergrund. Die verschiedenen Grundformen werden aufgrund ihrer Form zusammengefasst oder getrennt.

b) Dominanz der Funktion: Die Grundformen werden nicht separat sondern im Zusammenspiel behandelt. Die Form steht zunächst im Hintergrund, verschiedene Grundformen werden aufgrund ihrer Funktion zusammengefasst oder getrennt.

Die erste Vorgehensweise hat den Nachteil, dass der Unterricht leicht zu einer systematischen, rein formalen Übung wird. Wer würde schon auf die Idee kommen einen Autoreifen und einen Teller zusammenzufassen? Der praktische Bezug rückt bei derartigen Übungen automatisch in den Hintergrund, das formale Sortieren ist oft einziger Bestandteil solcher Übungen. Die zweite Vorgehensweise bietet im Gegensatz zur ersten rein formalen Methode einige Vorteile. Wenn man Figuren aus geometrischen Grundformen mit Alltagsgegenständen nachbauen will, macht es plötzlich Sinn, einen Reifen und einen Teller als etwas Zusammengehörendes aufzufassen, denn wenn man daraus einen Traktor o. Ä. bauen will, sieht man sofort, dass beide über die Funktion „kann rollen" verfügen und somit als Rad verwendet werden können. Die Gefahr, dass man rein nach systematischen Gesichtspunkten sortiert, wird weitgehend vermieden. Ein weiterer Vorteil ist sicherlich, dass das Handeln der Schüler mehr im Vordergrund steht und sich nicht auf das Zusammenlegen oder Trennen von Figuren beschränkt. Durch das (Nach-)Bauen von Figuren und die intensive Betrachtung der Funktion müssen sich die Schüler ständig mit dieser auseinander setzen. Dadurch sind sie permanent gefordert, was sich positiv auf die Motivation auswirkt. Deshalb stehen in dieser Unterrichtsstunde und der darauf folgenden Einheit die Funktion und der handelnde Umgang mit den Formen im Vordergrund.

Überlegungen zu dieser Unterrichtsstunde

Einführung

Zu Beginn der Stunde sitzen die Schüler im Stuhlkreis. Das Buch wird bis Seite 19 vorgelesen. Auf diesen Seiten werden die Figuren des Buches (die geometrischen Grundformen) nacheinander eingeführt. Die Figuren werden dabei nicht mit ihren mathematischen Bezeichnungen eingeführt. Sie haben Namen, die sich an Form und Farbe orientieren. Das schwarze Quadrat heißt dabei z. B. Ecki Bläcki. Jede Figur, die auftaucht, wird dabei in den Kreis gelegt, so sind alle bisher beteiligten Figuren stets für alle Schüler sichtbar. Indem die Figuren im Buch (und auch im Kreis) miteinander in Beziehung treten, wird die Funktion deutlich. Diese soll auch im Mittelpunkt des Unterrichts stehen. Nachdem alle Figuren im Buch vorgestellt wurden und im Kreis liegen, wird das Buch zur Seite gelegt. Die Schüler sollen nun gemeinsam überlegen, welche komplexen Figuren sich aus den einzelnen geometrischen Formen legen lassen. Nach einigen Beispielen gehen die Schüler zurück an ihre Plätze. Alternativ wäre hier auch möglich, die Schüler an ihren Plätzen zu lassen, und die auftretenden Figuren an die Tafel zu hängen. Meiner Ansicht nach ist dies jedoch nicht so geeignet, da die Schüler im Kreis näher am Geschehen sind. Dies ist vor allem dann von Vorteil, wenn sie aus den einzelnen Figuren komplexe Figuren bilden sollen.

Arbeitsphase

Jeder Schüler bekommt die Figuren des Buches auf dickes Papier kopiert und schneidet sie aus. Aus den einzelnen Figuren wird eine komplexe Figur gebildet und aufgeklebt. Diese Herangehensweise hat den Vorteil, dass eine natürliche Form der Differenzierung bereits vorliegt, da jeder Schüler eine beliebige Figur bilden kann. Diese Aufgabe ist für alle Schüler leistbar und hat zudem den weiteren Vorteil, dass es hierbei sehr viele verschiedene Möglichkeiten gibt, die alle richtig sind. Eine falsche Lösung, die bei vielen anderen Aufgabentypen unvermeidlich erscheint, wird durch die Wahl der Aufgabe somit ausgeschlossen. Diese natürliche Form der Differenzierung ist auch deshalb von Bedeutung, da dies die erste unterrichtliche Begegnung mit Geometrie darstellt. Etwaige Leistungsunterschiede sind deshalb noch nicht bekannt, weshalb einige Formen äußerer Differenzierung Probleme bereiten könnten. Als äußere Differenzierung bietet sich jedoch darüber hinaus die Möglichkeit, die Schüler je nach Zeit und Können Texte zu ihren Bildern schreiben zu lassen.

Präsentation der Ergebnisse

Alle Schüler treffen sich mit ihren selbst entworfenen Figuren im Stuhlkreis. Nacheinander stellt jeder seine Figur vor, die Mitschüler stellen eventuell Vermutungen auf, worum es sich handeln könnte. Diese Form der Präsentation aller Ergebnisse ist möglich, da es nicht das einzige richtige Ergebnis gibt. Alle Schülerlösungen sind als gleichwertig anzusehen. Außerdem unterscheiden sich die Schülerlösungen höchstwahrscheinlich deutlich voneinander, sodass auch die Präsentation so vieler Ergebnisse interessant und abwechslungsreich bleibt.

Ausblick auf die nächsten Unterrichtsstunden

In den weiteren Unterrichtsstunden geht es zunächst darum, konkrete Gegenstände und Bilder von Alltagsgegenständen zu finden, die dieselbe Funktion wie die Figuren im Buch erfüllen. Hierbei werden verschiedene Gegenstände nach ihrer Funktion (und letztlich auch nach der Form) zusammengefasst. Im Anschluss daran werden die Figuren des Buches auf Gemeinsamkeiten untersucht, um so schließlich zu den geometrischen Begriffen Viereck, Dreieck und Kreis zu kommen. Anschließend werden die verschiedenen Viereckstypen noch nach allgemeinem Viereck, Rechteck und Quadrat unterschieden.

Fachliche Ziele

Die Schüler sollen

- über den handelnden Umgang mit Grundformen der Ebene ein erstes Gespür dafür erhalten.

■ die Funktionen der geometrischen Grundformen nutzen können.

Unterrichtsskizze

geplanter Verlauf	Bemerkungen	Sozialformen, Medien, Material
Das Buch Graf Tüpo wird vorgelesen, die entsprechenden Figuren werden in doppelter Größe in den Kreis gelegt. Das Buch wird bis S. 19 vorgelesen. Anschließend überlegen wir uns gemeinsam, was man mit den Figuren noch legen könnte. Die Figuren werden im Kreis gelegt, die SuS sagen, was sie darstellen sollen.	Kennen lernen der Figuren noch ganz ohne geometrischen Hintergrund. An dieser Stelle sind alle Figuren im Spiel, die SuS bekommen einen Eindruck, was man mit ihnen machen könnte. Sie gewinnen erste Erfahrung mit den geometrischen Grundformen, dabei wird nicht nur auf die Form, sondern vor allem auf die Funktion geachtet.	Stuhlkreis, Buch
Schüler gehen zurück an ihre Plätze; jeder erhält die Formen und legt damit eine Figur. Diese wird anschließend aufgeklebt.	Handelnder Umgang mit den Grundformen. Funktion der einzelnen Grundformen wird nochmals deutlich.	Einzelarbeit, Geometrische Grundformen als Kopiervorlage
Schüler stellen ihre Figuren vor, Gespräch darüber, was sie darstellen sollen.	Vielfältigkeit der Lösungen wird sichtbar.	Stuhlkreis, Figuren der Schüler

Literatur

Bofinger Manfred, *Graf Tüpo, Lina Tschornaja und die anderen*, 2. Auflage, Faber & Faber, Leipzig, 1998

Ministerium für Kultus, Jugend und Sport Baden-Württemberg (Hrsg.), *Bildungsplan für die Grundschule*, Philipp Reclam Jun., Ditzingen, 2004

Radatz Hendrik & Rickmeyer Knut, *Handbuch für den Geometrieunterricht an Grundschulen*, Schroedel, Hannover, 1991

Schütte Sybille, *Graf Tüpo und die Kunst, mit Geometrie Sinn zu machen*, In: Die Grundschulzeitschrift, 62/1993, S. 36-37

Anhang

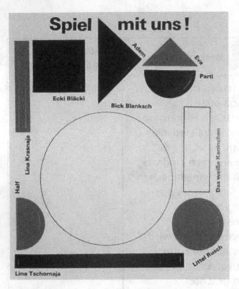

Abbildung 4.1 Die Figuren des Buches (aus Bofinger 1998)

4.5 Münzen im Sparbeutel (Klasse 1/2, jahrgangsübergreifend)

Thema der Unterrichtseinheit

Umgang mit Geld – handelnde und entdeckende (erste) Heranführung an den Größenbereich Geld.

Intention der Unterrichtseinheit

Die Schüler sollen durch den handelnden Umgang mit Geld eine (erste) Vorstellung von diesem Größenbereich bekommen. Darüber hinaus sollen sie Sicherheit erlangen beim (ersten) Rechnen mit Geld. Durch die offenen und entdeckenden Aufgabenstellungen sollen die Schüler lernen, ihre Vorgehensweisen zu verbalisieren und zu begründen.

Aufbau der Unterrichtseinheit

1. Sequenz: „Wie viel Geld ist das?" – gegenseitiges Legen von Geldbeträgen und Ermittlung der Gesamtsumme.

2. Sequenz: „Wie viel Geld ist im Sparschwein?" – handelnde Ermittlung von Geldwerten auf der Grundlage einer grafischen Darstellung der Geldwerte.

3. Sequenz: „Lege Geld in das Sparschwein" – grafische Darstellung vorgegebener Geldwerte ohne Angabe der zu benutzenden Münzen.

4. Sequenz: „50 Cent, aber wie?" – Finden von möglichst vielen verschiedenen Varianten, einen Betrag von 50 Cent mit Münzen zu legen.

5. Sequenz: „Welche Münzen sind im Sparbeutel? I" – handelnde Ermittlung eines Geldwertes, wobei die Anzahl der Münzen und die Münzwerte vorgegeben sind.

6. Sequenz: „Welche Münzen sind im Sparbeutel? II" – Finden von möglichst vielen verschiedenen Möglichkeiten, wobei der Geldwert festgelegt ist.

7. Sequenz: „Unser eigener Kaufladen" – selbstständiges Bestimmen von Kaufpreisen für Alltagsgegenstände.

8. Sequenz: „Wir gehen einkaufen" – Rollenspiele, bei denen die Schüler als Käufer und Verkäufer agieren und handelnd mit Geld umgehen können.

Thema der Stunde

„Welche Münzen sind im Sparbeutel? II" – Finden von möglichst vielen verschiedenen Möglichkeiten, wobei der Geldwert festgelegt ist.

Ziele der Stunde

Die Schüler sollen sich selbstständig, jeder auf seinem Niveau, der Aufgabenstellung nähern und versuchen, einen Betrag von 12 Cent auf möglichst viele verschiedene Weisen darzustellen. Darüber hinaus sollen die Schüler erste Verbalisierungsversuche ihrer Lösungswege wagen bzw. versuchen, dem Reflexionsgespräch zu folgen.

Aspekte der Unterrichtsplanung und didaktischer Schwerpunkt

Der Größenbereich Geld ist durch die vier Grundschuljahre und darüber hinaus fester Bestandteil des Lehrplans. Die Schüler sollen „Größenvorstellungen zu Geldwerten [...] entwickeln und ausbauen", darüber hinaus sollen sie lernen „mit Münzen und Banknoten umzugehen" und die „Grundeinheiten dieser Größenbereiche kennen lernen" (Lehrplan NRW 2003, S. 83).

Vom ersten Schuljahr an wird Geld schon in den Mathematikunterricht einbezogen. Nach Franke (2003, S. 240ff.) erfüllt es dabei drei Funktionen:

> „ - Geld ist Bestandteil beim Sachrechnen, da bereits Schulanfänger über Erfahrungen zu Geld verfügen.
>
> - Geld wird zum Verdeutlichen des Bündelns, und damit als Unterstützung für Zahldarstellungen, verwendet.
>
> - Geld dient der Darstellung von Rechenwegen und ist damit ein strukturiertes didaktisches Anschauungsmittel."

Von diesen drei Funktionen des Geldes kommen in dieser Unterrichtsreihe hauptsächlich die erste und dritte Funktion zum Tragen, aber es werden auch schon erste Vorarbeiten zur mittleren Funktion geleistet.

Die Hauptfunktion der Arbeit mit Geld im Mathematikunterricht der Grundschule sieht Franke (ebd., S. 241) im Bearbeiten von Sachaufgaben und damit in der Befähigung zur Alltagsbewältigung. Bei der Arbeit mit Geld in dieser Unterrichtsreihe ist allerdings zu beachten, dass vermutlich „nur wenige Kinder bereits eigene Erfahrungen zum Bezahlen mit Geld haben" (ebd.), u. a. wegen des häufigen bargeldlosen Bezahlens in den Geschäften.

Ziel der vorliegenden Einheit ist es daher, die Schüler an die Größe Geld heranzuführen und ihnen einen (ersten) handelnden Umgang mit diesem zu ermöglichen. Auf diese Weise lernen sie Geldwerte kennen und damit zu rechnen. Da in dieser Einheit viele offene und entdeckende Aufgabenstellungen zum Tragen kommen, ist es zudem ein Ziel, die Schüler zur Verbalisierung und Begründung ihrer Lösungswege zu führen. Der Größenbereich Geld zeichnet sich dadurch aus, dass er vielen Schülern durch den täglichen Umgang geläufiger ist als beispielsweise der Bereich Längen. An dieses meist noch rudimentäre und bruchstückhafte Vorwissen knüpft die vorliegende Einheit an.

Die Klasse E wird jahrgangsübergreifend unterrichtet, d. h. dass in dieser Lerngruppe Kinder der ersten (7 Schüler), zweiten (9 Schüler) und dritten (7 Schüler) Jahrgangsstufe vertreten sind. Darüber hinaus handelt es sich bei der Klasse E um eine sogenannte „integrative" Klasse, was bedeutet, dass hier Kinder mit und ohne Behinderung integriert und gemeinsam unterrichtet werden. So haben drei der Kinder des Klassenverbandes eine Lernbehinderung, ein Kind ist körperbehindert und ein Schüler hat Förderbedarf im emotional-sozialen Bereich. Bei einem weiteren Mädchen wurde im letzten Schuljahr ein AO-SF[9] eingeleitet, ebenfalls den emotional-sozialen Bereich betreffend. In diesem Fall steht eine endgültige Entscheidung noch aus.

Eine Besonderheit im integrativen Unterricht ist, dass in vielen Stunden zwei Lehrer im Unterricht anwesend sind. Meist sind dies ein Grundschullehrer und ein Förderschullehrer. Aus diesem Grund sind auch während der heutigen Stunde zwei Lehrkräfte – der LAA und die Klassenlehrerin – anwesend und können in das Unterrichtsgeschehen eingreifen.

Beim Unterrichten in einer Klasse mit mehreren Jahrgängen ergeben sich vielfältige Besonderheiten. Auf diese Besonderheiten soll hier nicht im Einzelnen eingegangen werden, sondern es werden nur die erwähnt, die direkten Einfluss auf die vorliegende Stunde haben. So wird die Lerngruppe in bestimmten Stunden in Jahrgänge aufgeteilt, wenn dies dem Lernprozess der einzelnen Kinder angemessen erscheint. Heute unterrichtet der LAA in der Lerngruppe bestehend aus Erst- und Zweit- und einem Drittklässler. Die übrigen Schüler befinden sich während dieser Zeit mit einer Kollegin im Nebenraum und beschäftigen sich mit einem anderen Thema. Durch die Jahrgangsmischung kann sich die Lehrkraft stärker auf Schüler konzentrieren, die besonderer Hilfe bedürfen, als dies in einer jahrgangshomogenen Klasse (mit 24 Erstklässlern) der Fall wäre. Zudem wird eine differenzierte Zielsetzung für die einzelnen Schüler dadurch begünstigt, dass dem Lehrer die Lernprozesse der Schüler, die bereits länger in der Klasse sind, bekannt sind und er sich deshalb verstärkt auf die Beobachtung der Lernprozesse der jüngeren Schüler (7 Erstklässler) konzentrieren kann.

In der Lerngruppe, die am heutigen Unterricht teilnimmt (16 Kinder) befinden sich drei Jungen mit Lernbehinderungen, bei denen zu beobachten sein wird, inwieweit sie in der heutigen dritten Stunde dem Unterrichtsin-

---

[9] Verfahren zur Ermittlung des sonderpädagogischen Förderbedarfs

halt angemessen folgen können, und die ggf. individueller Zuwendung bedürfen. Ein weiterer Junge hat noch große Schwierigkeiten beim Verstehen und Sprechen der deutschen Sprache. Bei diesem muss sich der LAA gezielt vergewissern, ob er die Aufgabenstellung verstanden hat.

Alle Erstklässler sind in der Lage, einfachste Rechnungen handelnd zu lösen, und können bis (mindestens) 20 zählen. Sie können die Ziffern von 0 bis 9 lesen und ihnen eine Menge zuordnen. Bei den Zahlen über 10 sind einige der Erstklässler noch unsicher beim Lesen und Schreiben der symbolischen Darstellung. In der heutigen Stunde haben sie die Gelegenheit, frei mit Geldwerten zu rechnen und erste Bündelungen der Geldwerte vorzunehmen.

Die Zweitklässler und der anwesende Drittklässler müssen noch mehr Sicherheit beim Rechnen im Zahlenraum bis 20 gewinnen. In der heutigen Stunde, die sich auf den Zahlenraum bis 20 konzentriert, können diese Schüler ihre Kenntnisse des kleinen Einspluseins festigen, um es für angemessene Kopfrechenstrategien im größeren Zahlenraum nutzen zu können. Darüber hinaus sollen alle Schüler versuchen, ihre Vorgehensweise und ihre Gedankengänge beim Rechnen zu verbalisieren und zu begründen.

Durch die große Heterogenität der Schüler ist *ein* einheitliches Lernziel, das alle in dieser Stunde erreichen sollen, sicherlich unrealistisch. Ziel der heutigen Stunde ist es, dass jeder Schüler sich auf seinem Niveau der gestellten Aufgabe nähert, d. h. einen festgelegten Geldwert (12 Cent) mit Ein-, Zwei-, Fünf- und Zehn-Cent-Stücken legt. Bei dieser Aufgabenstellung gibt es 15 Möglichkeiten, die 12 Cent mit den gegebenen Münzen darzustellen. Bei einigen Schülern reicht es daher aus, wenn sie Geldbeträge legen, deren Wert bestimmen und feststellen, ob dies der gewünschte Betrag ist. Hierbei können sie das geschickte Zählen von Münzen üben und vertiefen, indem sie z. B. erst Münzen gleicher Sorte zählen, die einzelnen Elemente ordnen, in Schritten zählen, die Gesamtmenge in überschaubare Teilmengen zerlegen usw. (vgl. Radatz et al. 1996, S. 162). Andere Schüler werden zielgerichteter vorgehen und sich auf das Erreichen des Endbetrags konzentrieren. Dabei können sie ausprobierend vorgehen oder auch Münzbeträge gezielt umbündeln. Sie können auch systematisch nach der Anzahl der verschiedenen verwendeten Münzen vorgehen (nur eine Münze, zwei verschiedene Münzen, drei verschiedene Münzen) und so überprüfen, ob sie alle Möglichkeiten gefunden haben, oder ob welche doppelt sind. Die vorliegende Aufgabenstellung gewährleistet offensichtlich ein großes Differenzierungspotenzial. Zudem können die Schüler die Aufgaben sowohl enaktiv als auch ikonisch und symbolisch lösen.

Die einzelnen Lösungswege sollen im abschließenden Kreis vorgestellt werden. Auch diese Vorstellung im Kreis kann nicht von allen Schülern im gleichen Maße geleistet werden, da sich die Schulanfänger in diese reflektierenden Abschlussgespräche noch einfinden müssen. Ziel des Abschlussgesprächs ist also einerseits die Verbalisierung des Lösungswegs und das Sortieren der gefundenen Lösungen, andererseits das Integrieren der Schulanfänger in diese Phase des Lernprozesses.

Geplanter Stundenverlauf

Unterrichtsphase	geplantes Unterrichtsgeschehen	Medien
Begrüßung/ Einstieg	• LAA begrüßt die Schüler und stellt den Gast vor.	
Problemstellung	• Die Aufgabe wird vorgestellt. • Gemeinsam werden Beispiele zur Verdeutlichung gefunden. • Offener, differenzierter Kreisabschluss	Sparsack, Münzen, Vorlage des Aufgabenzettels
Arbeitsphase	• Die Schüler beginnen mit der Arbeit. Der LAA steht beratend zur Verfügung und gibt differenzierende Hinweise. • (Sortieren der Ergebnisse mit Spielgeld im Kreis) • Die Arbeitsphase wird beendet.	Arbeitsblätter für die Schüler, Spielgeld
Präsentation und Reflexion der Lösungswege	• Die Schüler stellen ihre Ergebnisse vor und sortieren diese ggf. • Die Schüler benennen und begründen ihre Vorgehensweise.	

Literatur

Franke Marianne, *Didaktik des Sachrechnens in der Grundschule*, Spektrum Akademischer Verlag, Heidelberg, 2003

Ministerium für Schule, Jugend und Kinder des Landes NRW (Hrsg.), *Richtlinien und Lehrpläne zur Erprobung für die Grundschule in NRW*, Ritterbach, Frechen, 2003

Radatz Hendrik et al., *Handbuch für den Mathematikunterricht. 1. Schuljahr*, Schroedel, Hannover, 1996

4.6 Helft Schwarte! – ein kombinatorisches Problem (Klasse 1)

Thema der Unterrichtseinheit

Handlungs- und problemorientierte Auseinandersetzung mit kombinatorischen Fragestellungen zum Entwickeln einer systematischen Denk- und Arbeitsweise und zum Kennenlernen möglicher Notationsformen.

Intentionen der Unterrichtseinheit

Durch die handelnde und problemorientierte Auseinandersetzung mit kombinatorischen Fragestellungen sollen die Schüler in ihrem Problemlöseverhalten gefördert werden und kreative und systematische Denk- und Vorgehensweisen entwickeln. Dabei lernen die Schüler mögliche Notationsformen als Lösungshilfe zum systematischen Zusammenstellen, Ordnen und Sortieren aller Lösungsmöglichkeiten kennen.
Gleichzeitig wird die Argumentationsfähigkeit der Schüler gefördert, indem sie dazu herausgefordert werden, ihre Lösungswege zu beschreiben, zu begründen und darzustellen.
Über die kognitiven Fähigkeiten hinaus werden die Schüler durch das gemeinsame Lösen von Problemen in ihrem sozialen Verhalten gefördert.
Des Weiteren können die Schüler durch den handlungsbetonten und problemlösenden Umgang Spaß am Kombinieren erfahren und somit eine positive Einstellung zum Mathematikunterricht aufbauen.

Überblick über die Unterrichtseinheit

1. Sequenz: „Eckenhausen" – Kennenlernen von Wegenetzen (Gitternetzen) und Ermitteln von möglichen Wegen mit einer bestimmten Weglänge.
Die systematischen Möglichkeiten werden farblich gekennzeichnet und eine systematische Vorgehensweise herausgearbeitet.

2. Sequenz: „Minden" – von der Schule über die Eisdiele ins Sommerbad – Zusammenstellen möglicher Wege vom Ausgangspunkt zum gleichen Ziel.

> Eine systematische Vorgehensweise wird erarbeitet und die Schüler lernen ein einfaches Baumdiagramm („Entscheidungsbaum") als mögliche Notationsform zum systematischen Zusammenstellen und Ordnen aller möglichen Wege kennen.

3. Sequenz: **Schwarte hat ein Problem: Wie kann die Hochzeitsgesellschaft mit Hosen und T-Shirts in jeweils drei verschiedenen Farben eingekleidet werden, sodass alle verschieden aussehen?**
Eine handelnde und problemorientierte Auseinandersetzung mit einer kombinatorischen Fragestellung und Kennenlernen der „Zuordnungstabelle" als mögliche Notationsform.

> (Das Bilderbuch „Na warte, sagte Schwarte" von Helme Heine wird gleichzeitig fächerverbindend im sprachlichen und gestalterischen Bereich erarbeitet.)

4. Sequenz: Jeder gegen jeden! – Die Hochzeitsgesellschaft spielt Tischtennis.
Vertiefende und erweiternde Anwendung der kennengelernten Notationsform.

Thema der Unterrichtsstunde

Schwarte hat ein Problem: Wie kann die Hochzeitsgesellschaft mit Hosen und T-Shirts in jeweils drei verschiedenen Farben eingekleidet werden, sodass alle verschieden aussehen?
Eine handelnde und problemorientierte Auseinandersetzung mit einer kombinatorischen Fragestellung und Kennenlernen der „Zuordnungstabelle" als mögliche Notationsform.

Intentionen der Unterrichtsstunde

Durch die handelnde und problemorientierte Auseinandersetzung mit der kombinatorischen Fragestellung sollen die Schüler in ihrem Problemlöseverhalten gefördert und dazu herausgefordert werden, kreativ zu sein und eine systematische Vorgehensweise zu entwickeln.
Dabei lernen sie die Zuordnungstabelle als mögliche Notationsform bzw. als Hilfsmittel zum übersichtlichen und systematischen Erfassen aller Lösungsmöglichkeiten kennen.

Gleichzeitig soll die Verbalisierungs- und Argumentationsfähigkeit der Schüler gefördert werden, indem sie sich mit ihrem Partner über mögliche Lösungswege verständigen und eigene Lösungen begründen und darstellen.

Zur Darstellung des didaktischen Schwerpunktes

Im Mittelpunkt der heutigen Stunde steht das Problemlöseverhalten der Schüler beim Auffinden aller möglichen Kombinationen von Hosen und T-Shirts in jeweils drei verschiedenen Farben (rot, gelb und blau).

Die kindgemäße kombinatorische Problemstellung bietet einen Anlass zum aktiven Entdecken von Strukturen und Gesetzmäßigkeiten und fordert die Schüler dazu heraus, kreative Denk- und systematische Vorgehensweisen beim Auffinden aller möglichen Kombinationen zu entwickeln.

Dabei lernen sie die Zuordnungstabelle als mögliche Notationsform bzw. als Hilfsmittel zum Erfassen aller Lösungsmöglichkeiten kennen. Mit der Form dieser Tabellen sind die Schüler bereits im Zusammenhang mit den Additionstabellen aus dem Arithmetikunterricht vertraut, welche in der vorangegangenen Einheit eingeführt wurden.

Das Thema der Stunde wird den Forderungen des Lehrplans (NRW 2003, S. 85) gerecht, nach dem Kinder „Mengen von Dingen aus der Lebenswirklichkeit [...] ordnen und sortieren, einfache Tabellen bzw. Diagramme lesen und erstellen" können sollen. Gleichzeitig soll die Argumentationsfähigkeit gefördert werden, indem sie in der Auseinandersetzung mit anderen lernen „die eigene Sichtweise zu artikulieren, sich über andere Lösungswege auszutauschen, sachbezogene Rückmeldungen zu geben und zu nutzen und über verschiedene Herangehensweisen nachzudenken und sie zu bewerten" (ebd., S. 73). Dies wird durch die gewählte Sozialform der Partnerarbeit, bei der Schüler etwa gleicher Leistungsstärke zusammengestellt werden, begünstigt.

Das Aufdecken und Erfahren von Strukturen und Gesetzmäßigkeiten innerhalb dieser Stunde entspricht der Forderung des Lehrplans nach *Strukturorientierung*. Durch das Anknüpfen an die Erfahrungswelt der Kinder wird der Forderung nach *Anwendungsorientierung* nachgekommen (ebd., S. 74f.).

Die Schüler dieser Klasse sind bereits im ersten Halbjahr mit einer kombinatorischen Problemstellung im Rahmen von Zahlzerlegungen konfrontiert worden. Zu Beginn dieser Einheit wurde in Anlehnung an das Thema

„Eckenhausen" (Müller & Wittmann 1977, S. 85ff.; Müller et al. 1996, S. 90f.) durch das Ermitteln von möglichen Wegen in Wegenetzen eine Denk- und Arbeitsweise des systematischen Probierens weiter angeregt. Gleichzeitig haben die Schüler einfache Baumdiagramme (Entscheidungs-baum) als Hilfsmittel zum systematischen Zusammenstellen und Ordnen von Lösungsmöglichkeiten kennengelernt.

In der vorliegenden Stunde wird das Bilderbuch „Na warte, sagte Schwar-te", welches gleichzeitig fächerverbindend im sprachlichen und im gestal-terischen Bereich erarbeitet wird, aufgegriffen und als Anlass genommen, an die kombinatorischen Fähigkeiten dieser Schüler anzuknüpfen und die-se zu erweitern.

Die in dieser Stunde thematisierte Fragestellung stammt aus dem Bereich der Kombinatorik. Gefragt ist hier nach sämtlichen Kombinationen aus den Elementen einer ersten Menge (hier: 3 verschiedene Hosen) mit den Elementen einer zweiten Menge (hier: 3 verschiedene T-Shirts). Mathema-tischer Hintergrund ist hierbei das Kartesische Produkt (auch Kreuzpro-dukt genannt) A×B zweier Mengen A und B. Dies besteht aus der Menge aller geordneten Paare, deren erste Komponente aus A und deren zweite Komponente aus B stammt. Über diesen Ansatz wurde in den 1970er-Jahren gelegentlich die Multiplikation eingeführt. Diese Einführung war möglich, weil die Anzahl der Elemente des Kreuzproduktes (hier: die An-zahl aller möglichen Kombinationen von jeweils 3 verschiedenen T-Shirts und Hosen) gleich ist dem Produkt der Anzahlen der beiden Mengen A und B. Konkret beträgt daher die Anzahl der möglichen Kombinationen von Hosen und T-Shirts in 3 verschiedenen Farben $3 \cdot 3 = 9$. Über die gewählte Zuordnungstabelle („Matrix") könnte auch gleichzeitig der Zu-sammenhang dieses Ansatzes mit der Einführung der Multiplikation als wiederholter Addition gleicher Summanden gut sichtbar gemacht werden (vgl. Padberg 2005, S. 121). Obwohl dieser Ansatz aufgrund vieler Nachteile (vgl. ebd., S. 120ff.) zur *Einführung* der Multiplikation heute nicht mehr praktiziert wird, stellt er eine sinnvolle Weiterführung bzw. Vertiefung dar.

Die *Lernvoraussetzungen* der einzelnen Schüler dieser Klasse streuen, vor al-lem in Hinsicht auf das logische und strategische Denken, sehr weit. Zu-dem gibt es in dieser Klasse fünf Integrationskinder (Seda, Pascal, André, Rudi, Ines).

Um den verschiedenen Lernvoraussetzungen gerecht zu werden, können die Schüler das kombinatorische Problem ihrem individuellen Entwicklungsstand entsprechend auf verschiedenen Schwierigkeits- und Abstraktionsstufen lösen. Auf der *enaktiven Ebene* können die verschiedenen Kombinationen mit Hosen- und T-Shirt-Schablonen gelegt und auf *ikonischer Ebene* auf einem Arbeitsblatt entsprechend angemalt und gesichert werden. Gleichzeitig steht den Schülern auf einem weiteren Arbeitsblatt eine leere Zuordnungstabelle als Hilfsmittel zum systematischen Erfassen aller Lösungsmöglichkeiten zur Verfügung.

Zur weiteren *Differenzierung* befindet sich auf der Rückseite dieses Arbeitsblattes eine weitere Tabelle mit bereits eingetragenen Hilfen.
Da die Schüler bereits mit kombinatorischen Fragestellungen konfrontiert und mögliche Notationsformen erarbeitet wurden, wird den Schülern bereits zu Beginn der Arbeitsphase die Tabelle als Hilfsmittel bereitgestellt. Eine Ausnahme bilden dabei die Integrationskinder, die hiermit überfordert wären.
Für Schüler, die bereits vor Ende der Arbeitsphase das Problem gelöst haben sollten, steht ein weiteres Arbeitsblatt mit einem leeren Baumdiagramm zur Verfügung, in das entsprechende Lösungsmöglichkeiten systematisch eingetragen werden sollen.

Voraussichtlich werden die Erkenntnisse der einzelnen Schüler in dieser Stunde sehr unterschiedlich ausfallen. So kann eine systematische Vorgehensweise beim Auffinden der möglichen Kombinationen nicht von allen Schülern erwartet werden. Weiter könnten insbesondere Schüler, denen logisches Denken Probleme bereitet, Schwierigkeiten beim Erfassen der Struktur der Zuordnungstabelle haben. Diese wird dann in der nachfolgenden Stunde wieder aufgegriffen und vertieft.

Sollten während der Arbeitsphase weitere Probleme auftreten, steht den Schülern die LAA für nötige Hilfestellungen zur Verfügung. Die Integrationskinder erhalten zusätzlich die Unterstützung der Sonderpädagogin.

Kommentierter Verlauf der Unterrichtsstunde

1. Einstiegsphase

Nach der Begrüßung wird die Seite 4 des Buches „Na warte, sagte Schwarte" den Schülern vorgestellt und gemeinsam erarbeitet. Dabei wird Schwartes Problem, der seine Hochzeitsgesellschaft mit Hosen und T-

Shirts in den Farben Rot, Gelb und Blau einkleiden (bzw. anmalen) will, wobei aber alle verschieden aussehen sollen, herausgestellt.

Schwartes Problem, welches ein Kombinationsproblem aus der Erfahrungswelt der Kinder darstellt, soll bei den Schülern eine Identifikation hervorrufen.

Sozialform:	Stuhlkreis
Material Medien:	Bilderbuch „Na warte, sagte Schwarte" von Helme Heine

2. Erarbeitungsphase

In einem gemeinsamen Gespräch wird Schwartes Problem noch einmal herausgestellt. Dabei werden die Schüler durch die im Sitzkreis bereitliegenden Hosen- und T-Shirt-Schablonen in den Farben Rot, Gelb und Blau zum handelnden Probieren und ersten problemlösenden Denken angeregt. Zur Sicherung gefundener Möglichkeiten wird ihnen dann das Arbeitsblatt zum Anmalen entsprechender Kombinationen vorgestellt. Anschließend erhalten die Schüler den Arbeitsauftrag, in Partnerarbeit die möglichen Kombinationen von Hosen und T-Shirts in den Farben Blau, Gelb und Rot herauszufinden. Dabei wird ihnen die leere Zuordnungstabelle auf einem vergrößerten Arbeitsblatt als Hilfsmittel vorgestellt, das sie sicher sein lässt, *alle* Möglichkeiten gefunden zu haben.

Sozialform:	Stuhlkreis
Material/Medien:	ausgeschnittene Hosen- und T-Shirt-Formen in den Farben Rot, Gelb und Blau, Schweineschablonen, vergrößerte Arbeitsblätter

3. Arbeitsphase

Die Schüler suchen in Partnerarbeit nach möglichen Lösungen. Dabei kann das Problem auf enaktiver oder ikonischer Ebene oder auch rein abstrakt in der Vorstellung gelöst werden. Ihren Lernvoraussetzungen entsprechend können die Schüler somit ihre Abstraktionsstufe auswählen, um zu einer Problemlösung zu gelangen. Während dieser Phase wird sowohl die LAA als auch die Sonderpädagogin den Schülern beratend zur Verfügung stehen.

Sozialform: Partnerarbeit

Material/Medien: gelbe, rote und blaue T-Shirt- und Hosenschablonen, Arbeitsblatt „Schweine anmalen", Arbeitsblatt mit Tabelle und entsprechender Differenzierung

Differenzierung: - Auf der Rückseite des Arbeitsblattes mit der leeren Tabelle befindet sich eine weitere Tabelle mit bereits eingetragenen Hilfen.

         - Für schnell arbeitende Schüler liegt ein weiteres Arbeitsblatt bereit, auf dem die gefundenen Lösungen in einem Baumdiagramm („Entscheidungsbaum") systematisch eingetragen werden sollen.

4. Reflexionsphase

In dieser Phase erhalten die Schüler die Gelegenheit, ihre Lösungen und Strategien zu demonstrieren und zu verbalisieren. Dabei werden sie zur Begründung der Vollständigkeit ihrer gefundenen Kombinationsmöglichkeiten aufgefordert. Die Diskussion der Überlegungen und Lösungsstrategien der Schüler soll dabei genutzt werden, um die zunächst unvollkommenen Ansätze der Schüler weiterzuentwickeln. Da nicht davon ausgegangen werden kann, dass alle Schüler die Struktur der Zuordnungstabelle zu diesem Zeitpunkt erfasst haben, wird diese gemeinsam erarbeitet, um die Vollständigkeit der Kombinationsmöglichkeiten zu begründen. Dabei wird die folgende Mathematikstunde dazu verwendet, diese zu vertiefen.

Sozialform: Stuhlkreis

Material/Medien: Ergebnisse der Schüler, große Tabelle, rote und blaue Formenplättchen

Literatur

Heine Helme, *Na warte, sagte Schwarte*, Middelhauve, Köln und Zürich, 1992

Klotzek Benno, *Kombinieren, parkettieren, färben*, Aulis, Köln, 1985

Ministerium für Schule, Jugend und Kinder des Landes NRW (Hrsg.), *Grundschule. Richtlinien und Lehrpläne zur Erprobung. Mathematik*, Ritterbach, Frechen, 2003

Müller Gerhard N. & Wittmann Erich Ch., *Der Mathematikunterricht in der Primarstufe*, Vieweg, Braunschweig, 1977

Müller Gerhard N. et al., *Das Zahlenbuch. Mathematik im 1. Schuljahr. Lehrerband,* Klett, Leipzig u. a., 1996

Neubert Bernd, *Grundschulkinder lösen kombinatorische Aufgabenstellungen,* In: Grundschulunterricht, 9/1998, S. 17–19

Padberg Friedhelm, *Didaktik der Arithmetik für Lehrerausbildung und Lehrerfortbildung,* 3. Auflage, Elsevier/Spektrum Akademischer Verlag, München, 2005

Radatz Hendrik et al., *Handbuch für den Mathematikunterricht. 1. Schuljahr,* Schroedel, Hannover, 1996

Wittmann Erich Ch. & Müller Gerhard N., *Handbuch produktiver Rechenübungen. Band 1: Vom Einspluseins zum Einmaleins,* 2. Auflage, Klett, Stuttgart u. a., 2006

Anhang

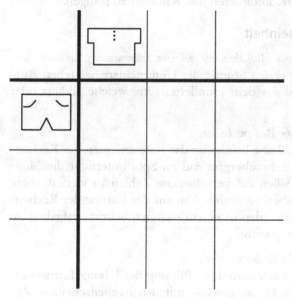

Abbildung 4.2 Zuordnungstabelle als Lösungshilfe

4.7 Rechenscheiben selbst herstellen und lösen (Klasse 2)

Thema der Unterrichtseinheit

Herausforderndes Üben mit Rechenscheiben.

Intentionen der Unterrichtseinheit

Anhand des Übungsformats der Rechenscheiben sollen die Schüler ihre Kompetenzen im Bereich der Addition und Subtraktion im Zahlenraum bis 100 festigen und erweitern. In diesem Rahmen erhalten die Kinder die Möglichkeit, das Rechnen von Aufgaben mit drei Zahlen vertieft zu üben sowie ihre Fähigkeiten im Kombinieren und Knobeln zu festigen.

Aufbau der Unterrichtseinheit

1. Sequenz: *Wiederholung von Aufgaben mit mehreren Summanden/Subtrahenden.*
   Im Mittelpunkt dieser ersten Stunde der Unterrichtsreihe stehen Aufgaben mit drei Zahlen aus dem Hunderterraum, welche addiert oder subtrahiert werden.

2. Sequenz: *Kennenlernen der Rechenscheiben.*
   Die nächste Phase der Reihe beinhaltet das Kennenlernen der Rechenscheiben. Dazu wird fächerübergreifend im Sportunterricht die Möglichkeit genutzt, mit Bällen auf verschiedene Zahlen zu werfen, diese zu notieren und Aufgaben zu finden. Um auf das Format der Rechenscheiben überzuleiten, werden in einem weiteren Schritt Aufgaben zu bestimmten Zielzahlen gesucht.

3. Sequenz: *Rechnen mit den Rechenscheiben.*
   Nach dieser handlungsorientierten Einführung des Übungsformats erproben die Schüler die Umgangsweise mit den Rechenscheiben. Zunächst erhalten sie die Gelegenheit, sich ausführlich mit verschiedenen Beispielen zu beschäftigen, bevor in den nachfolgenden Sequenzen spezielle Varianten in den Blick genommen werden.

4. Sequenz: *Rechenscheiben ohne Mitte bzw. ohne äußere Zahlen.*
   Das Rechnen mit den Scheiben, in denen eine oder mehrere Zahlen fehlen, gibt den Schülern Gelegenheit, ein vertieftes Verständnis für

das Übungsformat aufzubauen, indem sie Aufgaben mit unterschiedlichem Schwierigkeitsgrad sowie flexiblen Bildungsstrategien kennenlernen und lösen.

5. **Sequenz:** *Jetzt sind wir dran! – Wir stellen Rechenscheiben zur Addition und Subtraktion im Hunderterraum her und lösen sie.*
Nachdem sich die Schüler mit den Rechenscheiben vertraut gemacht und zahlreiche Variationen des Übungsformats bereits gelöst haben, entwickeln sie nun eigene Scheiben. Zu diesem Zweck wird gemeinsam ein mögliches Vorgehen erarbeitet und über verschiedene Schwierigkeitsgrade beraten. Anhand dieser Vorgaben fertigen die Schüler eigenständig Rechenscheiben an, ordnen sie einem Schwierigkeitsgrad zu, stellen sie anderen Schülern zur Verfügung und berechnen Aufgaben ihrer Mitschüler.

Thema der Stunde

Jetzt sind wir dran! – Wir stellen Rechenscheiben zur Addition und Subtraktion im Hunderterraum her und lösen sie.

Intention der Stunde

Die Schüler sollen durch die intensive Auseinandersetzung mit dem Übungsformat der Rechenscheiben in Form der Entwicklung eigener und dem Bearbeiten fremder Scheiben ihre Fertigkeiten im Addieren und Subtrahieren im Hunderterraum vertiefen.

Didaktischer Schwerpunkt

„Beim Üben werden Einsichten gesichert, vertieft und vernetzt.
Das bedeutet, dass Üben nicht im schematischen Abarbeiten einer großen
Zahl von Aufgaben bestehen kann,
sondern jedem Kind die Chance gegeben werden muss,
seinen Fähigkeiten entsprechend weiterzukommen."
(Floer 2004, S. 11)

Im Mittelpunkt der heutigen Stunde steht das Üben des Addierens und Subtrahierens von drei Zahlen im Zahlenraum bis 100 in Form von Rechenscheiben, welche die Schüler selbst entwickeln. Dabei werden die Kinder in ihren rechnerischen Fähigkeiten durch das Aufstellen von geeigneten Aufgaben sowie das Lösen fremder Rechenscheiben, in ihren kombinatorischen Fähigkeiten aufgrund des Knobelcharakters innerhalb des Aufgabenformats und in ihren sozialen Kompetenzen bezüglich des Austauschens und des Beratens mit ihren Mitschülern gefordert und gefördert.

Die heutige Stunde, wie auch die dazugehörige Unterrichtseinheit, folgt den Grundsätzen des *produktiven Übens*, welches sich durch Beziehungsreichtum, ganzheitliche Erarbeitungsmöglichkeiten, Selbsttätigkeit der Schüler und natürliche Differenzierung auszeichnet (vgl. Wittmann 2006, S. 162ff.). Im Rahmen des Übungsformats der Rechenscheiben bietet sich dabei die Möglichkeit, ganz im Sinne des eigenverantwortlichen Übens (vgl. Lehrplan NRW 2003, S. 73) sowohl automatisierende als auch problemorientierte Anteile miteinander zu verbinden – je nachdem wie tief die Schüler in das Zahlenmaterial einsteigen können. So werden einige Kinder systematische Vorgehensweisen verwenden und damit verstärkt strukturorientiert agieren können, während andere durch probierende Versuche ihre Fertigkeiten im Rechnen ausbauen.

Die Rechenscheiben bestehen aus zwei Kreisen, wobei der äußere Kreis in drei Felder aufgeteilt ist. Der innere Kreis bildet dabei das Zielfeld, welches die Ergebniszahl enthält. In den drei äußeren Feldern befinden sich Zahlen, die durch Addieren oder Subtrahieren zu einer Aufgabe mit der Zielzahl als Ergebnis verbunden werden müssen (Abb. 4.3).

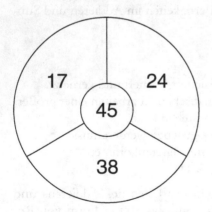

Abbildung 4.3 Rechenscheibe

Rechnungen, die zu dieser Rechenscheibe durchgeführt werden können, sind beispielsweise:

- $17 + 24 + 38 = 79$
- $17 + 24 - 38 = 3$
- $38 - 17 + 24 = 45$,

wobei nur die letzte Rechnung zur richtigen Zielzahl führt und damit notiert wird.

Bei der Variante *Rechenscheibe ohne Zielzahl* ist es möglich, mit drei vorgegebenen Randzahlen vier verschiedene Zahlen zu erreichen. Die Kombinationsmöglichkeiten innerhalb der Randzahlen gehen weit darüber hinaus. Es ist jedoch für die Bearbeitung einer Scheibe nicht notwendig, alle zu finden, sondern es genügt, vier mögliche Aufgaben mit vier unterschiedlichen Ergebnissen aufzuschreiben.

Dabei können die Schüler probierend vorgehen, also mögliche Zahlenkombinationen bilden und errechnen, oder geschickter aufgrund der Größe der Zahlen bestimmte Kombinationen ausschließen und somit das überschlagende Rechnen fördern. Auf diese Weise bietet das Aufgabenformat die Möglichkeit einer natürlichen Differenzierung.

Ein zusätzlicher Vorteil des Übungsformats liegt in seinem Knobelcharakter, denn die Motivation, die Zielzahl zu ermitteln, ist bei den Schülern sehr hoch. Zudem haben die Schüler die Möglichkeit, ihre Ausdauer und Bereitschaft für die Aufgaben, die nicht auf den ersten Blick lösbar sind, auszubauen (vgl. Spiegel 2003, S. 19). Die Fehlversuche, mit denen in diesem Zusammenhang zu rechnen ist, können den Schülern die Angst vor Fehlern nehmen und sie ihnen als Chance zur Weiterentwicklung eines Gedankengangs bewusst machen (vgl. Lehrplan NRW 2003, S. 72).

Den Schülern ist zu Beginn der heutigen Stunde das Format der Rechenscheiben aus eingehender Beschäftigung mit diesen bekannt. So haben sie im Laufe der Unterrichtsreihe schon zahlreiche Scheiben eigenständig gelöst und verschiedene Arten von Rechenscheiben kennengelernt.

Für die Bearbeitung von Rechenscheiben wenden die Schüler der Klasse 2a unterschiedliche Strategien an. Während einige schwächere Schüler wie Lotta, Denis, Julia und Sarah gelegentlich noch auf Zählstrategien zurückgreifen, ermitteln die meisten Schüler der Klasse die Ergebnisse über unterschiedlich anspruchsvolle heuristische Strategien wie Schrittweises Rechnen, Stellenweises Rechnen, gegensinniges bzw. gleichsinniges Verändern, Ergänzen usw. (vgl. Padberg 2005, S. 97f., S. 111f., S. 167ff.).

Um für alle Schüler gemäß ihren Fähigkeiten Aufgaben zum produktiven Üben anzubieten, wird für die heutige Stunde eine besondere Form gewählt: Die Schüler entwickeln eigene Rechenscheiben und lösen die von ihren Mitschülern angefertigten Aufgaben. Auf diese Weise können verschiedene Vorteile genutzt werden: Zunächst ist die Motivation der Kinder, eigene Aufgaben zum Mittelpunkt des Unterrichts zu machen, sehr hoch, sodass diese Selbstbestimmung des mathematischen Inhalts sicher zu eifrigem Rechnen führen wird. Weiterhin dient diese Form des Übens der Differenzierung. Die unterschiedlichen Fähigkeiten der Kinder können so einerseits durch das eigene Bilden von Aufgaben und andererseits durch die freie Wahl der zu lösenden Rechenscheiben berücksichtigt werden.

Die heutige Stunde beginnt mit einer Begrüßung der Schüler seitens der LAA. Anschließend kommen die Kinder in einem Stuhlkreis zusammen, um in der nachfolgenden Einstiegsphase in einer vertrauten Atmosphäre gemeinsam über den Ablauf und den Inhalt der Unterrichtsstunde zu sprechen. Dazu soll zunächst allgemein der Umgang mit Rechenscheiben thematisiert werden, bevor dann die Bildung von eigenen Scheiben in den Blick genommen wird. Hierzu erinnern sich die Schüler an die Vorgehensweise, bevor anschließend auf das bereitstehende Material in Form von Arbeitsblättern aufmerksam gemacht wird.
Besonders wichtig ist in dieser Phase die erneute Erläuterung der Schwierigkeitskategorien, in die die Rechenscheiben eingeordnet werden sollen. Dabei stehen Symbole für unterschiedliche Schwierigkeitsgrade (Feder → leicht; Waage → mittel; Stein → schwer). Obwohl diese Zuordnung für viele Kinder eine große Herausforderung darstellt, halte ich es für sinnvoll, sie von den Schülern selbst vornehmen zu lassen. Auf diese Weise kann das Prinzip der Differenzierung, welches in der heutigen Stunde besonders groß geschrieben wird, konsequent umgesetzt werden. Möglicherweise können die Kinder die Problemstellen der einzelnen Aufgaben aus einem anderen Blickwinkel recht gut einschätzen. Zudem spüren die Schüler ein Stück der Verantwortung für ihr eigenes Lernen (vgl. Wittmann 2006, S. 161f.) und werden außerdem zur Selbstständigkeit geführt.

Nach der Erinnerung an die bereits im Vorfeld besprochene Einteilung der Symbole wird der Arbeitsauftrag formuliert und den Schülern die Gelegenheit zum Fragen gegeben. Daran anschließend holen sich die Schüler die betreffenden Arbeitsblätter, und beginnen – zurück an ihren Plätzen – mit der Entwicklung eigener Rechenscheiben. Um die Möglichkeit einer

Selbstkontrolle ohne Befragung des Aufgabenstellers zu bieten, schreiben die Kinder die Lösung auf die Rückseite der selbstgestalteten Scheibe.

In dieser Arbeitsphase werden einige Schüler Unterstützung bei der Umsetzung des Arbeitsauftrags benötigen. Die bereits genannten Schüler können dabei einerseits auf ihnen bekannte Materialien wie Hunterrahmen oder Hunterfeld zurückgreifen und andererseits die Hilfe der LAA in Anspruch nehmen.

Schwierig einzuschätzen ist Marvins Verhalten während der Arbeitsphase, wie auch bezüglich der gesamten Stunde. Oftmals arbeitet er nur dann konzentriert, wenn er die Aufmerksamkeit eines Erwachsenen ausschließlich auf sich gerichtet weiß. Da dies im schulischen Alltag aber nur selten der Fall sein kann, fällt Marvin häufig durch Störungen des Unterrichts auf, in den er sich meist nur schwer integrieren kann und lässt. Auch Rudi ist manchmal nicht in der Lage, dem Unterrichtsgeschehen zu folgen und lenkt stattdessen seine Nachbarn ab, hält nach Stiften und Büchern Ausschau oder ruft in die Klasse. Zeitweilig kommt es in solchen Phasen auch zu Handgreiflichkeiten mit Mitschülern der insgesamt recht lebhaften Klasse, während derer Rudi nur schwer zu beruhigen ist. Wenn er sich jedoch konzentrieren kann, nimmt er aktiv und bereichernd am Unterricht teil. Diese beiden Schüler bedürfen entsprechend verstärkter Aufmerksamkeit der LAA.

Es ist davon auszugehen, dass viele Schüler Rechenscheiben herstellen werden, bei denen alle Felder ausgefüllt sind. Bei Schülern wie Niklas, Nadine und Pascal sind allerdings auch Scheiben ohne Zielzahl, ohne äußere Zahlen oder mit über den bisher bekannten Zahlenraum hinausgehenden Zahlen erwartbar, sodass die entwickelten Übungen durchaus eine große Bandbreite aufweisen können.

Um allen Schülern die Sicht auf die Tafel oder vorgestellte Arbeitsblätter zu ermöglichen, findet die die Stunde abschließende Reflexion in der Sozialform des Sitzkinos statt. Die Schüler haben hier Raum für Gespräche. Dabei wird berücksichtigt, dass nicht nur das Resultat, sondern insbesondere der Lösungsweg bedeutsam ist (vgl. Winter 1994a, S. 17) und die Kommunikation über mögliche Schwierigkeiten neue Sichtweisen aufwerfen kann (vgl. auch Wielpütz 1994, S. 86f.).

In diesem Zusammenhang sollen besondere Rechenscheiben, die den Kindern aufgefallen sind, vorgestellt, Strategien zur Lösungsfindung aufgezeigt oder mögliche Fehler, die gefunden wurden, berichtigt werden. Auch zur Herstellung der Rechenscheiben können sich die Schüler äußern und Tipps zur Aufgabenbildung geben oder Schwierigkeiten, beispielsweise bei der Einschätzung des Schwierigkeitsgrades, benennen.

Diese Phase der Stunde wird vielen Schülern nicht einfach fallen, da es auch für Zweitklässler oftmals noch schwierig ist, mathematische Sachverhalte oder Erkenntnisse angemessen und verständlich zu formulieren. Dennoch sollen die Kinder die Gelegenheit zu diesem rückblickenden Austausch haben, um die Schüler in ihrer kommunikativen Kompetenz zu fördern, und weil die Einheit zum Üben mit den Rechenscheiben an diesem Punkt beendet wird.

Insgesamt erfüllt diese Unterrichtsstunde viele Anforderungen des Lehrplans, indem zum einen die Prinzipien des produktiven Übens und entdeckenden Lernens umgesetzt werden und die Stunde zum anderen in besonderem Maße dazu beiträgt,

- die Rechenfähigkeit der Kinder im Zahlenraum bis 100 zu schulen,

- das soziale Lernen und die Kommunikationsfähigkeit zu fördern,

- Freude und Interesse an mathematischen Inhalten aufzubauen,

- eigenverantwortliches Lernen anzubahnen,

- Motivation und Ausdauer auch für schwierige Aufgaben aufzubauen und

- den Schülern im Sinne einer konsequenten Differenzierung individuelle Übungsangebote zu machen.

Geplanter Unterrichtsverlauf

Phase	geplantes Unterrichtsgeschehen	Arbeits-/ Sozialform	Medien
Organisation	LAA begrüßt die Schüler und fordert sie dazu auf, einen Stuhlkreis zu bilden.	Lehrervortrag/ Stuhlkreis	
Einstieg	Gemeinsam erinnern sich die Schüler daran, wie eine Rechenscheibe bearbeitet und wie sie hergestellt wird.	Unterrichtsgespräch/ Stuhlkreis	Arbeitsblätter, Schwierigkeitskategorienkarten an der Tafel

Fortsetzung geplanter Unterrichtsverlauf

Phase	geplantes Unterrichtsgeschehen	Arbeits-/ Sozialform	Medien
Fort- setzung Einstieg	Anschließend formuliert die LAA den Arbeitsauftrag, weist auf das bereitliegende Material hin und erläutert noch einmal das Kenn- zeichnungssystem für die Rechen- scheiben.		
Organi- sation	Die Kinder lösen den Stuhlkreis auf, versorgen sich mit Material und begeben sich an ihren Arbeitsplatz.	Schüler- aktivität/ Klassen- unterricht	Arbeitsblätter
Produk- tion	Die Schüler erstellen in Einzelarbeit mindestens zwei Rechenscheiben, stellen sie durch das Zuordnen zu Schwierigkeitskategorien an der Tafel anderen Kindern zur Verfü- gung und berechnen fremde Aufga- ben. Bei Fragen zu den Übungen wenden sich die Schüler direkt an den Auf- gabensteller. Die LAA steht helfend und beratend zur Seite. Zum Ende der Arbeitsphase werden die Schüler dazu aufgefordert, ein Sitzkino vor der Tafel aufzubauen.	Schüler- aktivität/ Einzelarbeit	Arbeitsblätter, Rechenschei- ben der Schü- ler, Magnete, Tafel
Refle- xion	In der abschließenden Phase be- kommen die Schüler die Gelegen- heit, sich mit den anderen Kindern über besondere Aufgaben auszu- tauschen und entdeckte Zusam- menhänge oder Tipps zur Bildung oder Lösung von Rechenscheiben zu thematisieren.	Unterrichts- gespräch/ Sitzkino	Rechenschei- ben der Schü- ler

Literatur

Floer Jürgen, *Mathematikunterricht in der Schuleingangsphase. Vielfalt als Chance oder nur neue Probleme?* In: Grundschule, 3/2004, S. 9–14

Ministerium für Schule, Jugend und Kinder des Landes NRW (Hrsg.), *Grundschule. Richtlinien und Lehrpläne zur Erprobung. Mathematik*, Ritterbach, Frechen, 2003

Padberg Friedhelm, *Didaktik der Arithmetik für Lehrerausbildung und Lehrerfortbildung*, 3. Auflage, Elsevier/Spektrum Akademischer Verlag, München, 2005

Spiegel Hartmut, *Mut zum Nachdenken haben. Ein Plädoyer für Knobelaufgaben im Mathematikunterricht der Grundschule*, In: Die Grundschulzeitschrift, 163/2003, S. 18–21

Wielpütz Hans, *Zur Unterrichtskultur für einen differenzierten Umgang mit Mathematik*, In: Christiani Reinold (Hrsg.), Auch die leistungsstarken Kinder fördern. Cornelsen, Frankfurt a. M., 1994, S. 83–88

Winter Heinrich, *Mathematik entdecken. Neue Ansätze für den Unterricht in der Grundschule*, 4. Auflage, Cornelsen Scriptor, Frankfurt am Main, 1994a

Wittmann Erich Ch., *Wider die Flut der „bunten Hunde" und der „grauen Päckchen": Die Konzeption des aktiv-entdeckenden Lernens und des produktiven Übens*, In: Wittmann Erich Ch. & Müller Gerhard N. (Hrsg.), Handbuch produktiver Rechenübungen. Band 1. Vom Einspluseins zum Einmaleins, Klett, Stuttgart u. a., 2006, S. 157–171

4.8 Entdeckungen an Zahlenmauern (Klasse 2)

Thema der Stunde

Entdeckendes und produktives Üben der Addition und Subtraktion an Zahlenmauern.

Bedingungsanalyse

Informationen zur Klasse

Die Klasse 2b wird von 26 Schülern besucht. Das Geschlechterverhältnis ist ausgewogen. Die Klasse ist es gewohnt, offen zu arbeiten. Dies beinhaltet sowohl die freie Wahl der Partner als auch die Wahl des Arbeitsplatzes.

Inhaltsanalyse

1. Das Stundenthema

Inhalt der Stunde ist die gemeinsame und später auch eigenständige Behandlung von Zahlenmauern in verschiedenen Formen.

Zahlenmauern stellen dabei ein Übungsformat dar, das je nach Aufgabenstellung einerseits die Rechenfertigkeit (Addition und Subtraktion) trainiert, andererseits aber auch die mathematischen Fähigkeiten fördert.

Aufbau der Zahlenmauern

Zahlenmauern bestehen aus mindestens drei Steinen. Auf je zwei benachbarte Steine einer Schicht wird dabei ein dritter Stein gesetzt, in den die Summe der beiden unteren Steine eingetragen wird. Bei Zahlenmauern mit mehr als drei Steinen sind nicht alle Steine der untersten Reihe gleich gewichtet. Äußere Steine werden nur in eine Rechnung miteinbezogen, innere Steine werden mehrmals berücksichtigt.

Je nach Aufgabenart kann man folgende Typen von Zahlenmauern unterscheiden:

- Mechanische Aufgaben:
  Die Zahlen der untersten Reihe sind gegeben, die Schüler errechnen über das jeweils gleiche Schema der Addition die fehlenden Zahlen.

- Reflexive Aufgaben:
  Die gegebenen Zahlen befinden sich nicht allein in der untersten Reihe. Sie sind frei über die gesamte Mauer verteilt, jedoch so, dass sich alle freien Steine über die Addition oder über die Umkehroperation Subtraktion füllen lassen.

- Offene Aufgaben:
  Hierbei gibt es eine Vielzahl von Möglichkeiten, die im Schwierigkeitsgrad variieren und dadurch eine natürliche Differenzierung ermöglichen.

- Aufgaben mit verschiedenen Lösungen:
  - ohne Vorgaben; die Schüler wählen Art, Größe der Zahlen und Schwierigkeitsgrad selbst aus.
  - die Zielzahl ist vorgegeben; die Schüler wählen den Schwierigkeitsgrad selbst.

▪ Aufgaben mit verschiedenen Lösungswegen:
Einige Zahlen sind vorgegeben, die Lösung ist auf verschiedenen Wegen möglich.

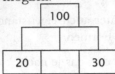

▪ Aufgaben, die ein mathematisches Problem enthalten:

Was passiert wenn ... (man jede Zahl um 1 erhöht)?

Wie muss man die Zahlen 3, 5, 9 einsetzen, um eine möglichst hohe Zielzahl zu erhalten?

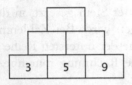

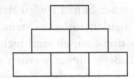

Mechanische und reflexive Aufgabenstellungen trainieren dabei eher die Rechenfertigkeit, während offene Aufgaben stärker in Richtung Ausbildung mathematischer Fähigkeiten zielen.

2. Bezug zum Bildungsplan

In den Leitgedanken des Bildungsplans für Baden-Württemberg (2004) wird als eine der zentralen Aufgaben des Mathematikunterrichts gefordert, „den Kindern Chancen zu geben, auf ihrem Niveau mathematische Strukturen und Zusammenhänge zu entdecken, diese zu untersuchen und zu nutzen" (ebd., S. 54). Dafür eignet sich dieses Aufgabenformat hervorragend. Es trägt zur Förderung zahlreicher Kompetenzen bei. So sollen die Schüler zum einen „Zusammenhänge zwischen den Grundrechenarten erkennen" (ebd., S. 58). Dies wird durch reflexive Aufgabenstellungen gefördert. Darüber hinaus sollen die Schüler „Zahlen vergleichen, strukturieren und zueinander in Beziehung setzen" (ebd., S. 60). Diese Kompetenz wird durch den Einsatz offener, problemhaltiger Zahlenmauern gefördert.

Didaktisch-methodische Überlegungen

Einordnung der Stunde in den Gesamtzusammenhang

Das Übungsformat Zahlenmauern stellt ein unabhängiges Aufgabenformat dar, und kann deshalb jederzeit in verschiedenen Unterrichtseinheiten eingesetzt werden. Es ist den Schülern bereits aus dem ersten Schuljahr bekannt und ist somit ohne viel Vorlauf jederzeit einsetzbar. Nachdem die Schüler nun über einen längeren Zeitraum das Rechnen im Zahlenraum bis 100 behandelt haben, bieten sich die Zahlenmauern als Aufgabenformat an, da das bereits Erlernte hierbei in offenen, entdeckenden Kontexten angewandt werden kann. Zwar steht das Rechnen in dieser Unterrichtsstunde nicht im Vordergrund, es ist jedoch von Vorteil, die Grundrechenarten als „Werkzeug" relativ sicher zu beherrschen. Um auch das Format wieder ins Gedächtnis zu rufen, wurden in der Stunde davor mechanische und reflexive Aufgabenstellungen bearbeitet, die allen Schülern einen ersten Zugang zu Zahlenmauern in einem größeren Zahlenraum ermöglichten. Die Stunde steht damit nur indirekt im Zusammenhang mit der gegenwärtigen Unterrichtseinheit. Um die Zahlenmauern jedoch nicht so völlig isoliert erscheinen zu lassen, werden wir uns in den darauf folgenden Stunden immer zu Beginn mit ihnen beschäftigen.

Die Unterrichtsstunde

Das Übungsformat Zahlenmauern ist den Schülern aus dem ersten Schuljahr sowie der vorausgegangenen Unterrichtsstunde bereits vertraut. Deshalb wurde die Unterrichtsstunde als Übungsstunde, die eigene Entdeckungen ermöglicht, konzipiert. Die Schüler starten jedoch nicht sofort mit der eigenständigen Bearbeitung von Aufgaben. Zu Beginn ist eine gemeinsame Erarbeitungsphase vorgesehen.

Aufbau der Unterrichtsstunde

Gemeinsame Erarbeitungsphase

Wir sammeln uns in einem Sitzhalbkreis vor der Tafel. Kärtchen mit den Zahlen 5, 7, 9, 14, 16 und 30 werden an die Tafel gehängt. Die Schüler werden gefragt, ob sie Zusammenhänge zwischen den Zahlen erkennen. Die Schüler sollten hierbei erkennen, dass sich jeweils drei Kärtchen zu einer Additionsaufgabe zusammenfügen lassen (eine Zahl muss dabei zweimal verwendet werden). Mit zwei Ergebnissen kann zusätzlich noch eine dritte Additionsaufgabe gebildet werden, deren Ergebnis das letzte noch übrige Kärtchen bildet (5 + 9 = 14; 7 + 9 = 16; 14 + 16 = 30). Die erkannten Zusammenhänge werden dabei an der Tafel notiert. (Zusammenhänge, die nicht direkt zum Thema der Stunde passen (drei Zahlen sind gerade, …) werden nicht ignoriert, sondern an einem separaten Tafelflügel notiert.) Sollten die Schüler die Zusammenhänge nicht von selbst erkennen, gibt es verschiedene Hilfestellungen: Wenn die Schüler nicht erkennen, dass zwei der Zwischenergebnisse wieder eine neue Aufgabe bilden, werden die Schüler ganz gezielt auf die Zusammensetzung der letzten Aufgabe hingewiesen. Erkennen die Schüler nicht, dass sich aus den Zahlen Additionsaufgaben bilden lassen, werden einige Kärtchen zunächst wieder entfernt, sodass nur drei zusammengehörende Kärtchen hängen bleiben. Wenn diese Fragen geklärt sind, werden die Schüler gefragt, ob sie Aufgaben kennen, bei denen man mit den Zwischenergebnissen neue Aufgaben bilden muss. Kommen die Schüler nicht von selbst auf die Zahlenmauer, wird eine leere Mauer an die Tafel gezeichnet. Die Schüler müssen dann nur noch die vorhandenen Zahlen korrekt einsetzen. Nachdem das Thema der Stunde geklärt ist, erhalten die Schüler den Auftrag, aus weiteren vorgegebenen Zahlen eine Mauer zu bilden (9, 13, 22, 34, 47, 69). Im Anschluss daran werden noch einige Zahlenmauern, bei denen die Schüler die gegebenen Zahlen bestimmen dürfen, von der Klasse gemeinsam an der Tafel gelöst. So gelingt es den Schülern, sich das Format noch einmal bewusst zu machen, bevor sie eigenständig Aufgaben dazu bearbeiten sollen.

Arbeitsphase

Den Schülern wird vor Beginn der eigentlichen Arbeitsphase das weitere Vorgehen zunächst erklärt. Jeder Schüler erhält im Folgenden ein Arbeitsblatt in Form eines Heftes, das vielfältige Aufgabenstellungen zu Zahlenmauern beinhaltet. Hierbei müssen bei jeder Aufgabenart einige Zahlenmauern gerechnet werden, zusätzlich muss bei jeder Aufgabe eine verbale Begründung für ein bestimmtes Phänomen erbracht werden. Die Schüler dürfen die Aufgaben in beliebiger Reihenfolge bearbeiten, sie haben dadurch die Möglichkeit, mit einer für sie leichteren Aufgabe zu beginnen. Von den Aufgaben mit eindeutigen Lösungen befinden sich die Lösungen, nicht jedoch etwaige Begründungen, zur Selbstkontrolle an der Tafel. Diese Lösungen werden angeschrieben, damit die Schüler bei Bedarf nachsehen können. Erst wenn die Vorgehensweise geklärt ist, wird das Arbeitsblatt ausgeteilt, die Schüler beginnen mit der Bearbeitung. Die vorhergehende Erklärung und der Hinweis auf Kontrollmöglichkeiten sind deshalb so wichtig, da wir sehr offen arbeiten und die Schüler teilweise außerhalb des Klassenzimmers arbeiten. Erklärungen während eines Arbeitsprozesses sind daher mit viel Unruhe verbunden, da die Schüler erst aufs Neue im Klassenzimmer versammelt werden müssen. Dies wird vermieden, wenn die gesamte Arbeitsphase zunächst komplett geklärt wird. Die Wahl der Sozialform ist den Schülern in dieser Phase relativ freigestellt. Sie arbeiten alleine, mit einem frei gewählten Partner oder in Gruppen mit drei oder vier Schülern. Da die Schüler dazu angeregt werden sollen, ihre Entdeckungen zu verbalisieren und später auch erklären zu können, ist es wichtig, dass die Schüler bereits in dieser Phase bei Bedarf mit anderen über die Lösungen diskutieren können. Dies wird durch die freie Wahl der Sozialform ermöglicht.

Die Schüler bearbeiten im Verlauf der Stunde folgende Aufgaben:

Aufgabe 1:

Die Schüler sollen bei dieser Aufgabe sehen, dass Zahlenmauern keine eindeutige Lösung besitzen müssen, dass zu einer bestimmten Zielzahl vielfältige Lösungsmöglichkeiten gegeben sind. Durch die Offenheit wird zudem eine natürliche Differenzierung erreicht, da die Schüler den Schwierigkeitsgrad der Zahlen selbst wählen können. Diese Art der Differenzierung ist besonders wichtig, da zum einen die Selbsteinschätzung der Schüler gefördert wird und zum anderen die Fehleinschätzung durch den Lehrer vermieden wird. Die Frage nach der Anzahl der Möglichkeiten kann anschließend geschätzt oder auch durch logisches Überlegen bestimmt werden. Zu den ersten drei Teilaufgaben befinden sich die eindeutigen Lösungen an der Tafel.

Aufgaben 2 und 3:

Die Aufgaben 2 und 3 sind dem Typ offen/problemhaltig zuzuordnen. Es geht darum, zu erkennen, dass für die Höhe der Zielzahl nicht nur die Wahl, sondern auch die Anordnung der Zahlen in der untersten Reihe von Bedeutung ist. Dies können die Schüler durch Überlegen oder Rechnen herausfinden. Bei Aufgabe 2 sind die Zahlen hierfür sehr einfach gewählt, da die Entdeckung im Mittelpunkt steht. Zu schwere Zahlen, die u. U. zu Rechenfehlern führen, machen für manche Schüler die Entdeckung sonst unmöglich. Damit jedoch die besseren Schüler nicht unterfordert sind, umfasst Aufgabe 3 einen weitaus größeren Zahlbereich. Zu diesen Aufgaben stehen keine Lösungen an der Tafel, sie werden nach der Arbeitsphase gemeinsam besprochen.

Besprechung und Austausch der Ergebnisse

Nach Beendigung der Arbeitsphase werden die Ergebnisse von Aufgabe 2 und 3 gemeinsam besprochen. Hierbei wird vor allem Wert auf die Begründungen und Erklärungen der Schüler gelegt. Zur Erklärung wird Aufgabe 2 verwendet, da es sich hierbei um das leichtere Zahlenmaterial handelt und die Größe der Zahlen für die Erklärung des beobachteten Phänomens keine Rolle spielt. Wenn möglich sollten die Schüler ihre Beobachtung mithilfe von Zahlenmauern erklären, die anstatt der Zwischenergebnisse Aufgaben enthalten, wie die folgenden drei Beispiele zeigen:

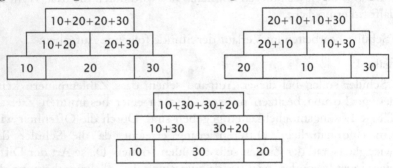

Kommen die Schüler nicht auf die Lösung, oder gelingt es ihnen nicht, diese darzustellen, wird von der LAA eine Zahlenmauer, die mit verschiedenfarbigen Punkten ausgestattet ist, als Hilfestellung an die Tafel gezeichnet, um das Phänomen auf der ikonischen Ebene zu klären.

Im Anschluss werden die größt- und kleinstmöglichen Ergebnisse von Aufgabe 3 vorgestellt. Hierbei werden nicht alle möglichen Lösungen an der Tafel notiert, da das Prinzip aus Aufgabe 2 übertragbar ist.

Abschluss

Zum Abschluss dieser Unterrichtsstunde notiert jeder Schüler eine mögliche Zahlenmauer mit der Zielzahl 100 auf ein DIN-A4-Blatt (vgl. Aufgabe 1). Diese Blätter werden im Treppenhaus aufgehängt. In den folgenden Mathematikstunden überlegen wir uns immer zu Beginn im Rahmen der Kopfrechenzeit gemeinsam zwei weitere Zahlenmauern mit der Zielzahl 100. Ziel ist es, möglichst viele verschiedene Mauern zu einer Zielzahl zu finden. Diese Ergebnisse werden dann in Form einer Wandzeitung im Treppenhaus präsentiert.

Fachliche Ziele

Die Schüler sollen

■ den Aufbau von Zahlenmauern kennen und vorgegebene Mauern lösen.

■ mathematische Strukturen und Zusammenhänge in Zahlenmauern entdecken.

■ diese Strukturen und Zusammenhänge verbalisieren und anderen erklären können.

Unterrichtsskizze

Geplanter Verlauf	Bemerkungen	Sozialformen, Medien, Material
Erarbeitungsphase: Die SuS sollen mithilfe von Zahlkärtchen das Thema erschließen. In Beispielen wird der Aufbau der Zahlenmauern noch einmal für alle geklärt.	Aufbau sollte bekannt sein, wird aber dadurch ins Gedächtnis gerufen.	Sitzhalbkreis vor der Tafel, Zahlkärtchen
Arbeitsphase: Alle SuS erhalten ein Arbeitsblatt mit drei Aufgaben, die Entdeckungen an den Zahlenmauern ermöglichen. Zur Selbstkontrolle hängen einige Lösungen an der Tafel.	Die Reihenfolge der Aufgaben sowie die Wahl der Sozialform sind freigestellt.	Einzel-, Partner- oder Gruppenarbeit, Arbeitsblätter
Besprechung: Die Ergebnisse der Aufgaben 2 und 3 werden vorgestellt. Hierbei sollen die SuS vor allem ihre Entdeckungen verbalisieren und den anderen verständlich erklären können.	Bei Bedarf werden Hilfestellungen gegeben.	Plenum
Abschluss: Einige Ergebnisse von Aufgabe 1 werden aufgeschrieben. Diese Lösungen werden im Treppenhaus präsentiert.	Entstehen einer Wandzeitung	Einzelarbeit

Literatur

Ministerium für Kultus, Jugend und Sport Baden-Württemberg (Hrsg.), *Bildungsplan für die Grundschule*, Philipp Reclam Jun., Ditzingen, 2004

Wittmann Erich Ch. & Müller Gerhard N., *Handbuch produktiver Rechenübungen. Band 1: Vom Einspluseins zum Einmaleins*, 2. Auflage, Klett, Stuttgart u. a., 2006

Anhang

Arbeitsblatt „Entdeckungen an den Zahlenmauern"

1. Immer 100!

Alle Zahlenmauern haben die Zielzahl 100. Finde die fehlenden Zahlen.

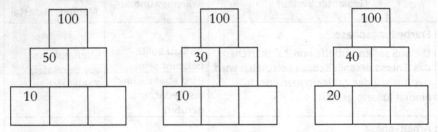

Findest du noch mehr Mauern mit der Zielzahl 100?

(Auf dem Arbeitsblatt folgen drei weitere Mauern mit der Zielzahl 100.)

Was glaubst du, wie viele Zahlenmauern mit der Zielzahl 100 gibt es?

Es gibt _____ Zahlenmauern mit der Zielzahl 100.

2. **Alle Zahlenmauern haben in der unteren Reihe dieselben Zahlen. Was vermutest du? Kreuze an!**

⭕ Die Zielzahl ist immer gleich!

⭕ Es gibt verschiedene Zielzahlen!

Prüfe deine Vermutung durch rechnen!

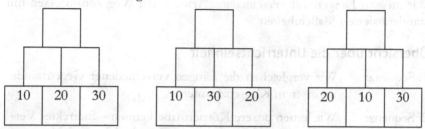

(Auf dem Arbeitsblatt folgen noch drei weitere Zahlenmauern mit den Zahlen 20, 30, 10; 30, 10, 20; 30, 20, 10.)

Hast du eine Erklärung dafür?

3. **Trage die Zahlen 10, 20, 30, 40 und 50 so in die untere Reihe der Zahlenmauer ein, dass du eine möglichst große Zielzahl erhältst.**

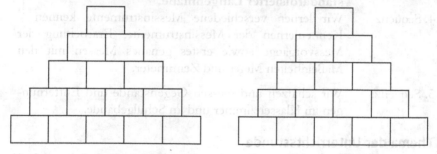

(Auf dem Arbeitsblatt folgen vier weitere leere Zahlenmauern.)

Wie erreicht man die größtmögliche Zielzahl? Schreibe deine Erklärung auf!

4.9 Messen mit dem eigenen Körper (Klasse 2)

Thema der Unterrichtseinheit

Wir messen Längen auf verschiedene Arten – ein Weg zum Messen mit standardisierten Maßeinheiten.

Übersicht über die Unterrichtseinheit

1. Sequenz: Wir vergleichen die Längen verschiedener Gegenstände in unserem Klassenzimmer.

2. Sequenz: Wir lernen unsere Körpermaße kennen – indirektes Vergleichen von Längen von Gegenständen mit nicht standardisierten Maßeinheiten wie Daumenbreite, Fuß, Schritt, Handspanne und Elle.

3. Sequenz: Wir messen mit unseren Körpermaßen – Messen und Vergleichen von Längen verschiedener Gegenstände mit unterschiedlichen Körpermaßen zur Entwicklung von Einsicht in die Notwendigkeit standardisierter Längenmaße.

4. Sequenz: Wir lernen verschiedene Messinstrumente kennen – Kennenlernen der Messinstrumente, Erarbeitung der Messvorgänge sowie erstes genaues Messen mit den Maßeinheiten Meter und Zentimeter.

5. Sequenz: Wir schätzen und messen Gegenstände und Entfernungen im Klassenzimmer und im Schulgebäude.

Thema der Unterrichtsstunde

Wir messen mit unseren Körpermaßen – Messen und Vergleichen von Längen verschiedener Gegenstände mit unterschiedlichen Körpermaßen zur Entwicklung von Einsicht in die Notwendigkeit standardisierter Längenmaße.

Intention der Unterrichtsstunde

Die Schüler sollen durch Längenmessungen mithilfe ihrer Körpermaße erste Einsichten in die Notwendigkeit standardisierter Längenmaße gewinnen.

Didaktischer Schwerpunkt der Unterrichtsstunde

In den Bildungsstandards im Fach Mathematik für den Primarbereich (2004) werden insgesamt nur fünf Leitideen formuliert, die für die Grundschule und für das weiterführende Lernen von „fundamentaler Bedeutung" (ebd., S. 8) sind. Hierzu gehört auch die Leitidee „Größen und Messen". Hier wird u. a. gefordert, Standardeinheiten aus dem Bereich Längen zu kennen sowie „Größen vergleichen, messen und schätzen" (ebd., S. 11) zu können. Im Lehrplan Mathematik für die Grundschule in NRW (2003) heißt es, dass ein „verständiger Umgang mit Maßen" (ebd., S. 79) entwickelt werden soll. Konkret bezogen auf Längen wird postuliert: „Längen mit standardisierten und selbst gewählten Einheiten messen und schätzen" (ebd., S. 83). All dies belegt die Bedeutung und Relevanz der für die Unterrichtseinheit ausgewählten Thematik.

„Das Messen erfolgt durch Vergleichen des zu messenden Objekts mit einer als Maßeinheit gewählten Größe der gleichen Art. Dabei können die Einheiten willkürlich gewählt werden, bei Längen werden häufig Körpermaße wie Daumenbreite, Fuß oder Schritt verwendet. Um die Messergebnisse vergleichen zu können, werden standardisierte Einheiten benutzt. Das Messergebnis wird angegeben durch die Maßeinheit und die beim Messen bestimmte Maßzahl." (Franke 2007, S. 263).

Bei der Behandlung von Größen unterscheidet man häufig verschiedene Stufen, die nacheinander durchlaufen werden. Bei der Behandlung von Längen unterscheidet Franke (2003, S. 215ff.) konkret sieben Stufen, wobei die heutige Unterrichtsstunde schwerpunktmäßig auf der dritten Stufe (Indirektes Vergleichen mithilfe selbstgewählter Maßeinheiten) angesiedelt ist und schon einen ersten Ausblick auf die vierte Stufe (Indirektes Vergleichen mithilfe standardisierter Einheiten) ermöglicht.

Durch die enge Verknüpfung der heutigen Stunde mit der vorigen Unterrichtsstunde werden die Schüler auf das Unterrichtsgeschehen eingestimmt und gleichzeitig über den Stundenverlauf informiert. Die in der vorhergehenden Stunde erarbeiteten Symbolkarten von den verschiedenen Körpermaßen werden in dieser Stunde beim Einstieg, aber auch später vielfältig eingesetzt. In der Arbeitsphase messen die Schüler abwechselnd mit ihrem Partner mit ihren Körpermaßen verschiedene Gegenstände. So können sie vielfältige Erfahrungen mit dem Messen mithilfe nicht standardisierter Einheiten gewinnen und sich gleichzeitig in der Arbeit mit einem Partner üben. In dieser Stunde erfolgt eine quantitative wie qualitative Differenzierung. Schnellere Schüler dürfen weitere Messaufträge durchführen und zugleich selbstständig über die Wahl passender Körpermaße entscheiden. In der Reflexion werden die Ergebnisse der Schüler verglichen. Die gemeinsame Betrachtung betont die Unterschiede bei den Messergebnissen und unterstreicht die Notwendigkeit, zu normierten Maßeinheiten überzugehen.

Geplanter Stundenverlauf

Phase	Handlungsverlauf	Methodisch-didaktischer Kommentar
Begrüßung	Begrüßung, LAA stellt Besuch vor.	
	SuS bilden einen Theaterkreis vor der Tafel.	Der Theaterkreis fördert den gemeinsamen Austausch und richtet die Aufmerksamkeit der SuS gezielt auf den Lerngegenstand.
Einstieg	Die SuS erinnern sich an die Problemstellung der letzten Stunde.	Die Anknüpfung an die letzte Stunde ermöglicht ein vernetztes Lernen. Als stummer Impuls dienen zwei Kreidelinien und Symbolkarten von den verschiedenen Körpermaßen.
	Ein Kind misst mit einem selbst gewählten Körpermaß die vorliegenden Längen.	
	Anhand der Symbolkarten, die an der Tafel sichtbar sind, erläutern die SuS weitere Möglichkeiten, den Körper zum Messen zu nutzen.	Die Symbolkarten stellen die für diese Stunde ausgewählten Körpermaße anschaulich dar.

Fortsetzung geplanter Unterrichtsverlauf

Phase	Handlungsverlauf	Methodisch-didaktischer Kommentar
Hinführung zur Arbeitsphase	LAA informiert SuS über den weiteren Ablauf der Stunde, der anhand eines vergrößerten Arbeitsblattes visualisiert wird. Fragen der SuS werden geklärt. Verweis auf die wichtigsten Regeln der Arbeitsphase.	Die SuS erhalten somit Verfahrens- und Zieltransparenz über die Stunde. Die Visualisierung unterstützt den Aneignungsprozess. Alle SuS erhalten somit die Chance, effektiv, planvoll und zielgerichtet zu arbeiten. Visualisierung der wichtigsten Regeln in Form einer Symbolkarte.
Arbeitsphase	SuS messen mit ihrem Partner mithilfe der verschiedenen Körpermaße verschiedene Gegenstände. SuS einigen sich mit ihrem Partner, was sie messen wollen. Sie messen mit ihren Körpermaßen und tragen die Ergebnisse in die Tabelle auf ihrem Arbeitsblatt ein. LAA beobachtet SuS in ihrem Arbeitsprozess und gibt individuelle Hilfestellungen. LAA beendet Arbeitsphase durch ein akustisches Signal.	Die Arbeit mit einem Partner ermöglicht eine gegenseitige Hilfestellung und fördert das soziale Lernen. Eine Differenzierung wird dadurch gewährleistet, dass schnellere Gruppen weitere Messaufträge durchführen und gleichzeitig über die Wahl des geeigneten Körpermaßes entscheiden dürfen. Berücksichtigung des Prinzips der minimalen und individuellen Hilfe und gleichzeitig eine Form der Differenzierung.
Reflexion	Einige SuS stellen ihre Ergebnisse vor und notieren sie an der Tafel.	Das Vorstellen der Messergebnisse würdigt die Arbeit der SuS und regt dazu an, die eigenen Ergebnisse zu überprüfen.

Fortsetzung geplanter Unterrichtsverlauf

Phase	Handlungsverlauf	Methodisch–didaktischer Kommentar
Fortsetzung Reflexion	SuS stellen die Individualität der Ergebnisse fest und äußern Vermutungen über die Unterschiede.	Dieser „kognitive Konflikt" regt die SuS an, Vermutungen über die Ursachen der unterschiedlichen Messergebnisse anzustellen: ungenaues Abtragen, Verschiedenartigkeit der individuellen Körpermaße.
	Die Vermutungen der SuS werden durch den unmittelbaren Vergleich zweier Maße gleicher Einheit exemplarisch miteinander verglichen.	Der exemplarische Vergleich zweier Maße gleicher Einheit durch Abmessen einer Strecke an der Tafel ermöglicht eine Sicherung des Stundenziels für alle SuS.
	SuS äußern sich über die ihnen bekannten Maßeinheiten und Messgeräte.	Vor dem Hintergrund der Notwendigkeit einheitlicher Maßeinheiten erfolgt nun ein Rückgriff auf das Vorwissen der SuS, indem diese die ihnen bekannten normierten Längeneinheiten und Messgeräte nennen.
	Ausblick auf die nächste Stunde	

Literatur

Franke Marianne, *Didaktik des Sachrechnens in der Grundschule*, Spektrum Akademischer Verlag, Heidelberg, 2003

Franke Marianne, *Didaktik der Geometrie in der Grundschule*, 2. Auflage, Elsevier/Spektrum Akademischer Verlag, München, 2007

Ministerium für Schule, Jugend und Kinder des Landes NRW (Hrsg.), *Grundschule. Richtlinien und Lehrpläne zur Erprobung. Mathematik*, Ritterbach, Frechen, 2003

Sekretariat der Ständigen Konferenz der Kultusminister der Länder in der Bundesrepublik Deutschland, *Beschlüsse der Kultusministerkonferenz: Bildungsstandards im Fach Mathematik für den Primarbereich. Beschluss vom 15.10.2004*, Luchterhand, München und Neuwied, 2004

Anhang

Arbeitsblatt „Wir messen mit unserem Körper"

Name: _____	
Tisch (schmale Seite) in Handspannen	
10 Fliesen im Flur mit den Füßen	
Mathebuch (lange Seite) in Daumenbreiten	
Von der Klasse bis zum Lehrerzimmer	
Heizung im Klassenzimmer	

4.10 Entdeckendes Lernen mit Bauplänen (Klasse 2)

Thema der Unterrichtsreihe

Einführung eines geometrischen Körpers – Würfel.

Situation der Klasse/Lernausgangslage der Schüler

Allgemein lässt sich sagen, dass die Schüler motiviert und interessiert am Mathematikunterricht teilnehmen. Im Bereich Geometrie haben die Kinder im ersten Schuljahr Grundkenntnisse zu geometrischen Formen wie Dreieck, Quadrat, Kreis und Rechteck sowie zu Raum-Lagebeziehungen wie rechts, links usw. erworben. Auch haben die Schüler bereits erste Erfahrungen zur Achsensymmetrie gesammelt.

Den Würfel haben die Kinder im Verlauf dieser Einheit kennen gelernt und auf der enaktiven, ikonischen und symbolischen Erfahrungsebene behandelt. Auf der enaktiven Ebene sollten die Schüler unterschiedliche Würfel aus verschiedenen Körperformen anhand eines Prototypen heraussuchen und sortieren, außerdem wurden Würfel ertastet und hergestellt, so z. B. mit Knete. Die ikonische Ebene wurde behandelt, indem die Schüler den Würfel in Zeichnungen erkannten und hervorhoben. Hier wurde auch die Variation der Lage und der Größe des Körpers thematisiert. Auf der symbolischen Ebene wurde dem Würfel der jeweilige Begriff zugeordnet und Eigenschaften wie Ecke, Kante und Fläche mit ihm verknüpft. Thematisiert wurde ebenso der Unterschied zwischen Quadrat und Würfel als zwei- und dreidimensionale Gebilde. Dieser Prozess der Begriffsunterscheidung und Eigenschaftszuschreibung ist noch nicht abgeschlossen, was sich daran erkennen lässt, dass die Kinder zwar die Begriffe Ecke, Kante und Fläche ganzheitlich optisch differenzieren können, jedoch diese zum Teil wechselnd verwenden. Auch kommt es vereinzelt vor, dass die Begriffe Quadrat und Würfel verwechselt werden.

In der Einheit wurde auch das Vorhandensein des Würfels in der Lebensumwelt bzw. im Klassenraum der Kinder thematisiert. Ziel dieser Tätigkeit war, dass die Schüler ihre Wahrnehmung differenzierten und sie verbalisierten. Insgesamt betrachtet haben die Schüler einige Würfel entdeckt und waren begierig, ihr Umfeld daraufhin zu erforschen.

In der zweiten Klasse wurde bisher die Arbeit mit dem Lineal nicht systematisch eingeführt. Auch in dieser Unterrichtsstunde zum Würfel wird
es den Schülern überlassen sein, ob sie das Lineal benutzen wollen. Ich
habe bisher darauf verzichtet, da es mir in dieser Einheit nicht primär um
das genaue Zeichnen geht.

Die naturfarbenen Einheitswürfel wurden in den beiden vorherigen Unterrichtsstunden als Arbeitsmaterial neu eingeführt. Die Kinder hatten
somit die Möglichkeit, sich mit dem Umgang und der technischen Hand-
habung des neuen Materials vertraut zu machen. In diesen Unterrichtsstunden zeigten sich die Schüler begeistert und hochmotiviert. Gründe für
diese positive Einstellung können im Umgang mit dem Material, der meist
durch eine spielerische Form gekennzeichnet ist, gesehen werden. Außerdem erleben im Rahmen dieser Unterrichtseinheit Kinder, die ansonsten
im arithmetischen Bereich schwächer sind, Erfolgserlebnisse.

Neben dem Kennenlernen des Materials haben die Kinder bereits verschiedenste Aufgaben mit den Einheitswürfeln bearbeitet. Neben dem
freien Bauen, bei dem die Kinder überaus kreative Ideen entwickelten,
wurden verschiedene Gegenstände (z. B. Buchstaben, Türme, Häuser etc.)
gebaut sowie „echte" Bauwerke errichtet. Echte Bauwerke sind Würfelgebäude, bei denen sich die Flächen der Würfel stets komplett berühren.
Auf diese Regel habe ich die Kinder explizit hingewiesen. Darüber hinaus
haben die Schüler eigene Baupläne zu Würfelgebäuden gezeichnet. Hierbei wiesen die Arbeitsergebnisse der Schüler hohe Kreativität auf. Obwohl
keinerlei Vorgaben gemacht wurden, haben alle Kinder Quadrate als Repräsentanten für Würfel gezeichnet. Kein Kind versuchte, das Gebäude in
einer Schrägbildkonstruktion zu zeichnen. Einstöckige bzw. einschichtige
Gebäude wurden meist aus der Vogel- bzw. Frontperspektive gezeichnet
und konnten somit leicht dargestellt werden. Bei mehrstöckigen bzw.
mehrschichtigen Gebäuden hatten die Schüler zunehmend Probleme, den
räumlichen Eindruck entstehen zu lassen. Manche Kinder lösten das
Problem durch die Verwendung von Symbolen, andere malten ihre Bauwerke schrittweise auf. Auch dienten Pfeile sowie kurze beschreibende
Textauszüge der Gebäudedarstellung, während wieder andere Kinder kleine Quadrate in die unten liegenden Würfel hineinmalten, um die Anzahl
der übereinander liegenden Würfel anzudeuten. Erwähnenswert ist, dass
Emily bereits die gesuchte Strategie der heutigen Unterrichtsstunde angewendet hat. Sie wird daher sicherlich in der Lage sein, den vorgegebenen
Bauplan zu entschlüsseln und den Mitschülern zu beschreiben.

Bei der anschließenden Reflexion wurden die Kinder aufgefordert, die Baupläne ihrer Mitschüler zu interpretieren. Letztendlich stellten die Schüler fest, dass ihre Baupläne zwar gut, aber nicht eindeutig genug waren, um die Bauwerke korrekt nachzubauen. Beispielsweise kam durch die Baupläne der Schüler nicht eindeutig zum Ausdruck, ob die Gebäude in die Höhe errichtet oder flach auf dem Tisch liegend stehen sollen. Trotz der genannten Schwierigkeiten haben die Kinder zahlreiche Vorerfahrungen gesammelt, die sehr wichtig sind, da sie Grundlage für die heutige Stunde sind.

Das Übertragen der Gebäudebaupläne auf die Darstellung mit den größeren Demonstrationswürfeln ist den Kindern nur aus wenigen Beispielen bekannt, sodass diese Tätigkeit für einen Großteil der Klasse neu sein wird.

Letztlich ist zu erwähnen, dass die Schüler das Lernen in Partnerarbeit immer besser bewältigen. Zunehmend sind die Kinder in der Lage, sich auf den Partner einzulassen und wirklich zusammenzuarbeiten, was von Vorteil für das Problemlösen sein wird.

Konzeption der Unterrichtsstunde

Thema der Unterrichtsstunde

Der Brief eines Baumeisters – entdeckendes Lernen mit Bauplänen.

1. Lernziele

Lernziel der gesamten Unterrichtseinheit:
Die Schüler sollen den Würfel und dessen Eigenschaften kennen lernen und im handelnden, kreativen Umgang mit dem Würfel ihr räumliches Vorstellungsvermögen und ihre Fähigkeit zum räumlichen Denken schulen.

Lernziel der Unterrichtsstunde:
Die Schüler sollen die Bildungsregel der Baupläne entdecken und beschreiben sowie in ersten Übungen anwenden.

2. Stellung der Stunde in der Unterrichtseinheit

Sequenzen	Inhalte der Sequenzen
1	**Der Würfel** Kennenlernen des Würfels und seiner Eigenschaften und Thematisierung der Begriffe Ecke, Kante und Fläche.
2	**Wir bauen mit Würfeln** Schüler bauen frei Würfelgebäude mit acht Einheitswürfeln.
3	**Kinder als Bauexperten** Schüler entwerfen zu selbstgebauten Würfelgebäuden eigene Baupläne, stellen sie einander vor und reflektieren sie auf ihre Nützlichkeit.
4	**Der Brief eines Baumeisters** **Kinder lernen mit einem gegebenen Bauplan umzugehen, d. h. ihn zu lesen, zu verstehen und umzusetzen.**
5	**Wir bauen mit Würfeln nach Vorgabe** Schüler bearbeiten in einem Stationslauf verschiedenartige Aufträge zum Bauen mit Würfeln und üben den Wechsel zwischen enaktiver, ikonischer und symbolischer Ebene.
6	**Finde möglichst viele Würfelvierlinge** Kinder entwerfen Würfelgebäude aus vier Würfeln und notieren sie mithilfe der Baupläne. Anschließend werden die Ergebnisse zusammengetragen und überlegt, wann Würfelvierlinge trotz unterschiedlicher Baupläne identisch sind.

3. Didaktisch-methodische Überlegungen zur Unterrichtseinheit

Der Geometrieunterricht in der Grundschule leistet einen wesentlichen Beitrag zur Entwicklung des räumlichen Vorstellungsvermögens, zur Förderung der visuellen Wahrnehmungsfähigkeit sowie zur Entwicklung des Orientierungsvermögens. Den Kindern werden durch das Entdecken geometrischer Beziehungen, Strukturen und Ordnungen Möglichkeiten zur Umwelterschließung gegeben und daher gilt die Entwicklung der geometrischen Kompetenz als eines der wichtigsten Ziele der gesamten Grundschulmathematik (vgl. Rahmenplan Grundschule 1995, S. 164; Radatz et al. 1996, S. 114).

Nach dem hessischen Rahmenplan (1995, S. 166) sollen den Kindern im Fach Mathematik Lernmöglichkeiten gegeben werden, in denen sie die geometrischen Grundformen Würfel, Quader, Zylinder und Kugel kennen lernen und verwenden sollen. Diese Forderung ist explizit im Rahmenplan Grundschule, genauer im Kapitel „Geometrische Figuren und Körper", aufgeführt. In diesen Kontext lässt sich die Unterrichtseinheit zum Thema Würfel integrieren, da es sich hierbei um die Auseinandersetzung mit einem der vier genannten Körper der räumlichen Geometrie handelt, die bereits in den ersten beiden Schuljahren behandelt werden sollen. Ebenso wie der Rahmenplan fordern die Bildungsstandards (2004, S. 10) die Thematisierung geometrischer Figuren. In den Bildungsstandards wird zum Ziel erklärt, dass die Schüler zum Ende der Grundschulzeit geometrische Körper erkennen, benennen und darstellen sowie sich zunehmend im Raum orientieren können sollen. Die geplante Unterrichtseinheit unternimmt im Sinne des Spiralcurriculums einen weiteren Schritt in Richtung des gesetzten Ziels, indem sie die Schüler im Umgang mit dem Würfel vertraut macht.

Die gesamte Unterrichtseinheit zum Thema Würfel orientiert sich an dem fachdidaktischen Grundsatz, dass „Kenntnisse, Fertigkeiten und Fähigkeiten [...] im Mathematikunterricht durch entdeckendes, anschauliches und handlungsorientiertes Lernen erworben werden" (Rahmenplan Grundschule 1995, S. 144) sollen. In allen Unterrichtsstunden steht der handelnde Umgang mit dem Würfel im Vordergrund, denn den Kindern werden vielfältige Handlungssituationen mit dem Würfel angeboten, wobei auch stets die Versprachlichung der eigenen Arbeit wichtiger Bestandteil des Unterrichts ist. Damit wird deutlich, dass nicht nur das eigene Handeln, sondern auch die Reflexion über die Tätigkeit im Vordergrund stehen muss (vgl. Rahmenplan Grundschule 1995, S. 164).

Die Unterrichtseinheit zum Thema Würfel findet vor der Thematisierung der übrigen geometrischen Körper statt. Dieses Vorgehen lässt sich begründen durch die Tatsache, dass die Kinder bereits in ihrem Alltag vielfältige Vorerfahrungen mit dem Würfel gesammelt haben, denn sie gebrauchen ihn meist als Spielwürfel oder Bauklotz. Weiterhin erklären Radatz et al. (1998, S. 123), dass der Würfel neben der Kugel die Kinder am meisten zum Spielen und Experimentieren anregt, denn er fasziniert durch seine schlichte, hochsymmetrische Form. Jedoch weisen die Autoren darauf hin, dass trotz des vielfältigen Wissens der Kinder zum Würfel die Kinder seine Eigenschaften kennen lernen sollten, bevor sie mit den Würfeln frei und nach Vorgabe bauen. Daher beginnt die geplante Unterrichtseinheit mit dem Kennenlernen des Würfels und dem Herausfiltern seiner Eigenschaften auf visuellem und haptischem Weg. In diesem Zusammenhang ist eine weitere Voraussetzung, dass die Kinder die Begriffe Ecke, Kante und Fläche erfahren, denn nur mithilfe dieses Begriffswissens lassen sich Bauwerke aus mehreren Würfeln beschreiben. Daher wird auch diese Thematik vor das Bauen mit den Einheitswürfeln geschaltet (vgl. Radatz et al. 1998, S. 123). Es kann nicht davon ausgegangen werden, dass die Begriffe und Eigenschaften des Würfels innerhalb einer Unterrichtsstunde von den Kindern vollständig erfasst werden, doch die Vertiefung erfolgt durch die anschließende umfangreiche Beschäftigung mit diesem Körper (vgl. Radatz et al. 1996, S. 133).

Da die Kinder vom Bauen mit Würfeln begeistert sind, liegt es nahe, diese Motivation im Sinne der Schulung und Entwicklung des räumlichen Vorstellungsvermögens aufzugreifen. Zu Beginn haben die Kinder die Möglichkeit, frei und ohne Vorgabe mit dem homogenen Material zu bauen. „Dieser freie, kreative und ungesteuerte Umgang mit den Würfeln ist Grundlage für jede Weiterarbeit, (denn) die Kinder müssen sich zuerst mit den Bedingungen des Materials vertraut machen" (Radatz et al. 1998, S. 124). Hierzu stelle ich den Kindern je acht Holzwürfel zur Verfügung, denn diese Anzahl erscheint überschaubar und bietet ausreichende Möglichkeiten zum Bauen. Die Frage an die Kinder, wie ihre Bauwerke schriftlich festgehalten werden können, damit sie nicht in Vergessenheit geraten, fordert sie zum eigenständigen Problemlösen heraus. Die vielfältigen Lösungsvorschläge der Schüler werden am Ende der Unterrichtsstunde zusammengetragen und auf ihre Nützlichkeit hin beleuchtet. Ziel dieser Unterrichtsstunde ist es, den Kindern Möglichkeiten für Eigenproduktionen zu geben, ihnen aber auch deutlich zu machen, dass es nötig ist, ihre eigenen Strategien im Zuge fortschreitender Schematisierung zu optimieren (vgl. Krauthausen und Scherer 2006, S. 254). Daran anschließend wird den Kindern in der heutigen Unterrichtsstunde ein Bauplan vorgegeben, den es selbstständig zu entschlüsseln und später auch anzuwenden gilt.

Im weiteren Verlauf der Unterrichtseinheit wird zum Bauen nach Vorgabe übergegangen. Hierfür lassen sich verschiedenste Aufträge in den Unterricht einbinden, die das Ziel haben, den Wechsel zwischen unterschiedlichen Abstraktionsebenen zu üben. Die Kinder arbeiten auf der enaktiven Stufe, wenn sie Würfelgebäude bauen. Dies kann auf verschiedene Weisen in den Unterricht einbezogen werden: nach einem Thema bauen, Würfelgebäude der Mitschüler nachbauen, Würfelgebäude ertasten und nachbauen sowie Gebäude umbauen, umordnen und verändern. Auf der ikonischen Ebene wird mit Schrägbildern und Fotografien und auf der symbolischen Ebene wird mit den oben genannten Bauplänen und verbalen Beschreibungen gearbeitet. Ein Wechsel zwischen drei- und zweidimensionalen Darstellungen findet somit vielfältige Anwendung (vgl. Franke 2007, S.134ff.).

Den Abschluss der Unterrichtseinheit bildet das Thema „Finden möglichst vieler Würfelvierlinge". Diese herausfordernde Aufgabe stellt nach Büchter und Leuders (2005, S. 110f.) eine selbstdifferenzierende Aufgabe dar, denn die gesamte Lerngruppe arbeitet an einem gemeinsamen Problem, das die Schüler nach ihrem individuellen Lernstand lösen können. Dabei ist davon auszugehen, dass manche Kinder versuchen werden, planvoll vorzugehen, während es für andere Kinder eine Herausforderung sein wird, wenige Würfelvierlinge zu finden und sie in einem Bauplan festzuhalten.

Allgemein ist zu erwähnen, dass ich innerhalb der Unterrichtseinheit kopfgeometrische Aufgaben zum Thema Würfel einfließen lassen möchte, wie z. B. Kippbewegungen eines Würfels oder Aufgaben zur Links- und Rechtsorientierung. Diese Aufgaben schulen nach Franke (2007, S. 66f.) in besonderem Maße das visuelle Wahrnehmungs- und das räumliche Vorstellungsvermögen, aber auch die sprachlichen Kompetenzen der Kinder. Das Lösen solcher Aufgaben sollte immer durch Operieren im Kopf erfolgen und nicht durch spontanes Probieren. Um dies jedoch erreichen zu können, müssen die Schüler Gelegenheit erhalten, vielfältige Handlungserfahrungen zu sammeln, damit sich Handlungen schließlich auch im Kopf vollziehen lassen (vgl. Rickmeyer 2003, S. 13). Da solche Übungen von den Kindern viel Konzentration und Aufmerksamkeit erfordern, sollten sie nicht länger als 10 Minuten andauern (vgl. Franke 2007, S. 66f.; Radatz et al. 1998, S. 114f.).

Die Unterrichtseinheit ermöglicht neben all den fachlichen Aspekten auch die Förderung der Sozialkompetenz der Kinder. Denn durch den Einbezug vielfältiger Partnerarbeiten werden die Kinder angeleitet, miteinander zu sprechen, sich aufeinander zu beziehen und gemeinsame Absprachen zu treffen. Ebenso können sich die Schüler im freien Sprechen vor der

Klasse üben, wenn Würfelgebäude präsentiert oder eigene Lösungen für die Baupläne vorgestellt werden, so auch in der heutigen Unterrichtsstunde.

4. Didaktisch-methodische Überlegungen zur Unterrichtsstunde

Die heutige Unterrichtsstunde wird sich um das Thema „Baupläne zu Würfelgebäuden" drehen, denn die Schüler sollen standardisierte Baupläne kennenlernen und im weiteren Verlauf der Unterrichtsstunde bzw. -einheit mit ihnen planvoll umgehen können.

Die Beschäftigung mit Bauplänen ermöglicht den Schülern grundlegende Erfahrungen. Auf der einen Seite werden die Kinder auf ihren außermathematischen Alltag vorbereitet, da sie Kenntnisse im Umgang mit Bauanleitungen erhalten, die sie beispielsweise zum Aufbau von Möbeln benötigen (vgl. Radatz et al. 1998, S. 123). Auf der anderen Seite werden die Kinder, wenn sie die Struktur dieser Baupläne verstanden haben, in die Lage versetzt, „vielfältige Übungen dazu durchzuführen, die wesentlich zur Raumvorstellung und Raumwahrnehmung beitragen und ein intuitives Verständnis des Würfelbegriffs ermöglichen" (Franke 2007, S. 140). Nach Rickmeyer (2003, S. 14) können in diesem Zusammenhang auch kopfgeometrische Übungen zu Bauplänen ihren Beitrag dazu leisten. Weiterhin erhalten die Kinder eine Methode, eigene Würfelpolyominos zu zeichnen, um somit ihre gefundenen Kombinationsmöglichkeiten festzuhalten. Geometrische Probleme können daher strategisch, d. h. planmäßig, angegangen werden (vgl. Radatz et al. 1998, S. 126f.).

Die genauere Betrachtung der heutigen Unterrichtsstunde kann nicht für sich allein stehen, sondern ist im Zusammenhang mit der vorherigen Unterrichtsstunde zu sehen, da sie thematisch aufeinander aufbauen und sich gegenseitig bedingen. Die Schüler haben eigenständig Baupläne zu ihren selbst entworfenen Würfelgebäuden entwickelt und sie einander im Klassenverband vorgestellt. Fazit der Unterrichtsstunde war die Erkenntnis, dass die Schüler bereits gute Ideen entwickelt haben, sie jedoch auch erkannt haben, dass ihre Pläne zu unterschiedlichen Bauwerken führen können und somit nicht eindeutig sind. Dieses Ergebnis möchte ich zu Beginn der heutigen Unterrichtsstunde erneut aufgreifen und daran anknüpfen.

Innerhalb der nächsten Phase des Unterrichts werden die Schüler mit einem Bauplan konfrontiert, den es zu entschlüsseln gilt. Die Schüler sollen in Partnerarbeit überlegen, wie der dargebotene Bauplan zu verstehen ist und das zugehörige Würfelgebäude bauen. Sinnvoll ist es, den Schülern einen Bauplan mit originalgroßem Grundriss anzubieten, denn somit haben sie die Möglichkeit, die Würfel direkt auf den Grundriss zu legen. Bei dieser Aufgabenstellung handelt es sich nach Büchter und Leuders (2005, S. 28) um eine Problemlöseaufgabe, denn sie enthält eine „Aufforderung, eine Lösung zu finden, ohne dass ein passendes Lösungsverfahren auf der Hand liegt". Für meine Lerngruppe stellt diese Aufgabe zum jetzigen Zeitpunkt in der Tat ein Problem dar, denn die Schüler haben diese Baupläne noch nicht behandelt und müssen nun ihre Bildungsregel herausfinden. Dass solche geometrischen Problemlöseaufgaben in der Grundschule thematisiert werden sollten, bestätigen auch die Bildungsstandards (2004, S.6f.), denn sie können zum Aufbau positiver Einstellungen und Grundhaltungen zum Fach Mathematik beitragen sowie die Entdeckerhaltung der Kinder fördern und weiter ausbauen. Weiterhin folgt diese Arbeitsphase dem didaktischen Grundsatz des Rahmenplans (1995, S. 144), dass den Kindern im Mathematikunterricht Gelegenheit zum selbstständigen Vermuten, Probieren, Entdecken und Argumentieren gegeben werden soll.

In der nun folgenden Zwischenreflexion sollen die Kinder ihre Vermutungen präsentieren und sich gegenseitig vorstellen. Aus Zeit- und Platzgründen habe ich mich entschieden, diese Reflexion sowie auch die Endbesprechung frontal durchzuführen, obwohl die Form des Sitzkreises am besten eine Kommunikation unter Schülern zulässt. Den Kindern der zweiten Klasse fällt es oftmals schwer, ihre Gedanken in Worte zu fassen. Doch nur, indem über Lösungswege gesprochen wird, können sie in das Bewusstsein der Kinder rücken, um so die Voraussetzung zu schaffen, dass Kinder voneinander lernen können (vgl. Rahmenplan Grundschule 1995, S. 24). Es ist zu erwarten, dass manche Kinder die Bildungsregel der Baupläne erkennen und somit auch vorstellen werden. Sollten die Schüler jedoch nicht auf die Lösung stoßen, werde ich ihnen das zugehörige Würfelgebäude präsentieren. Somit reduziere ich die Anforderung in der Hoffnung, dass nun die Schüler durch Bekanntgabe der Ausgangs- und Zielangabe die Bildungsregel leichter erkennen. Tritt dieser Fall ein, so möchte ich diese Entdeckungs- und Reflexionsphase zeitlich verlängern, da mein Schwerpunkt der Unterrichtsstunde auf dem selbstentdeckenden Lernen liegt. Außerdem ist eine Weiterarbeit an den nachfolgenden Arbeitsaufträgen nur möglich, wenn alle Kinder die Bildungsregel der Baupläne verstanden haben.

In der anschließenden Arbeitsphase sollen die Schüler ihre gewonnenen Ergebnisse anwenden und einüben, indem sie mit Bauplänen arbeiten. Ziel dieser Arbeitsphase ist, dass Schüler sowohl zu gegebenen Bauplänen Würfelgebäude bauen als auch zu Würfelgebäuden Baupläne zeichnen. Neben dem Bauen auf enaktiver Ebene wird ein weiteres Lernfeld des Geometrieunterrichts, nämlich das Zeichnen, angesprochen. Das Zeichnen dient in der Unterrichtsstunde zum Protokollieren der Ergebnisse. Weiterhin können die Schüler ihre Fertigkeit im Umgang mit dem Lineal weiter ausbauen, wenn sie dies wünschen, oder aber sie erstellen Freihandzeichnungen auf Punktepapier (vgl. Rahmenplan Grundschule 1995, S. 169). Allgemein fordert diese Arbeitsphase einen mehrfachen Wechsel der Darstellungsebenen, wobei auch die Ebene der Sprache immer wieder zum Einsatz kommt. Die Arbeitsblätter, mit denen sich die Schüler beschäftigen werden, sind gestuft im Sinne des Prinzips „vom Leichten zum Schweren" angelegt, sodass alle Kinder in der Lage sein werden, Aufgaben zu erfüllen. Die Schüler können ihre Ergebnisse selbst kontrollieren, indem sie entweder die gezeichneten Baupläne vergleichen oder unter Tüchern versteckte Bauwerke ansehen können.

In der abschließenden Reflexion ist ein Austausch über die gemachten Handlungserfahrungen geplant. Die Kommunikation über verschiedene Strategien oder Schwierigkeiten beim Bauen bietet den Kindern eine wichtige Lernchance. Die Auswahl der Aufgaben ist von mir so gewählt, dass beide Richtungen zur Sprache kommen, d. h. der Weg vom Würfelgebäude zum Bauplan sowie der Weg vom Bauplan zum Würfelgebäude.

5. Geplanter Unterrichtsverlauf

Phase	geplanter Unterrichtsverlauf	Arbeits- und Sozialform	Medien/ Material
Stunden-beginn	Begrüßung		
Einstieg	Bezug zu Ergebnissen der letzten Stunde. Schüler benennen Schwierigkeiten der eigenen Baupläne.	Frontal Lehrer-Schüler-Gespräch	Brief

Fortsetzung geplanter Unterrichtsverlauf

Phase	geplanter Unterrichtsverlauf	Arbeits- und Sozialform	Medien/ Material
Arbeitsphase 1	Schüler versuchen, die Bildungsregel des Bauplans zu entdecken.	Partnerarbeit	großer Bauplan, Baupläne auf AB, Würfel
Ergebnissicherung	Schüler stellen ihre Vermutungen vor und beschreiben ihre Lösungsversuche.	Schüleraktivität	großer Bauplan, Demonstrationswürfel
Arbeitsphase 2	Schüler arbeiten mit Material.	Einzel- oder Partnerarbeit	AB, Würfel, Stifte, Lineal, Tücher
Abschluss	Schüler stellen ausgewählte Beispiele vor und beschreiben ihre Lösungswege.	Frontal Lehrer-Schüler-Gespräch	Arbeitsergebnisse

Literatur

Büchter Andreas & Leuders Timo, *Mathematikaufgaben selbst entwickeln, Lernen fördern – Leistung überprüfen*, Cornelsen Scriptor, Berlin, 2005

Franke Marianne, *Didaktik der Geometrie in der Grundschule*, 2. Auflage, Elsevier/Spektrum Akademischer Verlag, München, 2007

Hessisches Kultusministerium, *Rahmenplan Grundschule*, Wiesbaden, 1995

Krauthausen Günter & Scherer Petra, *Einführung in die Mathematikdidaktik*. 2. Auflage, Elsevier/Spektrum Akademischer Verlag, München, 2006

Radatz Hendrik et al., *Handbuch für den Mathematikunterricht. 1. Schuljahr*, Schroedel, Hannover, 1996

Radatz Hendrik et al., *Handbuch für den Mathematikunterricht. 2. Schuljahr*, Schroedel, Hannover, 1998

Rickmeyer Knut, *Übungen zur Kopfgeometrie*, In: Praxis Grundschule, März 2003, S. 12–16

Sekretariat der Ständigen Konferenz der Kultusminister der Länder in der Bundesrepublik Deutschland, *Beschlüsse der Kultusministerkonferenz: Bildungsstandards im Fach Mathematik für den Primarbereich. Beschluss vom 15.10.2004*, Luchterhand, München und Neuwied, 2004

Anlage

Bemerkung: Alle Baupläne sind verkleinert.

Brief

Liebe Klasse 2 der Grundschule Holzhausen

Ich bin Baumeister Bob. Am Wochenende habe ich einen Brief von euerer Mathematiklehrerin Frau Naumann bekommen. Sie hat mir geschrieben, dass ihr im Unterricht gerade mit Würfeln Gebäude baut und wie viel Spaß euch das macht. Das freut mich sehr.

Sie hat mir auch erzählt, dass ihr am Freitag eure Würfelgebäude aufgezeichnet, aufgeschrieben und abgemalt habt, damit ihr sie auch wieder nachbauen könnt und sie nicht vergesst.
Sicherlich habt ihr gemerkt, dass das gar nicht so leicht war.

Mit diesem Brief schicke ich euch ein Rätsel. Wer das Rätsel lösen kann, kann nun jederzeit ganz leicht Baupläne schreiben. Viel leichter als vorher!

Ich wünsche euch viel Glück beim Knobeln. Euer Baumeister Bob.

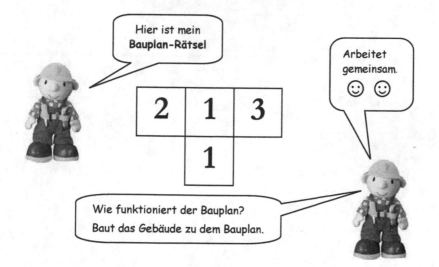

Arbeitsblatt „Bauplan zeichnen"

Name: _____   Datum: _____

Bauplan zeichnen ☺ ☺

Ihr braucht:

- 2 AB
- 8 Würfel

Aufgaben:

1. Baue mit deinem Partner ein Würfelgebäude.
2. <u>Jeder</u> zeichnet einen passenden Bauplan.
3. Vergleicht die Baupläne.

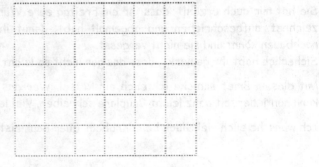

Arbeitsblatt „Würfelgebäude bauen"

Name: _____ Datum: _____

Würfelgebäude bauen ☺

Du brauchst:
- AB
- 8 Würfel

Aufgaben:
a) Baue das erste Würfelgebäude.
b) Vergleiche es. Schaue dazu unter das richtige Tuch.
c) Baue auch die anderen Würfelgebäude und vergleiche sie.

1.

2	1
1	1

○

2.

	2	1
	2	
1	2	

○

3.

	2	
2	1	1
1	1	

○

4.11 Eigene Wege bei der Addition im Tausenderraum (Klasse 3)

Thema der Unterrichtseinheit

Halbschriftliche Addition im Tausenderraum.

Intention der Unterrichtseinheit

Nach der Erschließung des Tausenderraums durch Tausenderfeld, Tausenderbuch und Zahlenstrahl sollen die Kinder jetzt im Tausenderraum addieren. Durch das bewusste Erarbeiten und Anwenden von Rechenwegen sollen die Kinder Additionsaufgaben im Tausenderraum flexibel lösen können.

Überblick über die Unterrichtseinheit

1. Sequenz: **Ganzheitlicher Einstieg in die Addition im Zahlenraum bis 1000 durch die bewusste Anwendung eigener Rechenwege.**

2. Sequenz: Von einfachen zu schweren Aufgaben/Tauschaufgaben.

3. Sequenz: Vorteilhaftes Rechnen und Vertiefung und Festigung anhand verschiedener Übungsformate wie z. B. Zahlenmauern und Rechenketten.

4. Sequenz: Überschlag bei der Addition.

5. Sequenz: Sachaufgaben zur Addition.

Thema der Stunde

Ganzheitlicher Einstieg in die Addition im Zahlenraum bis 1000 durch die bewusste Anwendung eigener Rechenwege

Ziel der Stunde

Die Kinder sollen eigene Rechenwege für die Addition zweier dreistelliger Zahlen mit Übergang im Zahlenraum bis 1000 finden und diese bewusst bei weiteren Aufgaben anwenden.

Methodisch-didaktischer Schwerpunkt

Im Mittelpunkt der heutigen Stunde steht das Finden und bewusste Anwenden von *individuellen* Rechenwegen, mit denen Additionsaufgaben von dreistelligen Zahlen mit Übergang im Tausenderraum gelöst werden können. Dies wird im Lehrplan als ein Schwerpunkt für die 3. Klasse konkret als „unterschiedliche Rechenwege entwickeln und beschreiben, dabei Zahlbeziehungen und Rechengesetze für vorteilhaftes Rechnen ausnutzen" (Lehrplan NRW 2003, S. 78) benannt. Dafür werden in der heutigen Stunde weitere Grundlagen geschaffen.

Das heutige Rahmenthema wird ganzheitlich behandelt; denn nur so kann jedes Kind einen individuellen Zugang zur Addition bis 1 000 finden. Dabei wird dieses Thema in mehreren Durchgängen erarbeitet. Die ersten Durchgänge dienen der Einführung und Orientierung, die weiteren der Übung, Vertiefung und Ergänzung.

Die Kinder arbeiten bereits seit dem Einstieg in die Zahlraumerweiterung bis 1 000 mit *Material* (Tausenderfeld, Tausenderbuch, Zahlenstrahl, Ziffernkarten) und sind so mit dem Umgang vertraut. Dieses Material sammeln die Kinder in Körben auf ihren Tischen, damit sie jederzeit bei Bedarf darauf zurückgreifen können. Das Material dient in der heutigen Stunde als reines Hilfsmittel, was die Kinder bei einer ganzheitlichen und entdeckenden Auseinandersetzung mit der herausfordernden Aufgabenstellung unterstützen soll.

Bei der Addition unterscheidet man mündliches und halbschriftliches Addieren sowie die schriftliche Addition. Während beim schriftlichen Addieren mit Ziffern operiert wird und ein Normalverfahren üblich ist, wird beim mündlichen und halbschriftlichen Rechnen mit Zahlen operiert, und es werden u. a. Rechengesetze als Rechenvorteile ausgenutzt.

Halbschriftliche Rechenstrategien bieten für die Kinder den Vorteil, dass sie zum Nachdenken über das eigene Vorgehen anregen, die soziale Interaktion und Kooperation fördern, die Ausdrucksfähigkeit schulen und dass die Schüler den Unterricht produktiv mitgestalten können (vgl. Radatz et al. 1999, S. 73f.). Dabei muss aber immer die Lösungsvielfalt im Auge behalten werden, denn durch halbschriftliche Strategien werden die Kinder eine Vielfalt von möglichen Lösungswegen finden. Im Laufe der heutigen Stunde (bzw. in der Zwischenreflexion) werden mögliche Hauptstrategien aus den Rechenwegen der Kinder ausgewählt, die den Kindern weiterhin einen gewissen Spielraum in Rechnung und Notation erlauben. Dabei müssen sie auf keinen Fall alle Strategien beherrschen.

Es werden gemeinsame Merkmale der Notation wieder in Erinnerung gerufen bzw. festgelegt, welche den Kindern bereits durch das halbschriftliche Rechnen im Zahlenraum bis 100 (2. Klasse) vertraut sind. Gemeinsame Notationskonventionen sind wichtig, da das halbschriftliche Rechnen keine individuelle Angelegenheit bleiben soll – sie erlauben es allen Kindern, die Rechenwege der anderen nachzuvollziehen. Dies wird auch im Lehrplan unter der Überschrift „Darstellungsformen" betont: „Ein Unterricht, der die Schülerinnen und Schüler zum Gehen eigener Rechenwege anregt, hält diese auch in zunehmendem Maße zur Lesbarkeit und Übersichtlichkeit bei der Bearbeitung von Aufgaben an. So wird ihnen selbst das Darstellen und anderen das Verstehen ihrer Gedankengänge erleichtert" (Lehrplan NRW 2003, S. 74).

In der 3. Klasse lernen 19 Kinder, 15 Mädchen und 4 Jungen. Die Kinder sind im Mathematikunterricht meist sehr motiviert und arbeiten gut mit, besonders wenn es um Entdeckungen und das Finden von Rechenwegen geht. Auch in Übungsphasen zeigen sie i. A. viel Ausdauer.

Es herrscht i. d. R. ein gutes soziales Klima. Im Mathematikunterricht liegt allerdings ein recht ausgeprägtes Leistungsgefälle vor, was im Rahmen der Orientierung im Tausenderraum sehr deutlich wurde. Während einige Kinder sich schon sehr sicher im Zahlenraum bis 1 000 orientieren können, haben andere Kinder dabei noch Schwierigkeiten. Auch das Entdecken und Verbalisieren von Rechenwegen fällt nicht allen Kindern leicht. Aber durch die Hilfe und Tipps anderer, wie auch in der heutigen Zwischenreflexion, und durch die mögliche Zuhilfenahme von Material können auch die leistungsschwächeren Schüler einen eigenen Weg finden bzw. einen Weg nachvollziehen und übernehmen.

Lernvoraussetzung für die heutige Stunde ist das Erfassen des Tausenders, was die Kinder mithilfe des Tausenderfeldes, des Tausenderbuches und des Zahlenstrahls realisiert haben. Auch können die Kinder im Zahlenraum bis 100 addieren und dabei ihre Rechenwege darstellen. Dies müssen sie heute auf die Addition im Zahlenraum bis 1 000 übertragen.

Die Kinder *können* ihre Überlegungen bzw. Rechenwege zu einer Aufgabe schriftlich festhalten (1. Arbeitsphase) und sie miteinander besprechen bzw. sie einander vorstellen (2. Arbeitsphase) – so üben sie, ihre Vorgehensweisen zu begründen. Ganz im Sinne des im Lehrplan geforderten

„individuellen und gemeinsamen Lernens" wird so in dieser Stunde „das Lernen auf eigenen Wegen" durch das „Lernen voneinander" ergänzt (Lehrplan NRW 2003, S. 73).

Für die heutige Stunde ergeben sich hieraus folgende Konsequenzen:

Die Stunde wird mit einer herausfordernden Problemstellung begonnen, die Kinder lassen sich dadurch i. d. R. gut motivieren. Ein alternativer Einstieg könnte die Einbettung der ersten Aufgabe in eine Rahmengeschichte sein. Jedoch haben bisherige Mathematikstunden gezeigt, dass ein kurzer provozierender Einstieg gerade in komplexere Aufgabenstellungen für die Kinder dieser Klasse hoch motivierend ist. Die Aufgabe 586 + 348 wird an die Tafel geschrieben und die Kinder bekommen den Arbeitsauftrag, die Aufgabe, ihren Rechenweg und das Ergebnis in Einzelarbeit in ihrem Heft zu notieren. So kann sich jedes Kind individuell mit der Problemstellung auseinandersetzen und einen Zugang finden.

Die Kinder können das Material auf ihren Tischen nutzen, es bleibt ihnen aber freigestellt.

Haben die Kinder einen eigenen Rechenweg bzw. Lösungsansatz in ihrem Heft entwickelt, schreiben sie ihn auf ein Blatt Papier, das sie selbstständig an der Tafel befestigen. Da einige Kinder schneller fertig sein werden als andere, befinden sich weitere Aufgaben in einem Korb. Somit bekommt jedes Kind genügend Zeit, sich mit dem Problem auseinanderzusetzen und erste Ideen für einen eigenen Rechenweg zu entwickeln. Die weiteren Aufgaben werden in einer anderen Kiste gesammelt und in den nächsten Stunden wieder genutzt, wenn es um „geschicktes Rechnen" geht und Aufgabentypen bestimmten Rechenwegen zugeordnet werden.

Nach ca. 10 Minuten wird die erste Arbeitsphase unterbrochen und die Aufmerksamkeit der Kinder auf die Tafel gelenkt (Zwischenreflexion). In dieser Zwischenreflexion werden Herangehensweisen und Tipps der Kinder gesammelt, Ergebnisse verglichen und eventuell falsche Rechenwege aussortiert bzw. gemeinsam verbessert. Die Kinder könnten z. B. den Tipp geben, die Stellenwerte einzeln zu addieren oder die erste Zahl stehen zu lassen und nur die zweite Zahl zu zerlegen. Ein weiterer Tipp könnte es sein, mithilfe von Material zu arbeiten – dabei darf aber die Notation von Zwischenergebnissen nicht vergessen werden. Sollten alle Kinder bis zur Zwischenreflexion einen eigenen Rechenweg gefunden und verschriftlicht haben, entfällt das Sammeln von Ideen und Tipps.

Es werden hier ferner zu komplizierte Wege und Wege mit falschem Ergebnis aussortiert, die übrigen vorliegenden Wege werden gemeinsam sortiert. So wird das Tafelbild für die Kinder übersichtlicher, und es können Gemeinsamkeiten zwischen den Rechenwegen festgestellt werden. Dadurch kann für die zweite Arbeitsphase die Übertragbarkeit auf die Lösung von anderen Aufgaben und eventuell eine mögliche kürzere Notationsform in den Mittelpunkt rücken.

Im Kern können von den Kindern folgende Rechenwege gefunden werden – wenn auch nicht unbedingt in der gleichen Notationsform und mit den gleichen Schritten:

„Stellenwerte extra"

z. B. $\underline{586 + 348 = 934}$
$500 + 300 = 800$
$80 + 40 = 120$
$6 + 8 = 14$

„Schrittweise"

z. B. $\underline{586 + 348 = 934}$
$586 + 300 = 886$
$886 + 40 = 926$
$926 + 8 = 934$

„Vereinfachen"

z. B. $\underline{586 + 348 = 934}$
$600 + 334$

„Hilfsaufgabe"

z. B. $\underline{586 + 348 = 934}$
$600 + 350 = 950$
$950 - 14 - 2 = 934$

Die Kinder werden vermutlich die beiden ersten Strategien deutlich häufiger einsetzen, während die beiden letzten Strategien nur eine untergeordnete Rolle spielen dürften (vgl. Padberg 2005, S. 167ff.). Ferner bietet die Strategie „Schrittweise" im Vergleich zu „Stellenwerte extra" Vorteile beim (späteren) mündlichen Rechnen sowie eine wesentlich größere Flexibilität bei den möglichen Rechenwegen (vgl. ebd., S. 167f., S. 170, S. 180ff.).

Mithilfe der gemeinsam besprochenen Tipps können die Kinder, die noch keinen Rechenweg gefunden haben, weiterprobieren. Leistungsschwachen Kindern, wie z. B. Anastasia oder Vanessa, könnte der Impuls gegeben werden, einen Weg von der Tafel für sich zu übernehmen und ihn bei der Lösung von weiteren Aufgaben bewusst anzuwenden. Jedoch wird dieser Impuls nur individuell gesetzt, wenn – auch mit Material – keine eigenen Ideen und Annäherungsversuche vorliegen.

Dabei können unterschiedlich viele Nebenrechnungen bzw. Zwischenschritte notiert werden, was eine Form der natürlichen Differenzierung darstellt. Jedes Kind wählt die für sich notwendigen Zwischenschritte zur Lösung der Aufgabe. Sollten die Notationsformen der Kinder variieren, wird gemeinsam eine Notationsform für die nachfolgende Arbeit festgelegt.

Für die folgende zweite Arbeitsphase werden die Kinder dazu aufgefordert, mit ihrem gefundenen Rechenweg weitere Aufgaben zu lösen. Dabei können sie sich mit einem Partner über ihre Vorgehensweise austauschen und/oder ihre Rechenwege miteinander vergleichen.

Sollten Kinder sehr sicher in ihrer Vorgehensweise sein, könnten individuell weitere Impulse zum bewussten Ausprobieren anderer Rechenwege gesetzt werden. Dabei könnten einige hier bereits die Entdeckung machen, dass es ihnen hilft, unterschiedliche Rechenwege zu kennen, um Aufgaben geschickt zu lösen. Für andere Kinder wird es dagegen bereits ein Lernzuwachs sein, *einen* Rechenweg für sich zu finden und ihn auf andere Aufgaben übertragen zu können, wodurch er geübt und gefestigt wird.

Den Kindern werden die Aufgaben der zweiten Arbeitsphase (insgesamt 12) jeweils in Dreier-Päckchen auf verschiedenfarbigem Papier angeboten. Somit erschlägt sie nicht die Masse der Aufgaben, und sie finden sich leichter bei der selbstständigen Kontrolle zurecht. Auf diese Weise kann jedes Kind in seinem Tempo arbeiten.

In der Endreflexion wird die Konzentration der Kinder noch einmal auf eine neue Aufgabe gelenkt, um das heute neu erworbene Wissen auf eine anspruchsvolle Aufgabe mit Zehner-, Hunderter- *und* Tausenderüberschreitung (657 + 345) zu übertragen.

Geplanter Unterrichtsverlauf

Phase	Handlungsschritte	Sozialform/ Materialien	Didaktisch-methodischer Kommentar
Begrüßung/ Einstieg	Begrüßung der Kinder durch die LAA	Klassensitz-ordnung, Tafel	
	Die Aufgabe 586 + 348 wird an die Tafel geschrieben. Die Kinder werden aufgefordert, in der anschließenden Arbeitsphase ihren Rechenweg zu verschriftlichen. Zusätzlich bekommen sie einen Überblick über die anschließenden Aufgaben und den Verlauf.		Impuls in Anknüpfung an die vorherigen Mathematikstunden durch eine provozierende Aufforderung.
1. Arbeitsphase	Die Kinder schreiben die Aufgabe in ihr Mathematikheft und erarbeiten einen Rechenweg bzw. Lösungsansätze. Dies wird zusätzlich auf einem vorbereiteten DIN-A3-Blatt schriftlich festgehalten und selbstständig an der Tafel befestigt. Für die Kinder, die sehr schnell einen Rechenweg verschriftlicht haben, sind weitere Aufgaben vorbereitet.	Klassensitz-ordnung, Einzelarbeit, Mathematikheft, DIN-A3-Blätter, Eddings, zusätzliche Aufgabenkarten **Materialien:** Zahlenstrahl, Tausenderfeld, Tausenderbuch, Stellenwerttafel, Plättchen, Legematerial	Jedes Kind soll zunächst die Möglichkeit haben, selbst Ideen zur Lösung der Aufgabe zu entwickeln und einen eigenen Rechenweg zu finden.

Fortsetzung geplanter Unterrichtsverlauf

Phase	Handlungsschritte	Sozialform/ Materialien	Didaktisch-methodischer Kommentar
Zwischen-reflexion	Die Kinder werden aufgefordert, ihren Rechenweg oder ihren Lösungsansatz vorzustellen und ggf. Wege, die zum falschen Ergebnis führen, auszusortieren. Mit den vorgestellten Lösungsansätzen werden die Kinder auf die nächste Arbeitsphase vorbereitet.	Klassensitzordnung, Unterrichtsgespräch, Tafel, Papierstreifen	Sollten alle Kinder einen vollständigen Rechenweg für die Tafel verschriftlicht haben, kann diese Phase im Sitzkreis stattfinden.
2. Arbeitsphase	Die Kinder arbeiten an weiteren Aufgaben und können sich dabei mit einem Partner austauschen. Die Kinder kontrollieren ihre Ergebnisse selbstständig mithilfe eines Lösungszettels.	Einzelarbeit, Partnerarbeit, Arbeitsblätter, Material (s. o.), Lösungszettel	
Reflexion	Anhand einer neuen herausfordernden Aufgabe (657 + 345) werden einzelne Rechenwege vorgestellt.	Sitzkino, Tafel, Lehrer-Schüler-Gespräch	

Literatur

Ministerium für Schule, Jugend und Kinder des Landes NRW (Hrsg.), *Grundschule. Richtlinien und Lehrpläne zur Erprobung. Mathematik*, Ritterbach, Frechen, 2003

Padberg Friedhelm, *Didaktik der Arithmetik für Lehrerausbildung und Lehrerfortbildung*, 3. Auflage, Elsevier/Spektrum Akademischer Verlag, München, 2005

Radatz, Hendrik et al., *Handbuch für den Mathematikunterricht. 3. Schuljahr*, Schroedel, Hannover, 1999

Anhang

Arbeitsbögen

Die drei Aufgaben sind jeweils auf vier verschiedenfarbigen Papieren kopiert, damit die Kinder das passende Lösungsblatt sofort finden.

Arbeitsauftrag jeweils: *Löse die Aufgaben mit deinem Rechenweg.*

(1)	(2)	(3)	(4)
457 + 267	459 + 348	267 + 267	453 + 188
316 + 286	587 + 244	459 + 458	696 + 205
577 + 264	682 + 278	588 + 313	482 + 179

Auftrag jeweils: *Kontrolliere deine Ergebnisse.*

4.12 Einmaleinszüge mit der Lokomotivzahl 50 (Klasse 3)

Thema der Unterrichtsreihe

Produktive Auseinandersetzung mit dem herausfordernden Übungsformat „Einmaleinszüge".

Ziele der Reihe

Die Kinder sollen ihre Rechenfertigkeiten insbesondere in den Bereichen Multiplikation und Addition festigen und vertiefen, indem sie sich aktiv-entdeckend mit dem Übungsformat „Einmaleinszüge" auseinandersetzen. Außerdem soll eine zunehmend systematischere Vorgehensweise angebahnt werden, indem die Kinder zu verschiedenen Problemstellungen individuelle Lösungsstrategien entwickeln, anwenden und verbalisieren und diese miteinander vergleichen.

Aufbau der Reihe

1. Sequenz: *Wir wiederholen und üben das Kleine Einmaleins und nehmen die 42 Ergebniszahlen unter die Lupe.*

- Wiederholung und Festigung des Kleinen Einmaleins
- Welche Zahlen des Hunderterfeldes sind Ergebniszahlen?
- Untersuchen der Ergebniszahlen in Bezug auf die Anzahl der dazugehörigen Malaufgaben

2. Sequenz: *Wir lernen Einmaleinszüge kennen.*
   - Kennenlernen der Einmaleinszüge und Erarbeitung der Bauregeln
   - Selbstständiges Erstellen von verschiedenen Einmaleinszügen mit zwei und drei Waggons und beliebigen Lokomotivzahlen

3. Sequenz: *Wie viele verschiedene Einmaleinszüge und Lokzahlen finden wir, wenn wir nur die Zahlen 3, 5, 7 und 9 verwenden?*
   - Vertiefung des Übungsformats durch Einschränkung der Vorgaben
   - Erste Anbahnung von systematischem Vorgehen beim Herausfinden der verschiedenen Lokzahlen und dem Erklären von verwendeten Strategien
   - Weitere Vertiefung: erstes Kennenlernen von Einmaleinszügen mit vorgegebener Zielzahl und einigen Waggonzahlen

4. **Sequenz:** **Wir suchen möglichst viele verschiedene Einmaleinszüge mit zwei Waggons und der Lokomotivzahl 50.**
   - **Vertiefende Auseinandersetzung mit dem Übungsformat „Einmaleinszüge" durch das Berechnen von Zügen mit zwei Waggons und der vorgegebenen Zielzahl 50 sowie dem Erklären der Vorgehensweise beim Lösungsprozess.**

5. Sequenz: *Wir suchen möglichst viele verschiedene Züge mit zwei/drei Waggons und der Zielzahl 60/40.*
   - Differenzierte Festigung und Vertiefung der Systematisierung von Lösungsprozessen durch das Übertragen der Strategien auf andere Zielzahlen

6. Sequenz: *Wir berechnen verschiedene, selbstgewählte Aufgaben zu den Einmaleinszügen.*

- Transfer und Üben des Gelernten durch das Bearbeiten selbstgewählter Problemstellungen einer differenzierten Aufgabenkartei zu den Einmaleinszügen

Thema der Stunde

Wir suchen möglichst viele verschiedene Einmaleinszüge mit zwei Waggons und der Lokomotivzahl 50. – Vertiefende Auseinandersetzung mit dem Übungsformat „Einmaleinszüge" durch das Berechnen von Zügen mit zwei Waggons und der vorgegebenen Zielzahl 50 sowie dem Erklären der Vorgehensweise beim Lösungsprozess.

Ziele der Stunde

Die Kinder sollen sich aktiv-entdeckend mit der Problemstellung auseinandersetzen, indem sie möglichst viele verschiedene Züge mit der Lokomotivzahl 50 finden und ihre Vorgehensweise bei der Lösungsfindung aufschreiben und in der Reflexionsphase verbalisieren.

Didaktischer Schwerpunkt

Im dritten Schuljahr sollen die Kinder die Grundrechenarten zunehmend miteinander verbinden (vgl. Lehrplan NRW 2003, S. 77) und die Grundaufgaben des Kopfrechnens (Einmaleins, Zahlzerlegungen) gedächtnismäßig beherrschen (vgl. Bildungsstandards 2004, S. 9). Es ist hierbei sogar ausgesprochen wichtig, dass die Kinder die Fakten des Kleinen Einmaleins nicht nur „irgendwie", sondern *sicher* beherrschen, und dass sie diese rasch abrufbereit haben (vgl. Padberg 2005, S. 128).

Das Übungsformat „Einmaleinszüge" eignet sich ganz besonders, die vorgenannten Zielsetzungen zu erreichen. Hierbei bestehen die Einmaleinszüge aus einer Lokomotive und einer variablen Anzahl von Anhängern. Auf der Lok steht eine Zielzahl x, die durch die Produkte der Waggonzahlen, die additiv miteinander verknüpft werden, zerlegt bzw. rekonstruiert werden muss. Zu beachten ist, dass die Anzahl der Multiplikationen, und demzufolge auch die Addition, abhängig ist von der Anzahl der Anhänger.

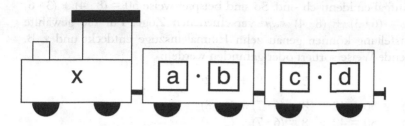

Abbildung 4.4 Einmaleinszug mit zwei Anhängern

Die Lokzahl x ist konkret bei einem Zug mit zwei Waggons die Summe der beiden Produkte a · b und c · d, wobei a, b, c, d natürliche Zahlen zwischen 1 und 10 sind und jede Zahl pro Zug nur einmal verwendet werden darf. Beide Waggonzahlen sind somit Ergebnisse von Aufgaben des Kleinen Einmaleins.

Den Kindern der Klasse 3b sind sämtliche Einmaleinsreihen bekannt, jedoch beherrschen viele Kinder die Einmaleinssätze bis auf die Kernreihen 1, 2, 5 und 10 noch nicht gedächtnismäßig. Als nächste Lerneinheit ist die halbschriftliche Multiplikation vorgesehen. Hierfür ist ein Wiederholen und Festigen des Kleinen Einmaleins sinnvoll und erforderlich. „Das bewusste Einprägen und die sichere Verfügbarkeit sind zudem eine notwendige Voraussetzung für das Multiplizieren und Dividieren im Zahlenraum bis 1 000" (Radatz et al. 1999, S. 89).
Der Forderung, die Grundrechenarten miteinander zu verknüpfen, kann mit dem Übungsformat sehr gut nachgegangen werden, da neben den Multiplikationen auch Additionen und je nach Vorgehensweise Subtraktionen oder Ergänzungen notwendig sind.
Da Einmaleinszüge für viele Kinder eine komplexe Struktur darstellen, wird die Einheit damit begonnen, zunächst Sicherheit in Bezug auf die Ergebniszahlen des Kleinen Einmaleins zu erlangen. Diese werden zunächst ohne Zusammenhang zu den Zügen aufgegriffen, wiederholt und genauer in Hinblick auf die Häufigkeit ihres Erscheinens etc. untersucht. Dadurch sind den Kindern die Aufgaben und Ergebnisse präsenter, und es werden vermutlich weniger „falsche" Züge gefunden.

In der heutigen Stunde sollen die Kinder möglichst viele verschiedene Züge mit der Zielzahl 50 finden. Hierbei gelten Züge nur als verschieden, wenn die enthaltenen Produkte oder Summanden nicht im Sinne von

Tauschaufgaben identisch sind. So sind beispielsweise $50 = (8 \cdot 4) + (3 \cdot 6)$ und $50 = (6 \cdot 3) + (8 \cdot 4)$ *keine* verschiedenen Züge. Für die gewählte Problemstellung können genau zehn Einmaleinszüge entdeckt und z. B. auf folgende Weise sortiert oder gefunden werden:

1) $\quad 50 = 48 + 2 = (6 \cdot 8) + (1 \cdot 2)$

2) $\quad 50 = 42 + 8 = (6 \cdot 7) + (1 \cdot 8)$
3) $\quad 50 = 42 + 8 = (6 \cdot 7) + (2 \cdot 4)$

4) $\quad 50 = 40 + 10 = (4 \cdot 10) + (2 \cdot 5)$
5) $\quad 50 = 40 + 10 = (5 \cdot 8) + (1 \cdot 10)$

6) $\quad 50 = 36 + 14 = (4 \cdot 9) + (2 \cdot 7)$

7) $\quad 50 = 32 + 18 = (4 \cdot 8) + (2 \cdot 9)$
8) $\quad 50 = 32 + 18 = (4 \cdot 8) + (3 \cdot 6)$

9) $\quad 50 = 30 + 20 = (3 \cdot 10) + (4 \cdot 5)$
10) $\quad 50 = 30 + 20 = (5 \cdot 6) + (2 \cdot 10)$

Die Kinder werden sich in Einzel- oder Partnerarbeit mit der Fragestellung auseinandersetzen und selbstständig unterschiedliche Zugänge und Lösungsansätze finden. Im Folgenden sollen einige denkbare Vorgehensweisen kurz skizziert werden:

Wahrscheinlich ist, dass einige Kinder zunächst willkürlich Zahlen für den ersten Waggon wählen und multiplizieren. Anschließend ermitteln sie die Differenz zwischen dem ersten Summanden und der vorgegebenen Zielzahl und folgern daraus den zweiten Summanden. Sie müssen dann überprüfen, ob sich der so gefundene zweite Summand unter Beachtung der Regeln multiplikativ darstellen lässt. Ist dies nicht möglich, müssen die Kinder flexibel reagieren und die gewählten Zahlen unter Berücksichtigung der Zielzahl variieren.

Eine günstige Möglichkeit systematisch vorzugehen ist, für den ersten Summanden zunächst Ergebniszahlen des Kleinen Einmaleins zu wählen, die der Zielzahl möglichst nahe sind, wie in der obigen Auflistung. Es muss wiederum überprüft werden, ob sich die Differenz zu der Zielzahl multiplikativ unter den gegebenen Bedingungen darstellen lässt. Im positiven Fall sollte überprüft werden, ob einem der beiden Summanden noch eine andere Malaufgabe zugeordnet werden kann. Ist dies nicht der Fall, wird analog weiter verfahren.

Eine weitere mögliche Zugangsweise ist, dass einige Kinder bereits in der Lage sind, die Zielzahl additiv in Ergebniszahlen des Einmaleins zu zerlegen und passende Multiplikationsaufgaben dazu suchen oder im Anschluss überlegen, ob die gefundenen Summanden unter Beachtung der Regeln multiplikativ darstellbar sind.

Denkbar ist auch, dass die Kinder auf folgende Art systematisch vorgehen. Sie beginnen mit der Zehner- oder Einerreihe des Kleinen Einmaleins, indem sie für den ersten Waggon zunächst Malaufgaben wie $1 \cdot 2$ oder $10 \cdot 1$ einsetzen und dann überlegen, ob es für den zweiten Waggon eine ergänzende, passende Malaufgabe gibt. Nach einem so gefundenen 50er-Zug könnten sie analog die nachfolgende Malaufgabe (hier: $1 \cdot 3$ oder $10 \cdot 2$) auf ihre Verwendbarkeit bezüglich der Aufgabenstellung untersuchen.

Bei allen Vorgehensweisen ist zu erkennen, dass die Kinder sich in der Arbeitsphase ihrem individuellen Können entsprechend mit der gegebenen Problematik auseinandersetzen, ihre rechnerischen Fertigkeiten hinsichtlich Multiplikation, Addition und Subtraktion trainieren und in der Partnerarbeit ihre Vorgehensweise sprachlich verständlich darstellen.

Um den sachbezogenen Lösungsprozess individuell zu unterstützen und Regelverstöße zu vermeiden, können die Kinder zunächst handelnd mit laminierten Zügen und Zahlenkarten von 1 bis 10 versuchen, 50er-Züge zu finden. Die gefundenen Züge sollen dann auf ein Arbeitsblatt übertragen werden, auf dem auch Platz für das Dokumentieren der Vorgehensweise ist.

Eine Differenzierung soll einerseits dadurch gewährleistet werden, dass die Kinder nach Bedarf ein Hunderterfeld zur Hand nehmen dürfen, auf dem die Ergebniszahlen des Kleinen Einmaleins markiert sind. So muss lediglich überprüft werden, ob durch die multiplikative Darstellung der Produkte die Regeln eingehalten werden können. Andererseits können Kinder, die zügig mit der Aufgabenstellung fertig geworden sind, weiterführende Problemstellungen zu den Zügen erhalten.

Ziel der Unterrichtsstunde ist nicht das Auffinden aller Möglichkeiten von 50er-Zügen, sodass Denkprozesse nicht unter Zeitdruck stattfinden müssen. Der angestrebte Lernzuwachs wird auch von den Kindern erreicht, die nur wenige Lösungsmöglichkeiten finden, denn auch sie trainieren ihre Rechenfertigkeiten, sind kreativ, üben sich im problemlösenden Denken und stellen ihre Lösungswege und Strategien dar.

Verlaufsplan

Phase	Handlungsschritte	a) Sozialform b) Medien
Einstieg	Begrüßung Anknüpfung an die vorangegangene Stunde und Aktualisierung des Vorwissens Transparenz über den Verlauf der heutigen Stunde → möglichst viele Züge mit der Lokomotivzahl 50 finden Wiederholung der Regeln Probehandlung mit Demo-Material: Wie kann man einen 50er-Zug finden? Arbeitsauftrag: Findet alleine oder zu zweit möglichst viele verschiedene Züge mit der Lokomotivzahl 50 und notiert, wie ihr dabei vorgeht. Wir treffen uns am Ende vor der Tafel, sammeln die gefundenen Züge und stellen eure unterschiedlichen Lösungswege vor.	a) Tafelkino b) großer Zug, Zahlenkarten, Regelplakat, Stift, Tafel, Kreide
Erarbeitung	SuS bearbeiten die Problemstellung in Partner- oder Einzelarbeit. SuS, die alle zehn Züge gefunden haben, übertragen diese auf große Züge für die Tafel. Ggf. bearbeiten SuS Zusatzaufgaben.	a) EA oder PA b) AB, Handlungsmaterial für die Kinder, Hunderterfeld mit markierten 1x1-Ergebnissen, Zusatz-AB
Ergebnissicherung	Präsentation der gefundenen Züge SuS stellen ihre Vorgehensweisen dar. HA und Ausblick auf die nächste Stunde	a) Tafelkino b) Große Züge, Stift, Tafel, Kreide, HA-AB

Literatur

Floer Jürgen, *Einmaleins-Züge – Anregungen zum entdeckenden Üben*, In: Praxis Grundschule, 3/2001, S. 16–24

Ministerium für Schule, Jugend und Kinder des Landes NRW (Hrsg.), *Grundschule. Richtlinien und Lehrpläne zur Erprobung. Mathematik*, Ritterbach, Frechen, 2003

Padberg Friedhelm, *Didaktik der Arithmetik für Lehrerausbildung und Lehrerfortbildung*, 3. Auflage, Elsevier/Spektrum Akademischer Verlag, München, 2005

Radatz Hendrik & Schipper Wilhelm, *Handbuch für den Mathematikunterricht an Grundschulen*, 6. Auflage, Schroedel, Hannover, 2004

Radatz Hendrik et al., *Handbuch für den Mathematikunterricht. 3. Schuljahr*, Schroedel, Hannover, 1999

Sekretariat der Ständigen Konferenz der Kultusminister der Länder in der Bundesrepublik Deutschland, *Beschlüsse der Kultusministerkonferenz: Bildungsstandards im Fach Mathematik für den Primarbereich. Beschluss vom 15.10.2004*, Luchterhand, München und Neuwied, 2004

Anhang

1	2	3	4	5	6	7	8	9	10
	12		14	15	16		18		20
21			24	25		27	28		30
	32			35	36				40
	42			45			48	49	50
			54		56				60
		63	64						70
	72								80
81									90
									100

Abbildung 4.5 Die 42 Einmaleinsergebnisse auf der Hundertertafel

Abbildung 4.6 Vorlage Einmaleinszug mit zwei Anhängern

4.13 Überschlägiges Addieren im Tausenderraum (Klasse 3)

Thema der Unterrichtsreihe

Entwicklung einer Vorstellung von der Größe der Zahlen – Möglichkeiten der Selbstkontrolle und Fehlererkennung.

Situation der Klasse/Lernausgangslage der Schüler

Seit geraumer Zeit ist mit den Kindern der Zahlenraum bis 1 000 erweitert worden. Sie haben sich intensiv mit dessen Aufbau und den Zahlbeziehungen beschäftigt. Sowohl Zahlzerlegungen, Ergänzungen bis zum nächsten Hunderter als auch Addition und Subtraktion dreistelliger Zahlen mit ganzen Zehnern wurden ausgeführt. Die diagnostischen Überprüfungen zu diesem Thema zeigten gute Leistungen und deuteten bei keinem Kind auf Probleme hin.

Die Beherrschung der Grundaufgaben für die Operation der Addition kann als gesichert vorausgesetzt werden.

In den vergangenen Stunden haben die Kinder ihre heuristischen Strategien vom Hunderterraum auf den Tausenderraum übertragen. Halbschriftliche Rechenstrategien führten sie schrittweise zur Lösung. Viele Schüler beschränken sich dabei auf einen Rechenweg, wobei der meist verwendete Weg der des schrittweisen Rechnens ist. Einige leistungsstärkere Schüler variieren ihre Rechenwege.

Die Kinder haben die Rundungsregeln auf den Zehner und Hunderter kennen gelernt und geübt. Bei wenigen Schülern zeigen sich noch Unsicherheiten in Bezug auf die zu rundende Stelle. Soll auf Hunderter gerundet werden, ist ihnen nicht immer klar, dass ausschließlich auf die rechte Nachbarstelle, hier also auf die Zehnerstelle, geschaut werden muss, um über Auf- oder Abrunden zu entscheiden. Auf diese Kinder wird in der heutigen Unterrichtsstunde besonders Acht gegeben.

In den Gesprächsphasen müssen sich die Kinder an die Gesprächsregeln halten und einander zuhören. Dies gelingt vielen Kindern recht gut. Ansonsten reicht meist ein kurzer Hinweis, um die Kinder daran zu erinnern. In den Phasen der individuellen Arbeit kommt es vor, dass einzelne Kinder ihren Nachbarn mehr Aufmerksamkeit schenken als der Aufgabe. Hier wird zu schauen sein, ob die Probleme im nicht verstandenen Arbeitsauftrag liegen oder ob ein Platz außerhalb der Tischgruppe das Arbeiten erleichtern kann.

Konzeption der Unterrichtsstunde

Thema der Unterrichtsstunde

Überschlägiges Rechnen – Addition im Tausenderraum.

1. Lernziele

Lernziele der Unterrichtseinheit:

- Die Kinder sollen Ergebnisse mittels Überschlagsrechnungen überprüfen können.
- Sie sollen einen „Blick" für die Zahlen und deren Größenordnung bekommen.
- Die Eigenverantwortung und Selbstkontrolle der Kinder soll durch die Einheit gesteigert werden.

Lernziel der Unterrichtsstunde:

- Sie sollen das überschlägige Rechnen kennen lernen und erste Erfahrungen zu den Vorteilen des Überschlagens beim Überprüfen von Aufgaben bzw. beim Erkennen von Fehlern sammeln.

2. Stellung der Stunde in der Unterrichtseinheit

Sequenzen	Inhalte der Sequenzen
1	Zahlbeziehungen: Vorgänger/Nachfolger, Nachbarzehner, Nachbarhunderter
2	Runden auf Zehner/Hunderter
3	Genaue Angaben, ungefähre Angaben
4	**Überschlägiges Rechnen – Addition im Tausenderraum**
5	Überschlagsrechnungen zur Nachprüfung von Additions- und Subtraktionsaufgaben

Die aufgeführten Aspekte der Unterrichtseinheit beschränken sich nicht jeweils auf eine Stunde. Es sind keine direkt aufeinander folgende Stunden. Das überschlägige Rechnen wird immer wieder aufgegriffen und im Zusammenhang mit den schriftlichen Rechenverfahren zur Multiplikation und Division nochmals große Bedeutung haben.

3. Didaktisch-methodische Überlegungen zur Unterrichtseinheit und Unterrichtsstunde

Die Bildungsstandards (2004, S. 6) sehen für das Fach Mathematik vor, dass die Schüler nicht nur Kenntnisse und Fertigkeiten im Mathematikunterricht erlernen, sondern ein gesichertes Verständnis mathematischer Inhalte erlangen. Ebenso sollen mathematische Aussagen von den Schülern hinterfragt und auf ihre Korrektheit überprüft werden. Hier fordern die Bildungsstandards die allgemeinen mathematischen Kompetenzen des Argumentierens und darüber hinaus des Kommunizierens (vgl. ebd., S. 8). Aus diesem Grund scheint die Überschlagsrechnung als Lösungskontrolle mit der Möglichkeit, eigene Fehler zu finden, an dieser Stelle sinnvoll eingesetzt. „Einen Fehler identifizieren zu können, weil das Ergebnis von der Größenordnung her nicht richtig sein kann, hängt eng mit einem Aspekt von Zahlenverständnis zusammen [...] nämlich mit der Fähigkeit, Zahlen und Maße schätzen und Überschlagsrechnungen durchführen zu können" (Radatz et al. 2006, S. 112). Damit wird bei den Kindern der Blick für die Zahlen und ein Gefühl für die Größe von Zahlen geschult (vgl. ebd., S. 112).

Eine große Zukunftsbedeutung hat das Runden und Überschlagen gerade durch den Einsatz von Taschenrechnern und Computern bekommen. Das genaue Rechnen mit großen Zahlen hat eine immer weniger werdende Bedeutung, da wir in unserer Arbeitswelt zu elektronischen Rechenhilfen greifen. Gerade im Hinblick darauf werden das überschlägige Rechnen und das Abschätzen von Ergebnissen und Größenordnungen immer wichtiger, um uns nicht zu einem bedingungslosen Verlassen auf Computerergebnisse zu führen (vgl. Padberg 2005, S. 313; Rahmenplan Grundschule 1995, S. 152).

Im Mathematikunterricht der Grundschule benötigen die Kinder das Überschlagen zum Nachprüfen eigener Rechenergebnisse. Mit der Erweiterung des Zahlenraums und der größeren Komplexität der Aufgaben wird ein schnelles Überprüfen immer wichtiger.

> „Überschlagsrechnungen nach vorherigem Runden sind zwar keine genauen, aber sehr hilfreiche und effektive Kontrollen, zu denen die Schüler bereits frühzeitig im Laufe der Grundschule angehalten werden sollen." (Radatz et al. 2006, S. 113)

Mit dem überschlägigen Rechnen wird der „Zahlenblick" der Schüler geschult. Dieser wird benötigt für das Abschätzen von Ergebnissen und das schnelle Erkennen von Rechenfehlern. Der Blick für Zahlen und Größenordnungen muss erhalten bleiben, auch und gerade wenn beim schriftlichen Rechnen nur noch mit einzelnen Stellenwerten gerechnet wird. Umso wichtiger ist es nun, Ergebnisse kritisch zu prüfen und auf ihre Plausibilität zu untersuchen. Die Bedeutung dieser Kontrolle wird später bei der schriftlichen Multiplikation und Division abermals deutlich. Leicht passieren hier Fehler und ganze Stellen werden unterschlagen. Durch das überschlägige Rechnen erkennen die Kinder Unstimmigkeiten.

Ein generelles Problem der Überschlagsrechnung ist, dass es den Kindern leicht lästig und überflüssig erscheint. In dieser Unterrichtseinheit soll die Eigenverantwortung der Kinder zur Selbstkontrolle gesteigert werden. Um den Kindern den Nutzen des Überschlagens erfahrbar zu machen, müssen Aufgaben so gewählt werden, dass die Kinder durch eine vorherige Überschlagsrechnung einen Vorteil haben (vgl. Padberg 2005, S. 217; vgl. Arbeitsblatt im Anhang).

Das Runden ist eine notwendige Voraussetzung für das überschlägige Rechnen und hat für die Schüler lebensnahe Bedeutung bei der Darstellung und Interpretation von Daten.

Schon zu Beginn dieser Einheit wurde mit den Schülern anhand von entsprechenden Aufgabenstellungen die Frage diskutiert, für welche Situationen ungefähre Angaben ausreichen und an welcher Stelle sinnvolles Runden nötig ist. Alltagsbezüge wurden dabei zu Angaben in Zeitungsberichten und zu unserer wöchentlichen Schätzaufgabe hergestellt.

4. Methodische Überlegungen zur Stunde

Als Einstieg wird die Overhead-Präsentation einer den Kindern bekannten Schulsituation gewählt (Abb. 4.7).

Abbildung 4.7 Einstieg zum überschlägigen Addieren im Tausenderraum (aus Schütte 2005a, S. 35)

Die Ideen der Kinder sollen an dieser Stelle gesammelt werden.

Die vermutlichen Gedanken des Jungen auf dem Bild werden erarbeitet und an der Tafel visualisiert. Mithilfe des Zahlenstrahls wird verdeutlicht, dass das Ergebnis „in der Nähe von 820" liegen muss. Die Überschlagsrechnung wird mit den Schülern besprochen.

In der nächsten Phase der Stunde werden die Schüler angehalten, Überschlagsrechnungen in ihrem Rechenheft auszuführen. Die erworbenen Kenntnisse des Rundens aus den letzten Sequenzen der Einheit werden von den Kindern dabei in der Anwendung geübt. Der Zahlenstrahl steht hier als Angebot für einige schwächere Kinder zur Verfügung.

Dazu erhalten alle Kinder je eine rote und blaue Karte. Die zur Wahl stehenden Ergebnisse sind blau und rot an die Tafel geschrieben. Beispiel:

Aufgaben:	455 + 217		481 + 447	
Lösungsmöglichkeiten:	772	672	928	848
	(rot)	(blau)	(rot)	(blau)

So können alle Kinder per Handzeichen mit der Karte ihre Entscheidung bekannt geben und die Lehrerin hat eine direkte Rückmeldung aller Kinder. Einzelne Kinder stellen ihre Überschlagsrechnung dar und begründen ihre Entscheidungen. Diese werden an der Tafel notiert und am Zahlenstrahl visualisiert.

In der sich anschließenden Arbeitsphase II erfahren die Schüler nochmals einen direkten Nutzen der Überschlagsrechnung. Auf dem vorliegenden Arbeitsblatt müssen nur die Aufgaben gerechnet werden, deren Ergebnis über 555 liegt. Durch die Überschlagsrechnung kann der Schüler profitieren, da er durch dessen Ermittlung nur noch Aufgaben lösen muss, deren Ergebnis größer als 555 ist. Es werden Arbeitsblätter auf drei unterschiedlichen Schwierigkeitsstufen angeboten. Alle Arbeitsblätter beginnen mit leichteren Überschlagsaufgaben und einem hohen Anteil an Aufgaben, die nicht genau berechnet werden müssen. Die Differenzierung besteht dann in der Steigerung des Schwierigkeitsgrades der zu lösenden Aufgaben und dem Anteil der genau zu berechnenden Aufgaben. Auf die eingangs beschriebenen Kinder, die noch Unsicherheiten im Bereich des Rundens zeigen, wird hier gezielt geachtet.

Nachdem die Kinder die entsprechenden Aufgaben des Arbeitsblattes bearbeitet haben, werden die Lösungen der auf allen Arbeitsblättern gleichen Aufgaben als Folie präsentiert. Da sich in der Lösungsvorgabe zwei Fehler eingeschlichen haben, sollen die Kinder an dieser Stelle sensibilisiert werden, Fehllösungen aufzuspüren, zu verbalisieren und zu reflektieren. Auch soll an dieser Stelle die Zweckmäßigkeit der Überschlagsrechnung nochmals thematisiert werden.

Nachdem die beiden Fehler entdeckt und berichtigt wurden, steht die Folie als Lösungsblatt zur Verfügung. Zwei weitere Lösungsblätter stehen als Kopien zur Kontrolle bereit. Die Kinder haben so eine direkte Rückmeldung ihrer Arbeit.

Geplanter Stundenverlauf

Phase	geplanter Unterrichtsverlauf	Sozialform	Medien
Begrüßung			
Einstieg	Präsentation einer Situation: Wie konnte er das so schnell erkennen?	Frontal-situation, L–SuS–Gespräch	OHP, Folie, Tafel, Zahlenstrahl
Arbeits-phase I	Aufgaben an der Tafel mit jeweils zwei Ergebnisangeboten; gemeinsam wird durch Überschlagsrechnung überprüft, welches Ergebnis ausgeschlossen werden kann.	L–SuS–Gespräch, Schüler-Aktion	Tafel, Heft, blaue und rote Karten, (Zahlenstrahl)
Arbeits-phase II	Erklärung des AB; Sch. sollen nur Aufgaben, deren Ergebnis über einem bestimmten Wert liegt, im Heft berechnen. Diese Auswahl treffen sie mittels Überschlagsrechnung.	individuelle Arbeit am Platz	differenzierte Arbeitsblätter, Heft, (Zahlenstrahl)
Reflexions-phase	Vorsicht: Zwei Fehler sind aufzuspüren! Vergleich eigener Lösungen mit der Folie; Kontrolle mit Kontrollkopie.	Schüler-aktivität, Gespräch	Overheadfolie, Lösungsfolie, Lösungskopien

Literatur

Hessisches Kultusministerium, *Rahmenplan Grundschule*, Wiesbaden, 1995

Padberg Friedhelm, *Didaktik der Arithmetik für Lehrerausbildung und Lehrerfortbildung*, 3. Auflage, Elsevier/Spektrum Akademischer Verlag, München, 2005

Radatz Hendrik et al., *Handbuch für den Mathematikunterricht, 3. Schuljahr*, Schroedel, Hannover, 2006

Schütte Sybille, *Die Matheprofis 3*, Oldenbourg, München, 2005a

Schütte Sybille, *Die Matheprofis 3, Lehrermaterialien*, Oldenbourg, München, 2005b

Sekretariat der Ständigen Konferenz der Kultusminister der Länder in der Bundesrepublik Deutschland, *Beschlüsse der Kultusministerkonferenz: Bildungsstandards im Fach Mathematik für den Primarbereich. Beschluss vom 15.10.2004*, Luchterhand, München und Neuwied, 2004

Anhang

Beispiel für ein Arbeitsblatt (leicht):

Rechne nur die Aufgaben, deren Ergebnis größer als 555 ist.
Die Überschlagsrechnung hilft dir.

460 + 100 = _____

| 458 + 99 = ... | 499 + 58 = ... | 352 + 201 = ... |

....

....

....

| 280 + 128 = ... | 223 + 240 = ... | 387 + 221 = ... |

....

....

| 474 + 148 = ... | 158 + 398 = ... | 237 + 179 = ... |

....

....

....

| 348 + 212 = ... | 288 + 299 = ... | 389 + 169 = ... |

....

....

4.14 Ein Quadrat aus zwei Tangrams (Klasse 3)

Thema der Unterrichtseinheit

Das Tangram – Im handelnden Umgang mit den im Legespiel vorkommenden geometrischen Formen entdecken wir deren Eigenschaften sowie Beziehungen der Formen untereinander und entwickeln dadurch Legestrategien beim Auslegen von Flächen und Figuren.

Übersicht über die Unterrichtseinheit

1. Sequenz: Kennenlernen des Tangram-Spiels – Unter besonderer Berücksichtigung des noch unbekannten Parallelogramms benennen wir die sieben Teile des Tangrams, zeichnen sie in ein Punkteraster und wiederholen die Eigenschaften der geometrischen Grundformen Dreieck und Quadrat.

2. Sequenz: Viele Figuren aus sieben Teilen – Aus einer Tangram-Kartei mit verschiedenen Schwierigkeitsstufen wählen wir Figuren aus, die wir mit dem Tangram aus- oder nachlegen.

3. Sequenz: Ein Quadrat aus zwei Tangrams – Paarweise legen wir aus zwei Tangrams ein Quadrat und halten unsere Lösung zeichnerisch in einem Punktefeld fest.

4. Sequenz: Kreieren eigener Tangram-Figuren – Im freien Umgang mit dem Legespiel erfinden wir eigene Figuren zur Ergänzung der Tangram-Kartei.

5. Sequenz: Unsere Tangram-Ausstellung – Wir stellen selbst ein Tangram aus Tonpapier her, legen damit unsere Lieblingsfigur und kleben sie für eine Ausstellung im Glaskasten auf bunten Karton.

Thema der Unterrichtsstunde

Ein Quadrat aus zwei Tangrams – Paarweise legen wir aus zwei Tangrams ein Quadrat und halten unsere Lösung zeichnerisch in einem Punktefeld fest.

Intention der Unterrichtsstunde

Die Herstellung eines Quadrats aus zwei Tangrams soll die Schüler zur Anwendung von Legestrategien herausfordern, ihre Kenntnisse im Bereich geometrischer Formen und Lagebeziehungen festigen und durch die Dokumentation die zeichnerischen Fähigkeiten ausbauen.

Darstellung des didaktischen Schwerpunktes der Unterrichtsstunde

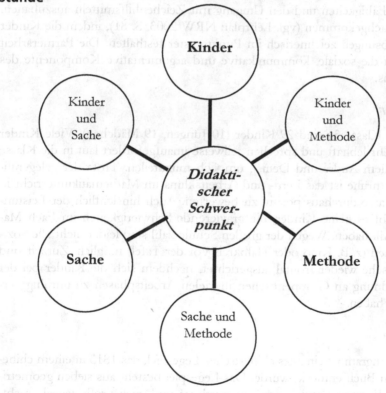

Abbildung 4.8 Darstellung des Begründungszusammenhangs im Entwurf

Die Darstellung der nachfolgend erläuterten Aspekte wurde im Entwurf wie in Abbildung 4.8 ersichtlich angeordnet und veranschaulicht auf diese Weise wichtige Zusammenhänge.

Didaktischer Schwerpunkt

Im Mittelpunkt dieser Stunde steht die geometrische Aufgabe, paarweise unter Zuhilfenahme gestaffelter Vorgaben aus zwei Tangrams ein Quadrat zu legen und dieses in ein Punkteraster einzuzeichnen. Diese Aufgabe und das zur Verfügung stehende Material stellen für die Kinder eine herausfordernde Situation dar, sich handelnd und spielerisch mit den geometrischen Formen und deren (Lage-)Beziehungen zueinander auseinanderzusetzen (vgl. Lehrplan NRW 2003, S. 79).
Dem durchgehenden Anliegen des Geometrieunterrichts, die zeichnerischen Fähigkeiten und den Umgang mit Zeichenhilfsmitteln auszubauen, wird nachgekommen (vgl. Lehrplan NRW 2003, S. 81), indem die Kinder ihre Lösungen zeichnerisch im Punkteraster festhalten. Die Partnerarbeit fördert die soziale, kommunikative und argumentative Komponente des Lernens.

Kinder

In der Klasse 3a sind 29 Kinder (10 Jungen, 19 Mädchen). Viele Kinder sind sehr lebhaft und sprechen teilweise unaufgefordert laut in die Klasse (vor allem André und Denis), um sich mitzuteilen. Trotz der gelegentlichen Unruhe ist das Lern- und Arbeitsklima im Mathematikunterricht in der Klasse durchaus positiv zu bewerten. Auch hinsichtlich der Leistungen gibt es keine Kinder, die gravierende Schwierigkeiten im Fach Mathematik haben. Wegen der großen Schülerzahl sind leider nicht alle Sozialformen (z. B. Kino oder Halbkreis vor der Tafel) möglich. Zurzeit sind die Tische wieder frontal ausgerichtet, nachdem sich die Kinder bei der Sitzordnung an Gruppentischen in vielen Arbeitsphasen zu unruhig verhalten haben.

Sache

Das Tangram ist ein altes chinesisches Legespiel, das 1813 in einem chinesischen Buch entdeckt wurde. Das Legespiel besteht aus sieben geometrischen Formen (zwei kleine, ein mittleres und zwei große jeweils rechtwinklige, gleichschenklige Dreiecke, ein Quadrat und ein Parallelogramm), die durch die einfache Zerlegung eines Quadrats entstehen. Mit Kopien des kleinen Dreiecks lassen sich alle Teilfiguren auslegen.

Das Tangram ist sehr beliebt und lässt sich im Geometrieunterricht sehr vielseitig einsetzen. Man kann Figuren sehr unterschiedlichen Schwierigkeitsgrades nachlegen lassen, bei denen die Linien zwischen den einzelnen Teilen sichtbar sind oder – deutlich schwieriger – bei denen man nur die Umrissfiguren sieht. Man kann aus den Teilen u. a. geometrische Grundformen wie Rechteck, Quadrat, Trapez und Dreieck legen lassen u. v. m. (vgl. Franke 2007, S. 185ff.).

Methode

Um den Kindern den Ablauf und die Aufgabe der Stunde transparent zu machen, wird ein informativer Einstieg gewählt. Weil zum Erklären der Aufgabe ein Tafelbild erstellt wurde, ist der Unterricht in dieser Phase frontal ausgerichtet.

In der Arbeitsphase befassen sich die Kinder jeweils zu zweit mit der Bearbeitung der Aufgabe, wobei alle an ihren Plätzen sitzen bleiben, um Komplikationen zu vermeiden, die bei freier Partnerwahl entstünden.

Die Reflexionsphase ist so geplant, dass die Kinder die in der Arbeitsphase gemachten Erfahrungen verbalisieren und auf diese Weise vertiefen. Ein Kind kommt an die Magnettafel und hat dort die Aufgabe, eine Lösung nur anhand der Beschreibungen seiner Mitschüler nachzulegen. Zu diesem Zweck wird die Lösung mit einem Episkop so an die Seitenwand des Klassenraums projiziert, dass sie nur von den anderen Schülern gesehen werden kann. Das Gelingen dieser Aufgabe erfordert eine exakte Benennung der Figuren und deren Lage und Position im Quadrat. Dadurch werden die Kinder sensibel für Bedeutung eindeutiger, verständlicher Begriffe und richtiger geometrischer Bezeichnungen.

Kinder und Sache

Bis auf Jan-Philipp und Moritz, die ein Tangram besitzen (und auch schon in den Unterricht mitgebracht haben), kannten die Kinder der Klasse 3a vor Beginn der Einheit das Legespiel nicht. Als die Kinder im zweiten Schuljahr waren, in dem das Tangram häufig zum ersten Mal eingesetzt wird, kannte ich das Legespiel selbst noch nicht (Ich habe es erst im Seminar kennengelernt.). Auch wenn den Kindern die beim Tangram vorkommenden geometrischen Figuren bis auf das Parallelogramm bekannt waren, bietet das Tangram auch viele Einsatzmöglichkeiten auf dem Niveau von Drittklässlern. Die Aus- und Nachlegeaufgaben lassen sich in vielen Varianten und Schwierigkeitsstufen ausführen und kommen so den unterschiedlichen Lernvoraussetzungen der Schüler entgegen. Dieser Differenzierungsaspekt fand beim handelnden Umgang mit der Tangram-Kartei (Karten in vier Schwierigkeitsstufen) Berücksichtigung.

Anhand der rechtwinkligen Dreiecke und des Parallelogramms haben die Kinder zu Beginn der Einheit die Begriffe „rechter Winkel", „senkrecht" und „parallel" (Geometriethema im Mathematikbuch) kennengelernt. Außerdem wurden von den Kindern alle sieben Teile des Tangrams in ein Punktefeld eingezeichnet, sodass sie bezüglich der Zeichenaufgabe in dieser Stunde schon Vorerfahrungen einbringen.

Bisher waren die Kinder beim handelnden Umgang mit den Tangramspielen sehr motiviert und haben mit Begeisterung herausgefunden, welche Seiten der verschiedenen Formen gleich lang sind und wie die Formen in Beziehung zueinander stehen. Die konkreten Erfahrungen mit dem Legespiel gewährleisten, dass sich die Auseinandersetzung mit geometrischen Phänomenen nicht in einer reinen Beschreibung erschöpft, sondern dass auch konstruktive Elemente und begriffliches Denken möglich sind.

Kinder und Methode

Partnerarbeit sind die Kinder gewöhnt. Da die Anzahl der Kinder in der Klasse 3a ungerade ist, gibt es eine Dreiergruppe (Lotta, Diana und Nathalie), falls alle Kinder anwesend sind. Die meisten Kinder arbeiten gerne mit ihrem Sitznachbarn zusammen und kommen i. d. R. mit ihm ins Gespräch über den mathematischen Inhalt der Stunde. Auf diese Weise werden mathematische Inhalte verbalisiert, und es findet ein Austausch über Legestrategien und Lösungsvorgänge statt.

Mit dem Material können die Kinder das Unterrichtsziel handelnd und im Sinne des entdeckenden Lernens erreichen. Die gestaffelten Hilfen bieten allen Kindern die Möglichkeit, mindestens eine Lösung zu entdecken und Legestrategien zu entwickeln. Die farbigen Holzformen und der quadratische Holzrahmen ermöglichen den Kindern ästhetische Erfahrungen durch Wahrnehmen und selbsttätiges Gestalten. Dies animiert dazu, Lösungen bzw. Muster zu variieren, wodurch kreatives Denken und Handeln geschult wird.

In der Reflexionsphase kommt den Kindern die spielerische Art entgegen. Sie sind motiviert, die Lagebeziehungen zwischen den Formen genau zu beschreiben und somit ihre Legestrategien zu verbalisieren.

Sache und Methode

Weil den Kindern die Aufgabe der heutigen Stunde erst verständlich ge-macht werden muss, wird sie in einem informierenden Einstieg geklärt.

Organisatorisch bietet sich für die Arbeitsphase die Partnerarbeit an, weil für jedes Kind nur ein Tangramspiel zur Verfügung steht. Aber auch hin-sichtlich der Versprachlichung mathematischer Ideen sowie sozialer Lern-ziele stellt die Form der Partnerarbeit eine sinnvolle Alternative zur Ein-zelarbeit dar. Gegenseitig können die Kinder voneinander profitieren und miteinander zur Lösung finden.

Das Einzeichnen der (ersten) gefundenen Lösung in ein Punktefeld soll jedes Kind alleine ausführen. Dies geschieht sowohl zur Übung der zeich-nerischen Fertigkeiten als auch zu Dokumentationszwecken.

Um in der Reflexionsphase möglichst allen Kindern die Gelegenheit zu bieten, sich aktiv an der Verbalisierung von Legestrategien und geometri-schen Grundkenntnissen zu beteiligen, werden in spielerischer Form ex-emplarisch ein oder zwei Lösungen an der Magnettafel nachgelegt. Auf diese Weise wird das Lernziel nicht nur auf akustischer, sondern auch auf visueller Ebene gefestigt.

Dokumentation des geplanten Verlaufs

Einstieg

Sozialform: frontal

Medien: zwei große Tangrams für die Magnettafel als Demonstrati-onsmaterial, Tafel, quadratische Holzrahmen, Schablonen mit Punkteraster und gestaffelte Hilfen (weiß, gelb, orange, rot), die genau in die Holzrahmen passen, Arbeitsblätter mit quadratischem Punktraster zum Einzeichnen der Lösungen

1. Begrüßung und Bekanntgabe des Stundenthemas sowie des geplanten Stundenablaufs.
2. Kurze gemeinsame Wiederholung der sieben Tangramteile; Klärung der Anzahl der einzelnen geometrischen Formen aus zwei Tangramtei-len (vier große Dreiecke, zwei mittlere Dreiecke, vier kleine Dreiecke, zwei Quadrate, zwei Parallelogramme, insgesamt also 14 Teile).
3. Kurze Wiederholung der Eigenschaften des Quadrats.
4. Präsentation der quadratischen Holzrahmen, die von den Kindern paarweise mit den 14 Tangramteilen ausgelegt werden sollen.

5. Besprechung des Umgangs mit den „Hilfeschablonen" (Die vier Farben entsprechen vier Schwierigkeitsgraden, die den Kindern schon von der Tangram-Kartei bekannt sind.).
6. Vorstellen des Arbeitsblattes, auf dem die Kinder ihre Lösungen einzeichnen sollen.
7. Der Austeildienst verteilt die Arbeitsblätter. LAA verteilt die Holzrahmen und die Tangrams.

Arbeitsphase

Sozialform: Partnerarbeit (und eine Dreiergruppe)

Medien: Holzrahmen, Tangrams, Schablonen, Arbeitsblätter, Lineal, Bleistift

1. Beginn der Arbeitsphase: Partnerweise versuchen die Kinder, das Quadrat auszulegen.
2. Gelingt dies nicht ohne Vorgaben, holen sich die Kinder „Hilfeschablonen" ihrer Wahl.
3. Fertige Lösungen werden auf dem Arbeitsblatt eingezeichnet.
4. Schnellere Schüler können weitere Lösungen suchen. Falls sie dabei nicht von selbst auf die Idee kommen, jeweils nur einzelne Formen umzulegen, gibt der LAA beim Herumgehen diesen Tipp.
5. Beendigung der Arbeitsphase durch ein akustisches Signal.
6. Holzrahmen mit Lösungen werden zur späteren Demonstration auf die Fensterbank gelegt, und die Arbeitsblätter werden in die Mappen geheftet.

Reflexionsphase

Sozialform: Die Kinder rücken so zusammen, dass alle Kinder eine gute Sicht auf die Tafel und auf die Seitenwand haben, auf die mit dem Episkop eine Lösung projiziert wird.

Medien: Episkop, Magnettafel, zwei große Tangrams (magnetisch)

1. LAA wählt ein Kind aus, das an der Tafel die an die Seitenwand projizierte Lösung nachlegen darf. Dieses Kind darf nicht auf die Lösung schauen.
2. Die anderen Kinder beschreiben nacheinander, wie die Tangramteile an der Tafel angeordnet werden müssen. Ein Kind beschreibt immer die Position einer Form und nimmt dann das nächste Kind dran.

3. Evtl. wird eine zweite Lösung an der Tafel nachgelegt.
4. Verabschiedung und Ausblick auf die Folgestunde.
(In der Frühstückspause dürfen sich die Kinder die Lösungen der Mitschüler auf der Fensterbank anschauen.)

Literatur

Delft Pieter van & Botermans Jack, *Denkspiele der Welt*, Heimeran, München, 1977

Franke Marianne, *Didaktik der Geometrie in der Grundschule*, 2. Auflage, Elsevier/Spektrum Akademischer Verlag, München, 2007

Ministerium für Schule, Jugend und Kinder des Landes NRW (Hrsg.), *Grundschule. Richtlinien und Lehrpläne zur Erprobung. Mathematik*, Ritterbach, Frechen, 2003

Wittmann Erich Ch. et al., *Das Zahlenbuch. Mathematik im 2. Schuljahr. Lehrerband*, Klett, Stuttgart u. a., 1995

Anhang

Arbeitsblatt zum Eintragen der gefundenen Lösungen

Ein Quadrat aus zwei Tangrams

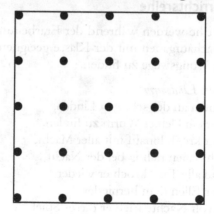

4.15 Das Schiffsproblem (Klasse 3)

Thema der Unterrichtsreihe

Entwicklung und Festigung von Strategien zur Lösung problemhaltiger Denk- und Sachaufgaben.

Ziele der Unterrichtsreihe

Die Kinder sollen

- individuelle Lösungsansätze bei verschiedenen problemhaltigen Sachaufgaben finden.

- lernen, ihre Lösungswege ausführlich zu dokumentieren.

- ihr Vorgehen und ihre Strategien verbalisieren.

- die Lösungswege anderer Schüler nachvollziehen.

- ansatzweise lernen, verschiedene Lösungswege bewertend miteinander zu vergleichen und über den Vergleich verschiedener Lösungswege ihre eigene Herangehensweise möglicherweise zu optimieren.

Aufbau der Unterrichtsreihe

In der gesamten Reihe werden während der Erarbeitung der problemhaltigen Denk- und Sachaufgaben mit der Klasse geeignete Strategien entwickelt, um leichter Lösungswege zu finden.

1. Sequenz: *Vom Lindwurm*
Unten an der schönen Linden,
war ein kleiner Wurm zu finden.
Der kroch hinauf mit aller Macht,
acht Ellen richtig bei der Nacht,
und alle Tage kroch er wieder
vier Ellen dran hernieder.
Zwölf Nächte trieb er dieses Spiel,
bis dass er von der Spitze fiel.
Und am Morgen in die Pfütze
und kühlte sich ab von seiner Hitze.
Mein Schüler, sage ohne Scheu,
wie hoch dieselbe Linde sei.

2. Sequenz: *Der Weg der kleinen Ameise auf dem Quadrat:*
                Die Seite des Quadrats ist 200 m lang. Tagsüber legt die
                Ameise genau 200 m zurück. Aber während der Nacht
                bläst sie ein starker Wind die halbe Strecke, die sie wäh-
                rend des Tages zurückgelegt hat, wieder zurück. Am
                Montagmorgen geht sie los. Sie läuft von A aus über B,
                C und D wieder zurück zu A. Wann wird sie wieder bei
                A ankommen?

3. Sequenz: **Das Schiffsproblem 1:**
                Zwei Schiffe liegen in zwei 162 km voneinander ent-
                fernten Häfen. Beide Schiffe fahren gleichzeitig los
                und aufeinander zu. Schiff A fährt konstant fünfmal
                so schnell wie Schiff B. Wie viele Kilometer ist Schiff
                A gefahren, wenn es auf Schiff B trifft?

4. Sequenz: *Das Schiffsproblem 2:*
                Zwei Schiffe liegen im gleichen Hafen. Schiff A fährt ge-
                nau auf Nordkurs aus dem Hafen. Nachdem es 180 km
                zurückgelegt hat, fährt Schiff B auf demselben Kurs los.
                Es fährt jedoch konstant zehnmal schneller als das erste
                Schiff. Nach wie vielen Kilometern hat Schiff B Schiff A
                eingeholt?

Thema der Stunde

Das Schiffsproblem 1 – selbstständiges Entwickeln von Lösungsstrategien zu
einer problemhaltigen Sachaufgabe.

Ziele der Stunde

Die Kinder sollen das mathematische Problem der Stunde erkennen, sich
selbstständig mit einem Partner oder in Kleingruppen aktiv mit der Aufgabe auseinander setzen und Lösungswege entwickeln. Die gefunden Lösungswege sollen die Kinder in der Reflexionsphase der Klasse vorstellen,
indem sie diese verbalisieren und ansatzweise bewertend vergleichen.

Didaktischer Schwerpunkt

Der Lehrplan Mathematik gibt für den Bereich „Sachrechnen" in Klasse 3
und 4 den Aufgabenschwerpunkt vor, dass Kinder „Sachaufgaben, auch

mit mehreren Rechenschritten, […] darstellen, bearbeiten, lösen und Ergebnisse auf ihre Problemangemessenheit prüfen" (Lehrplan NRW 2003, S. 83). Der Lehrplan fordert des Weiteren, dass sich die Kinder über andere Lösungswege austauschen, über verschiedene Herangehensweisen nachdenken und sie bewerten (vgl. ebd., S. 85f.). Als verbindliche Anforderung wird ferner gefordert, dass die Kinder nach Klasse 4 „eigene Lösungswege gehen" und „eigene Überlegungen übersichtlich und für andere nachvollziehbar mündlich oder schriftlich ausdrücken" können (ebd., S. 86).

Die für die heutige Stunde ausgewählte Aufgabe bietet den Rahmen für die im Lehrplan vorgesehene Auseinandersetzung und eine Möglichkeit, die geforderten Anforderungen zu erreichen.

Die Aufgabe der heutigen Stunde lautet wie folgt: „Zwei Schiffe liegen in zwei 162 km voneinander entfernten Häfen. Beide Schiffe fahren gleichzeitig los und aufeinander zu. Schiff A fährt konstant fünfmal so schnell wie Schiff B. Wie viele Kilometer ist Schiff A gefahren, wenn es auf Schiff B trifft?"

Die Aufgabenstellung bietet eine natürliche und innere Differenzierung, da die Kinder ihren Lösungsweg entsprechend ihren Möglichkeiten gestalten können. Bei den Kindern dieser Klasse sind verschiedene Lösungswege zu erwarten, die beispielsweise wie folgt aussehen könnten:

Zum einen kann die Lösung mithilfe einer Tabelle erfolgen, z. B. auf die folgende Art:

zurückgelegter Weg		
Schiff B	Schiff A	beide Schiffe zusammen
10 km	50 km	60 km
20 km	100 km	120 km
30 km	150 km	180 km
25 km	125 km	150 km
26 km	130 km	156 km
27 km	135 km	162 km

Schiff A ist also 135 km gefahren, wenn es auf B trifft.

Die Lösung kann auch mithilfe einer Skizze ähnlich einem Rechenstrich erfolgen.

Kombinationen dieser Lösungsansätze sind ebenfalls denkbar wie z. B. schrittweises Vorgehen ohne Einbeziehung einer Skizze.

Ein oder zwei Kinder werden die Aufgabe möglicherweise rechnerisch lösen, etwa auf folgende Art: „Beim Treffen hat Schiff B x km zurückgelegt, Schiff A dann 5 · x km. Also gilt: x km + 5 · x km = 6 · x km; x = 162 km : 6 = 27 km. Schiff B hat beim Treffen also 27 km, Schiff A 5 · 27 km = 135 km zurückgelegt."

Die Kinder der Klasse beschäftigen sich in unregelmäßigen Abständen mit dem Lösen problemhaltiger Sachaufgaben und haben dafür ein Heft „kniffelige Sachaufgaben" angelegt. Die Kinder sind bislang beim Bearbeiten solcher Aufgaben sehr auf das Ergebnis und die richtige Lösung fixiert. Sie haben Schwierigkeiten mit Aufgaben, bei denen die Lösung nicht durch einen Kalkül ermittelbar ist und neigen in solchen Fällen zur Resignation. Darum ist eine Auseinandersetzung mit Herangehensweisen und Lösungsmöglichkeiten solcher Aufgabenstellungen erforderlich. Werden nämlich in der Reflexionsphase die Lösungswege der Kinder vorgestellt, sagen sie oft nur einfach „Das habe ich probiert.". Durch ein bewusstes Analysieren, warum gerade so probiert wurde, können die Kinder die Erkenntnisse gewinnen, dass

- „- Probieren ein legitimes Verfahren ist.
- Fehler beim Probieren helfen, die Richtung des Weiterprobierens zu finden.
- Probieren systematisch erfolgen kann und […] übersichtlich in einer Tabelle festgehalten werden kann" (Franke 2003, S. 147).

Für diese Unterrichtsreihe wurden verschiedene Aufgaben ausgewählt, in denen sich Tiere bzw. Schiffe bewegen und Längenangaben beim Lösungsprozess jeweils berücksichtigt werden müssen. Die Aufgaben stammen damit aus einem ähnlichen Bereich, unterscheiden sich aber in ihrer Fragestellung dennoch genügend stark, sodass die Kinder nicht stur nach einem Schema vorgehen können, sondern die Aufgaben flexibel bearbeiten müssen. Auf diese Weise soll ihnen die Bedeutung eines geeigneten methodischen Herangehens an solche Aufgaben bewusst gemacht werden.

Die Lernvoraussetzungen für diese Unterrichtsstunde sind gut, da sich die Schüler zum einen in diesem Halbjahr mit Längen beschäftigt haben und ihnen zum anderen das Anlegen von Tabellen und das Rechnen mithilfe des Rechenstrichs vertraut ist. Kürzlich haben sie sich mit der schrittweisen Division großer Zahlen durch einstellige Divisoren beschäftigt, die zum Lösen der heutigen Aufgabe ebenfalls eingesetzt werden kann. In den vorangegangenen Stunden haben die Kinder ferner eine mögliche Herangehensweise zum Lösen problemhaltiger Sachaufgaben (Rechenstrich, Tabelle) entwickelt, sodass der Schwerpunkt in der Reflexionsphase auf dem Betrachten und der ansatzweisen Bewertung verschiedener Lösungswege liegt.

Um den Kindern einen individuellen Lösungsprozess zu ermöglichen, wird die Einstiegsphase bewusst kurz gehalten, ohne erste Lösungsvorschläge zu sammeln oder zu geben. Einzelnen Kindern können von der LAA bei Bedarf Hilfestellungen oder Tipps zum Vorgehen während der Arbeitsphase gegeben werden. Sollten die Kinder die Aufgabe sehr schnell gelöst haben, bekommen sie weitere Aufgaben zum gleichen Problem. Die Kinder notieren ihre Lösungsansätze während der Arbeitsphase auf der Doppelseite eines Blanko-DIN-A4-Heftes und können dabei nach eigener Präferenz und eigenem Leistungsvermögen vorgehen.

Die Reflexionsphase hat das Ziel, verschiedene Lösungswege der Kinder vorzustellen und ansatzweise miteinander zu vergleichen. Dazu werden einige ausgewählte Lösungswege je nach zeitlicher Möglichkeit entweder auf Plakaten vergrößert, oder es wird der im Heft erstellte Lösungsweg an der Tafel präsentiert. Die Präsentation ausgewählter Ergebnisse und die begründete Darlegung verschiedener Lösungsansätze sollen den Kindern bewusst machen, dass verschiedene Lösungswege zum Ziel führen. Diese sollen zudem bewertend miteinander verglichen werden, damit die Schüler ihre eigenen Strategien zum Lösen dieser Aufgabe ggf. optimieren können.

Verlaufsplan

Phase	Handlungsschritte	Sozialform/ Medien
Einstieg	Die LAA begrüßt die Kinder. Sie schafft Transparenz über die Unterrichtseinheit und den Stundenverlauf. Die LAA stellt die neue Aufgabenstellung vor und klärt ggf. Fragen. Struktur- und Zieltransparenz wird gegeben und die Kinder in die Arbeitsphase entlassen.	Tafelkino, Tafel, Demonstrations- material
Anwendung	Die Kinder bearbeiten die Aufgabe in ihrem Heft für kniffelige Sachaufgaben. Ggf. werden Hinweise, Tipps und Zusatzaufgaben gegeben. Wenn die Zeit ausreicht, werden ausgewählte Aufgaben zur besseren Veranschaulichung auf Plakate geschrieben und an die Tafel gehängt; ansonsten wird das Heft der Kinder dort befestigt.	Einzelarbeit, Partnerarbeit, Kleingruppen- arbeit, Blanko–DIN–A4– Heft, Zettel mit der Aufgaben- stellung, Plakate, dicke Stifte
Reflexion	Die Kinder stellen die (ausgewählten) Lösungswege und -versuche vor. Diese werden auf ihre Angemessenheit hin bewertet und bestenfalls miteinander verglichen. Es wird ein Ausblick auf die Weiterarbeit in der nächsten Stunde gegeben.	Tafelkino, Tafel, Ergebnisplakate bzw. Hefte

Literatur

Bardy Peter, *Eine Aufgabe – viele Lösungswege*, In: Grundschule, 3/2002, S. 28–30

Franke Marianne, *Didaktik des Sachrechnens in der Grundschule*, Spektrum Akademi- scher Verlag, Heidelberg, 2003

Ministerium für Schule, Jugend und Kinder des Landes NRW (Hrsg.), *Grundschule. Richtlinien und Lehrpläne zur Erprobung. Mathematik*, Ritterbach, Frechen, 2003

Rasch Renate, *42 Denk- und Sachaufgaben. Wie Kinder mathematische Aufgaben lösen und diskutieren*, Kallmeyer, Seelze-Velber, 2003

4.16 Finde deine Glückszahl! (Klasse 3)

Thema der Unterrichtseinheit

„Finde deine Glückszahl!" – Untersuchungen und Überlegungen zur Wahrscheinlichkeit von Ereignisausfällen.

Überblick über die Unterrichtseinheit

I.   „Die böse Eins" – spielorientierter Zugang zum Themenkreis „Zufall und Wahrscheinlichkeit".

II.   „Wie heißt deine Glückszahl?" – erste quantitative Untersuchung zur Häufigkeitsverteilung mit einem Würfel.

III.   „Und was passiert bei der Summe zweier Würfel?" – eine Ausweitung der quantitativen Untersuchung.

IV.   „Wir suchen alle möglichen Augenkombinationen zweier Würfel" – erste Exploration zur Begründung von Häufigkeitsverteilungen.

V.   „Jetzt kommen wir der Häufigkeitsverteilung auf die Schliche!" – optische Zusammenführung der stochastischen und kombinatorischen Ergebnisse.

VI.   „Pfiffikus" – verschiedene Würfelspiele zur Anwendung stochastischen und kombinatorischen Wissens.

Thema der Stunde

„Wir suchen alle möglichen Augenkombinationen zweier Würfel" – erste Exploration zur Begründung von Häufigkeitsverteilungen.

Intention der Stunde

In der heutigen Stunde sollen die Kinder in Partnerarbeit auf unterschiedlichen Wegen durch Handeln am konkreten Material möglichst viele Augenkombinationen zweier Würfel finden und übersichtlich darstellen. Das Entdecken von Zusammenhängen mit der Häufigkeitsverteilung der Ereignisausfälle soll angebahnt werden.

Methodisch-didaktische Überlegungen

Vorüberlegungen

Die Klasse 3c besteht aus 29 Kindern mit 14 Mädchen und 15 Jungen. Neu hinzugekommen ist in diesem Schuljahr Jannes. Er wiederholt gerade aufgrund schwacher mathematischer Leistungen das dritte Schuljahr.

Die Kinder der Klasse 3c sind an Einzel-, Partner- und Gruppenarbeit gewöhnt und kennen Unterrichtsgespräche im Sitz- und Stuhlkreis. Auch eigene Erklärungen an der Tafel sowie zunehmend auf dem Overhead-Projektor gehören zu den gewohnten Arbeits- und Präsentationsformen.

Die Leistungen der Klassenmitglieder sind im mathematischen Bereich sehr heterogen: Zu den leistungsstarken Schülern gehören André, Denis, Julia und Vanessa, die meist weiterführende, differenzierte Übungsaufgaben benötigen.

Gabriel, Ines, Lotta, Maik und Torben gehören zu den leistungsschwächeren Schülern. Es fällt ihnen schwer, Arbeitsaufträge zu verstehen und diese auszuführen. Sie alle benötigen erheblich mehr Bearbeitungszeit, strukturiertes Material und Hilfen als der Klassendurchschnitt. Beim Rechnen im Zahlenraum bis 100 haben sie nach wie vor Probleme, und ihr Problemlösungsverhalten entspricht nicht dem Klassendurchschnitt. Gerade bei Jannes ist trotz der Wiederholung des dritten Schuljahres überhaupt kein Verständnis über den Aufbau unseres Zahlensystems oder die Bedeutung bestimmter Rechenoperationen zu erkennen.

Insgesamt ist die Klasse 3c aber eine liebenswerte, umgängliche und leistungsbereite Lerngemeinschaft.

Didaktischer Schwerpunkt

Die Klasse 3c befindet sich zurzeit in der Anfangsphase des dritten Schuljahres. Im mathematischen Bereich bedeutet dies eine intensive und differenzierte Wiederholungsphase der Inhalte des zweiten Schuljahres mit der Festigung des Zahlenverständnisses im Zahlenraum bis 100. Es sind sehr heterogene Wissens- und Könnensstände zu beobachten.

Thema der vorliegenden Unterrichtsreihe sind Untersuchungen und Überlegungen zur Wahrscheinlichkeit von Ereignisausfällen. Hierzu fordert der Lehrplan NRW (2003, S. 81): „Die Schülerinnen und Schüler lernen, Daten zu erheben, selbst in Tabellen oder Diagrammen darzustellen und zu bewerten. Aufgaben, bei denen die Wahrscheinlichkeit einfacher Ereignisse qualitativ einzuschätzen ist, bereichern das Sachrechnen." Noch klarer und eindringlicher sind die entsprechenden Aussagen der Bildungsstandards in dieser Hinsicht. Der Bereich „Daten, Häufigkeit und Wahrscheinlichkeit" (Bildungsstandards 2004, S. 8) ist dort einer von insgesamt nur fünf Bereichen für inhaltsbezogene mathematische Kompetenzen. Er beinhaltet damit eine mathematische Leitidee, „die für den gesamten Mathematikunterricht – für die Grundschule und für das weiterführende Lernen – von fundamentaler Bedeutung ist" (ebd.). Genauer wird hier in den Punkten „Daten erfassen und darstellen" sowie „Wahrscheinlichkeiten von Ereignissen in Zufallsexperimenten" u. a. gefordert (ebd., S. 11): „in Beobachtungen, Untersuchungen und einfachen Experimenten Daten [zu] sammeln, [zu] strukturieren und in ‚Tabellen, Schaubildern und Diagrammen' dar[zu]stellen sowie ‚Gewinnchancen bei einfachen Zufallsexperimenten (z. B. bei Würfelspielen) ein[zu]schätzen'." Die Thematik der vorliegenden Unterrichtseinheit bietet hierfür umfangreichen Erfahrungsraum und baut sich um den allen Schülern bereits seit frühen Kinderjahren aus verschiedenen Spielen bekannten Zufallsgenerator „Würfel" auf.

Trotz zahlreicher Vorerfahrungen ist allerdings das Verhalten von Kindern in Situationen mit Zufallscharakter, z. B. beim Einsatz von Spielwürfeln, noch häufig von magischen, egozentrischen und moralischen Vorstellungen geprägt (vgl. Malmendier & Kaeseler 1985, S. 418). Ihm wohnt also oft ein psychologisch bedingtes, falsches Zufallsverständnis inne. Oder mit den Worten von Oerter & Anders (2002, S. 2): „Kinder sind noch nicht in der Lage, Gewinnchancen realistisch unter logischen Gesichtspunkten zu beurteilen. Sie führen eher naive Kriterien für ihre Argumente an. Diese zu überwinden ist das Ziel einer kritischen Auseinandersetzung mit stochastischen und kombinatorischen Aufgabenstellungen."

In den vorangegangenen Stunden haben die Kinder durch Würfeltätigkeiten mit einem und mit zwei Würfeln und durch die quantitative Erfassung der Ergebnisausfälle in Tabellen erste Erfahrungen mit der Untersuchung von Wahrscheinlichkeiten gemacht. In der heutigen Stunde werden die Kinder zu Beginn mit der in der vorigen Stunde „erwürfelten" Strichliste konfrontiert. Danach ist die Häufigkeitsverteilung der Augensummen beim Würfeln mit zwei verschieden eingefärbten Würfeln äußerst unterschiedlich. Die Augensummen liegen zwischen 2 (zweimal die Eins gewürfelt) und 12 (zweimal die Sechs gewürfelt). Hierbei kommen die Würfelergebnisse 2 und 12 nur recht selten vor, während die Augensumme 7 deutlich am häufigsten erreicht wird. Von 2 nach 7 steigt die Häufigkeit deutlich an, um dann von 7 nach 12 in einem ähnlichen Umfang wieder abzufallen. Was ist die Ursache hierfür? Die folgende Abbildung (Abb. 4.9) der jeweils möglichen Augensummen bei sämtlichen möglichen Würfelkombinationen mit zwei verschiedenen Würfeln liefert die mathematische Erklärung (vgl. Kütting 1981, S. 104).

2. Würfel

1. Würfel / +	⚀	⚁	⚂	⚃	⚄	⚅
⚀	2	3	4	5	6	7
⚁	3	4	5	6	7	8
⚂	4	5	6	7	8	9
⚃	5	6	7	8	9	10
⚄	6	7	8	9	10	11
⚅	7	8	9	10	11	12

Abbildung 4.9 Würfelkombinationen beim Werfen mit zwei unterschiedlich gefärbten Würfeln

Es gibt 6 · 6, also 36 verschiedene Würfelkombinationen, die beim Würfeln mit zwei unterschiedlich gefärbten Würfeln auftreten können. Die Würfelergebnisse 2 und 12 kommen jeweils nur einmal vor, wenn nämlich beide Würfel eine Eins bzw. eine Sechs zeigen. Die Würfelsumme 3 kommt dagegen bereits zweimal vor, nämlich wenn der erste Würfel eine Eins und der zweite eine Zwei aufweist sowie im umgekehrten Fall. Die Würfelsumme 7 kommt am häufigsten vor, nämlich bei insgesamt sechs verschiedenen Kombinationen.

In dieser Unterrichtsstunde sollen sämtliche möglichen Augenkombinationen zweier verschieden eingefärbter Würfel bestimmt werden und so erste Explorationen zur Begründung der unterschiedlichen Häufigkeitsverteilungen in der Strichliste geleistet werden. Diese Fragestellung ist für Schüler dieser Klassenstufe recht anspruchsvoll, jedoch dennoch leistbar, wie die Einstufung ähnlicher Beispielaufgaben in den Bildungsstandards (2004, S. 34) in den mittleren Anforderungsbereich „Zusammenhänge herstellen" bzw. in den obersten Anforderungsbereich „Verallgemeinern und Reflektieren" belegt.

Konkret ist es heute die Aufgabe der Kinder, in Partnerarbeit möglichst viele verschiedene Kombinationsmöglichkeiten zweier Würfel durch Probehandeln, systematische Überlegungen oder operative Veränderungen herauszufinden und selbst problemangemessen darzustellen. Hilfreich kann hierbei auch die Korrespondenz zwischen der Häufigkeitsverteilung der möglichen Augensummen bei zwei Würfeln zwischen 2 und 12 und der Anzahl der Zahlzerlegungen der Zahlen von 2 bis 12 in zwei Summanden sein.

Durch die Arbeit mit einem Partner ist jedes Kind aufgefordert, selbsttätig zu lernen und an einem fruchtbaren Gedankenaustausch teilzunehmen, beabsichtigte Vorgehensweisen zu verbalisieren, zu demonstrieren und zu argumentieren, gemeinsame und unterschiedliche Auffassungen festzustellen und ggf. über sie zu diskutieren.

Zum Herausfinden möglichst vieler verschiedener Kombinationsmöglichkeiten zweier Würfel erwarte ich ganz unterschiedliche Vorgehensweisen: Es steht den Kindern frei, z. B. erneut enaktiv mit den Würfeln eher spielerisch umzugehen und die Würfelergebnisse genau zu dokumentieren, ikonisch mit vorbereitetem und bereits bekanntem Material (Würfelbilder) zu arbeiten oder auf der abstrakteren symbolischen Darstellungsebene oder auch der Zahlenebene Aufzeichnungen und Berechnungen durchzuführen. Dabei ist ein reger Wechsel zwischen diesen Darstellungsebenen zu erwarten.

Die der offenen Darstellung innewohnende natürliche Differenzierung wird durch das Angebot verschiedener Materialien und Repräsentationsmodi und durch gezielte Lehrerimpulse ergänzt.

Die Kinder werden in dieser Stunde bewusst zu freierem Arbeiten veranlasst, was dem steten Aufbau von Methodenkompetenz dient, wobei jedoch ein gewisses Maß an Lehrerlenkung der Zielorientierung dient. So werden die Kinder in der Arbeitsphase ergebnisorientiert arbeiten, und gleichzeitig wird durch kreatives Problemlösen, durch Argumentieren etc. der gewollt prozesshafte Charakter der Stunde unterstrichen.

Indikatoren für Lernerfolge werden neben gefundenen Würfelkombinationen beispielgebundene Argumentationen, Vergleiche und fortschreitende Verallgemeinerungen sein.

Kommentierter Verlauf

Einstiegsphase

Sozialform:	Halbkreis vor der Tafel und dem OHP
Unterrichtsform:	Lehrer-Schüler-Gespräch
Ort:	Klassenraum
Materialien:	Tafel, OHP, Schaumstoffwürfel

Kommentar:

In einem informierenden Unterrichtseinstieg werden die Kinder mit dem von ihnen „erwürfelten" Ergebnis der Häufigkeitsverteilung der Augensumme zweier Würfel in einer Strichliste konfrontiert. Nach ersten kindgemäßen Interpretationen und Hypothesen wird der Auftrag für die heutige Stunde erteilt und die beabsichtigte Ergebnissicherung und (Zwischen-)Reflexion für den Schluss der Stunde angekündigt.

Arbeitsphase

Sozialform:	Partnerarbeit
Unterrichtsform:	Schüleraktivität in Partnerarbeit
Ort:	Klassenraum
Materialien:	Würfel und Würfelbilder als Material für enaktives Handeln, Notizblatt

Kommentar:

Die Schüler suchen in der Arbeitsphase in Partnerarbeit nach möglichst vielen Augenkombinationen zweier Würfel. Dabei sind ihnen die Wege des Erforschens weitgehend freigestellt. Arbeitsergebnisse sollen möglichst problemangemessen und im Hinblick auf die Ergebnissicherung in der Schlussphase strukturiert dargestellt werden.

Schlussphase

Sozialform:	Frontalunterricht
Unterrichtsform:	Lehrer-Schüler-Gespräch
Ort:	Klassenraum
Materialien:	OHP, Tafel

Kommentar:

Am Ende der Stunde sollen zunächst die Arbeitsergebnisse zusammengetragen und gesichert werden. Die Schüler werden aufgefordert, unterschiedliche Vorgehensweisen zu erläutern und auch zu vergleichen. Weitere Entdeckungen und Ergebnisdeutungen sollen formuliert und mit der vorliegenden Häufigkeitsverteilung in Zusammenhang gebracht werden.

Literatur

Franke Marianne, *Didaktik des Sachrechnens in der Grundschule*, Spektrum Akademischer Verlag, Heidelberg, 2003

Franke, Marianne, *Didaktik der Geometrie in der Grundschule*, 2. Auflage, Elsevier/Spektrum Akademischer Verlag, München, 2007

Kütting Herbert, *Didaktik der Wahrscheinlichkeitsrechnung*, Herder, Freiburg u. a., 1981

Kütting Herbert & Sauer Martin J., *Elementare Stochastik. Mathematische Grundlagen und didaktische Konzepte*, 2. Auflage, Springer-Verlag, Berlin und Heidelberg, 2008

Lorenz Jens Holger, *Kinder entdecken die Mathematik*, Westermann, Braunschweig, 1997

Malmendier Norbert & Kaeseler Peter, *Stochastik in der Primarstufe*, In: Sachunterricht und Mathematik in der Primarstufe, 10/1985, S. 414–421

Ministerium für Schule, Jugend und Kinder des Landes NRW (Hrsg.), *Grundschule. Richtlinien und Lehrpläne zur Erprobung. Mathematik*, Ritterbach, Frechen, 2003

Oerter A. & Anders K., *Das 2-Wege-Spiel – kombinatorische und arithmetische Fragestellungen zum operativen und produktiven Üben. Klassen 3 und 4*, In: RAAbits Grundschule, Februar 2002

Sekretariat der Ständigen Konferenz der Kultusminister der Länder in der Bundesrepublik Deutschland, *Beschlüsse der Kultusministerkonferenz: Bildungsstandards im Fach Mathematik für den Primarbereich. Beschluss vom 15.10.2004*, Luchterhand, München und Neuwied, 2004

4.17 Wer schafft das größte Ergebnis? (Klasse 4)

Thema der Unterrichtseinheit

Multiplikation im Zahlenraum bis 1 000 000 – operative und entdeckende Übungen zur strukturellen Einsicht in die Multiplikation im Zahlenraum bis 1 000 000.

Intention der Unterrichtseinheit

Die Schüler sollen durch das Bearbeiten verschiedener operativer und entdeckender Übungsformen Sicherheit bei der Multiplikation im Zahlenraum über 1 000 gewinnen und Einsichten in die Strukturen, die hier zugrunde liegen, bekommen und diese nutzen lernen.

Aufbau der Unterrichtseinheit

1. Sequenz: „Wie viele Sekunden hat ein Tag?" – Entdeckung und Vorstellung verschiedener Rechenwege zur Lösung herausfordernder Aufgaben im Sachzusammenhang Zeit.

2. Sequenz: „Wir lösen Klecksaufgaben." – eigenständiges Lösen von Klecksaufgaben unter Nutzung des normierten Systems der schriftlichen Multiplikation.

3. Sequenz: „Welches Ergebnis ist falsch?" – eigenständige Überlegungen zum Runden und Überschlagen von Aufgaben zur Überprüfung von Ergebnissen.

4. Sequenz: „Multiplikation ohne Multiplizieren" – Nutzung von operativen Zusammenhängen zum Lösen von Multiplikationsaufgaben durch Nachbaraufgaben.

5. **Sequenz:** **„Wer schafft das größte Ergebnis?" – selbstständiges Finden und Vorstellen möglichst großer Ergebnisse bei der Multiplikation mit Ziffernkarten.**

6. Sequenz: „Wer schafft das kleinste Ergebnis?" – Übertragung der gefundenen Strategien auf möglichst kleine Ergebnisse.

7. Sequenz: „Welches Ergebnis wird größer sein?" – Anwendung der gefundenen strukturellen Einsichten in die multiplikativen Zusammenhänge, um Aufgaben zu vergleichen, ohne sie genau auszurechnen.

Thema der Stunde

„Wer schafft das größte Ergebnis?" – selbstständiges Finden und Vorstellen möglichst großer Ergebnisse bei der Multiplikation mit Ziffernkarten.

Ziel der Stunde

Die Schüler sollen in Einzel- oder Partnerarbeit selbstständig mit den vorgegebenen Ziffernkarten Multiplikationsaufgaben legen und notieren, mit dem Ziel, ein möglichst hohes (das höchste) Ergebnis zu erhalten. Sie sollen ihre strukturellen Überlegungen begründen und präsentieren können.

Aspekte der Unterrichtsplanung und didaktischer Schwerpunkt

Für das vierte Schuljahr sieht der Lehrplan Mathematik das Rechnen im Zahlenraum bis zu einer Million vor. Die Schüler sollen ihre Grundvorstellungen der vier Rechenarten ausbauen und im neuen Zahlenraum zunehmend sicherer rechnen können und zwar mündlich, halbschriftlich und schriftlich. Hierbei sollen sie verschiedene, möglichst günstige Rechenwege entwickeln und beschreiben können. Dazu benötigen sie eine Einsicht in Zahlbeziehungen und Rechengesetze, um Aufgaben vorteilhaft lösen zu können (vgl. Lehrplan NRW 2003, S. 77ff.).

Ziel der vorliegenden Einheit ist es, den Schülern Sicherheit beim Rechnen von Multiplikationsaufgaben im Zahlenraum über 1 000 zu vermitteln, ihnen darüber hinaus aber auch die Möglichkeit zu geben, ein Verständnis für die strukturellen Zusammenhänge der Multiplikation zu entwickeln. Hierbei ist zu bedenken, dass die Sicherheit beim Rechnen nicht durch unüberlegte zusammenhanglose Übungen geschaffen werden kann. Vielmehr ist darauf zu achten, dass die ausgewählten Übungsformate einerseits geeignet sind, den Schülern vielfältige Rechenanlässe zu bieten, und dass sie andererseits so beschaffen sind, dass operative Strukturen entdeckt werden können. Denn nicht nur „das tiefe Einschleifen der Technik bis zur sicheren Beherrschung ,im Schlaf' ist das Ziel der Übungen, son-

dern die Vertiefung des Verständnisses [...] steht im Mittelpunkt der unterrichtlichen Bemühungen" (vgl. Radatz et al. 2000, S. 104).
Durch das Übungsformat der Multiplikation mit Ziffernkarten haben die Schüler sowohl die Möglichkeit, ihre Rechenfertigkeit zu üben, als auch Gelegenheit, ihre bisher gesammelten Einsichten in die Struktur der multiplikativen Zusammenhänge anzuwenden und neue Erfahrungen in diesem Bereich zu sammeln (vgl. Röhr 2001, S. 82f.). Das Arbeiten mit Ziffernkarten ist den Schülern bereits vertraut, und sie sind bei der Arbeit mit diesem Arbeitsmittel sehr motiviert.

Ziel der Stunde ist es, aus den Ziffernkarten von 1 bis 5 selbstständig Multiplikationsaufgaben mit einem dreistelligen Faktor und einem zweistelligen Faktor zu legen. Als Ergebnis sollen möglichst hohe Zahlen, am besten das größte Ergebnis, gefunden werden (vgl. Padberg 2005, S. 281f.). Um dies zu erreichen, können die Schüler auf verschiedene Strategien und vielfältiges Vorwissen zurückgreifen. So könnten sie zunächst einen ausprobierenden Weg einschlagen, um sich den hohen Ergebnissen allmählich zu nähern.

Diese Unterrichtsstunde bietet gute Möglichkeiten zur inneren Differenzierung. Die Kinder stellen sich die Aufgaben weitgehend selbst, daher kann jedes Kind entsprechend seinen Möglichkeiten mitarbeiten. Auch leistungsschwächere Kinder können auf jeden Fall Teilergebnisse vorweisen und ihre Rechenfertigkeit trainieren. Für die leistungsstärkeren Kinder bieten Tiefe und Form der Begründung, wie sie besonders große oder gar das größte Ergebnis finden können, vielfältige Ansätze für anspruchsvolle Denkleistungen.

Die Aufgabe mit dem höchsten Ergebnis bei dieser Übungsform ist $431 \cdot 52 = 22\,412$. Aber auch die Ergebnisse weiterer Aufgaben liegen nicht weit entfernt: $521 \cdot 43 = 22\,403$, $421 \cdot 53 = 22\,313$, $531 \cdot 42 = 22\,302$. Bringt man jedoch die hohen Zahlen alle im dreistelligen Faktor unter, kommen sehr viel kleinere Ergebnisse heraus: $543 \cdot 21 = 11\,403$, $542 \cdot 31 = 16\,802$. Die Schüler werden bemerken, dass der zweite Faktor ebenfalls möglichst groß sein muss. Ziel ist es, dass die Vorkenntnisse bezüglich der Stellenwerte aktiviert werden und die hohen Ziffern auf die großen Stellenwerte verteilt werden. Allerdings müssen die Ziffern hier, anders als bei entsprechenden Additionsaufgaben, nicht abwechselnd auf die hohen Stellenwerte der beiden Faktoren verteilt werden, weil man feststellen kann, dass eine geringfügige Veränderung beim zweistelligen Faktor das Ergebnis stärker verändert als eine entsprechende Veränderung des dreistelligen Faktors.

Ein Beispiel:

Grundaufgabe: $100 \cdot 10 = \mathbf{1000}$
Veränderung der Faktoren um jeweils 1:
$101 \cdot 10 = \mathbf{1010}$ (Veränderung um 10), aber
$100 \cdot 11 = \mathbf{1100}$ (Veränderung um 100)

Dieser Effekt lässt sich durch Rückgriff auf das Distributivgesetz leicht verstehen und begründen, denn:

$$101 \cdot 10 = (100 + 1) \cdot 10 = 100 \cdot 10 + 1 \cdot 10 = 100 \cdot 10 + 10, \text{ dagegen:}$$

$$100 \cdot 11 = 100 \cdot (10 + 1) = 100 \cdot 10 + 100 \cdot 1 = 100 \cdot 10 + 100$$

Nicht alle Schüler werden in der heutigen Stunde Strukturen auf diesem Niveau erkennen, können aber ihre eigenen Lösungswege und Strategien weiter festigen und reflektieren, um dann auf diesen aufbauend im Laufe der gesamten Unterrichtseinheit weitere Entdeckungen machen zu können. Durch den Auftrag, ihre Denkweisen und Strategien offen zu legen und den anderen vorzustellen, reflektieren sie ihre eigenen Vorgehensweisen und werden sich so der Strukturen der Multiplikation bewusster. Gleichzeitig können von der abschließenden Reflexion der Lösungswege aber auch die schwächeren Kinder gut profitieren.

Geplanter Stundenverlauf

Unterrichts-phase	geplantes Unterrichtsgeschehen	Medien/ Materialien
Begrüßung/ Einstieg	• LAA begrüßt die Schüler und stellt die Gäste vor.	
Problem-stellung	• Die Aufgabe wird vorgestellt. • Eine Beispielaufgabe wird gemeinsam durchgerechnet.	Ziffernkarten Vorlage des Aufgabenzettels
Arbeitsphase	• Die Schüler beginnen in Einzel- oder Partnerarbeit oder als Kleingruppe mit der Arbeit. Der LAA steht beratend zur Verfügung und gibt differenzierende Hinweise. • Sammeln der Aufgaben und Ergebnisse auf kleinen Plakaten. • Die Arbeitsphase wird durch ein akustisches Signal beendet.	Arbeitsblätter für die Schüler Plakate, Edding Klangschale
Präsentation und Reflexion der Lösungswege	• Einige Schüler stellen ihre Ergebnisse vor. • Die Schüler benennen und begründen ihre Vorgehensweise.	beschriftete Plakate

Literatur

Ministerium für Schule, Jugend und Kinder des Landes NRW (Hrsg.), *Grundschule. Richtlinien und Lehrpläne zur Erprobung. Mathematik*, Ritterbach, Frechen, 2003

Padberg Friedhelm, *Didaktik der Arithmetik für Lehrerausbildung und Lehrerfortbildung*, 3. Auflage, Elsevier/Spektrum Akademischer Verlag, München, 2005

Röhr Martina, *Rechnen, Denken und Argumentieren mit Ziffernkärtchen*, In: Schipper Wilhelm & Selter Christoph (Hrsg.), Die Grundschulzeitschrift. Sammelband. Offener Mathematikunterricht: Arithmetik II, Friedrich Verlag, Seelze, 2001, S. 80–83

Radatz Hendrik et al., *Handbuch für den Mathematikunterricht. 4. Schuljahr*, Schroedel, Hannover, 2000

Anhang

Arbeitsaufträge:

Wer schafft das größte Ergebnis?

Finde verschiedene Aufgaben mit möglichst großen Ergebnissen.

Erkläre, wie du besonders große Ergebnisse gefunden hast.

Hast du das größte Ergebnis gefunden? Dann erkläre, warum es kein größeres geben kann.

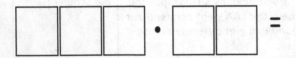

4.18 Produktives Üben der schriftlichen Division (Klasse 4)

Thema der Unterrichtsreihe

Erarbeitung und Einübung des schriftlichen Dividierens.

Ziel der Unterrichtsreihe

Die Kinder sollen durch eine aktiv-entdeckende Auseinandersetzung das Verfahren der schriftlichen Division durch einstellige Divisoren verstehen, begründen und sicher anwenden können. Anschließend sollen sie Divisionsaufgaben flexibel bewältigen und begründet entscheiden können, ob sie das schriftliche Normalverfahren oder eine geeignete Strategie des Zahlenrechnens zur Aufgabenlösung heranziehen.

Aufbau der Reihe

1. Sequenz: Aktivierung der Vorkenntnisse zur Division (halbschriftliches Rechnen) anhand einer konkreten Sachsituation (Verteilen eines Geldbetrags) im Rollenspiel.

2. Sequenz: Geht das noch kürzer? – Erarbeitung eines eigenen Divisionsalgorithmus.

3. Sequenz: Wie wurde hier gerechnet? – Analyse des Normalverfahrens im Vergleich zum halbschriftlichen Rechnen.

4. Sequenz: Die Arbeitsschritte des Normalverfahrens.

5. Sequenz: Entdeckung potenzieller Fehlerquellen im Rechenprozess und Aufstellen von Tipps zur Vermeidung von Fehlern.

6. Sequenz: Zurück zur Mittelzahl I – problemorientiertes, produktives Üben der schriftlichen Division.

7. Sequenz: Division mit Rest: Zurück zur Mittelzahl II – Addiere eine gerade Anzahl (y) aufeinander folgender Zahlen und dividiere die Summe durch y.

Grobplanung der weiteren Einheit:

8. Sequenz: Überlegungen zur Teilbarkeit.

9. Sequenz: Flexibles Rechnen – Rechenstrategien im Vergleich.

10. Sequenz: Division durch ausgewählte zweistellige Divisoren.

Thema der Stunde

Zurück zur Mittelzahl I – problemorientiertes, produktives Üben der schriftlichen Division.

Ziel der Stunde

Die Kinder sollen das schriftliche Dividieren mit einem einstelligen Divisor üben. Dazu bearbeiten sie die Aufgabenstellung, mehrmals eine ungerade Anzahl x (x = 3, 5, 7 oder 9) unmittelbar aufeinander folgender, vierstelliger Zahlen zu addieren und diese Summe durch x mithilfe des Normalverfahrens zu dividieren. Sie sollen alleine oder in Partnerarbeit entdecken, dass das Ergebnis der Divisionsaufgabe stets die mittlere der addierten Zahlen (die „Mittelzahl") ist, und sie sollen in Ansätzen versuchen, eine Erklärung hierfür zu finden und zu verbalisieren.

Didaktischer Schwerpunkt

Der Lehrplan Mathematik sieht für den Bereich „Arithmetik" in Klasse 4 im Rahmen des Aufgabenschwerpunktes „Ziffernrechnen" vor, dass die Kinder „das Verfahren der schriftlichen Division verstehen" (Lehrplan NRW 2003, S. 78). Dies wird im Lehrplan zudem als verbindliche Fähigkeit aufgeführt, über die die Kinder am Ende von Klasse 4 verfügen sollen (ebd., S. 86).

Die für die heutige Stunde ausgewählte Aufgabenstellung bietet den Rahmen für eine Vertiefung des vom Lehrplan geforderten Verständnisses, indem die Kinder das Verfahren der schriftlichen Division im Zuge der Aufgabenlösung anwenden und üben. Dies soll im Rahmen der Aufgabenstellung, das arithmetische Mittel von 3, 5, 7 oder 9 unmittelbar aufeinander folgenden Zahlen zu berechnen, geschehen. Fachlicher Hintergrund für die Aufgabenstellung ist, dass sich die Summe von x (x ist eine ungerade Zahl) unmittelbar aufeinander folgenden Zahlen dadurch berechnen lässt, dass die „Mittelzahl", nämlich n, mit x multipliziert wird, und dass daher – für die Kinder allerdings völlig überraschend – die Mittelzahl jeweils das Ergebnis der Division durch die Anzahl x ist. Durch paarweises gegensinniges Verändern der vorkommenden Zahlen mit Ausnahme der Mittelzahl erhält man nämlich in der Summe genau x-mal die Mittelzahl, wie das folgende Beispiel für x = 5 und die Mittelzahl n exemplarisch belegt. Die fünf unmittelbar aufeinander folgenden natürlichen Zahlen lassen sich – mit n als Bezugspunkt – so darstellen: $(n-2) + (n-1) + n + (n+1) + (n+2)$. Verändern wir den ersten und fünften Summanden gegensinnig um 2, den zweiten und vierten Summanden gegensinnig um 1, so bleibt die Ausgangssumme unverändert, und wir erhalten $n + n + n + n + n = 5 \cdot n$. Diese Grundidee könnte den Kindern in einfachen Fällen vom Rechnen und Entdecken auf der Hundertertafel schon bekannt sein. Dividieren wir jetzt abschließend die Summe (hier: $5 \cdot n$) durch die Anzahl der Summanden (hier: 5), so erhalten wir die Mittelzahl n. Völlig analog können wir hier nicht nur bei x = 3, 7 und 9 argumentieren, diese Grundidee lässt sich sogar auf viele additiv strukturierte Zahlenfelder und -folgen sinngemäß übertragen (Hierbei gibt es eine Mittelzahl offensichtlich nur bei einer ungeraden Anzahl von Summanden.).

Um den Kindern die Lösung des Problems nicht vorweg zu nehmen, wird die Aufgabenstellung als „Dividieren mit Forscherblick" bezeichnet. Dabei werden die Kinder mit der Fragestellung „Was fällt dir auf?" angehalten, die bearbeiteten Aufgaben genauer zu betrachten und darin etwas zu entdecken. Die Aufgabenstellung bietet den Kindern verschiedene Lernchancen. Zum einen wird bei der Bearbeitung der Aufgabenstellung das Verfahren der schriftlichen Division angewendet und somit geübt, wie auch das der schriftlichen Addition. Diese Fertigkeiten dienen in dieser Aufgabenstellung gleichermaßen als Werkzeug, um einen mathematischen Zusammenhang bzw. eine Struktur zu entdecken und Erklärungsansätze zu finden und zu verbalisieren. Die Kinder üben sich im Begründen, indem sie Vermutungen über einen mathematischen Sachverhalt aufstellen („Wenn ich eine ungerade Anzahl von unmittelbar aufeinander folgenden Zahlen addiere und die Summe durch die Anzahl teile, erhalte ich immer die mittlere Zahl.") und anhand von Beispielen oder allgemeinen Überlegungen bestätigen. Dies ist ebenfalls eine im Lehrplan (NRW 2003, S. 85) verbindliche Anforderung nach Klasse 4.

Da die Kinder die Aufgaben je nach Präferenz und Können auswählen, sollen sie ihre individuelle Aufgabenauswahl im Heft bearbeiten. Die Aufgabenstellung bietet eine natürliche und innere Differenzierung, da die Kinder zum einen selbstständig die Anzahl der Summanden und damit auch den Divisor auswählen und so den Schwierigkeitsgrad der Aufgabe beeinflussen können. Zum anderen wird aber auch über die Quantität differenziert, da manche Kinder mehr, andere weniger Aufgaben rechnen. So kann jedes Kind gemäß seinen Fertigkeiten, Fähigkeiten und seinem individuellen Lerntempo arbeiten. Vermutlich werden die Kinder in dieser Stunde bei der Aufgabenbearbeitung beobachten, dass ihr Ergebnis stets die mittlere Zahl ist. Einige Schüler werden darüber hinaus vermutlich auch in der Lage sein, einen Erklärungsansatz zu finden und zu verbalisieren. Denkbar ist auch, dass einige Kinder in der Arbeitsphase schnell den mathematischen Zusammenhang erkennen und erklären können. Diese Kinder sollen dann die Summe von fünf aufeinander folgenden *geraden* Zahlen berechnen und diese durch 5 teilen.

Die Reflexionsphase hat das Ziel, anhand mehrerer verschiedener Beispiele zu zeigen, dass das Ergebnis unterschiedlicher Aufgaben im Rahmen dieser Aufgabenstellung immer die mittlere der addierten Zahlen ist. Dazu werden einige Plakate mit ausgewählten Aufgaben an der Tafel präsentiert. In der Reflexion soll eine Begründung für den entdeckten Zusammenhang angebahnt werden und das dahinter steckende Prinzip des gegensinnigen Veränderns der Summanden bewusst gemacht werden (vgl. Padberg 2005, S. 88ff., S. 98). Dieses Prinzip sollte den Kindern aus früheren Schuljahren bekannt sein, sodass sie die sich in der Reflexion voraussichtlich ergebende Begründung nachvollziehen können sollten. In der darauf folgenden Stunde sollen die Kinder den Transfer leisten, dass die Grundidee (einen Summanden um einen festen Betrag zu erhöhen und gleichzeitig einen anderen um den gleichen Betrag zu verringern, um so x-mal die Mittelzahl zu erhalten) auf viele additiv strukturierte Zahlenfolgen, wie z. B. die Einmaleinsreihen, sinngemäß übertragen werden kann.

Verlaufsplan

Phase	Handlungsschritte	Sozialform/ Medien
Einstieg	Die LAA begrüßt die Kinder und schafft Transparenz über die Unterrichtseinheit und den Stundenverlauf. Die LAA stellt die Aufgabenstellung vor, gibt Struktur- und Zieltransparenz und schickt die Kinder mit der Aufgabenstellung „Berechne die Summe von 5 (alternativ: 3, 7, 9) aufeinander folgenden vierstelligen Zahlen und teile sie anschließend durch 5 (bzw. durch die alternativ gewählte Zahl). Was fällt dir auf?" in die Arbeitsphase.	Tafelkino/ Tafel, Plakat
Anwendung	Die Kinder bearbeiten mehrere selbstgewählte Aufgaben. Die LAA gibt ggf. Hilfestellungen. Ausgewählte Aufgaben werden auf Plakate geschrieben und an die Tafel gehängt.	Einzelarbeit, Kleingruppenarbeit/ Heft
Reflexion	Die Kinder beschreiben die ausgewählten (an der Tafel hängenden) Aufgaben und verbalisieren ihre Entdeckungen. Im Zuge dessen werden sie aufgefordert, den mathematischen Sachverhalt herauszufinden und zu erläutern.	Tafelkino/ Tafel, Ergebnisplakate

Literatur

Beck Uwe (Hrsg.), *Zahlenreise 4: Mathematikbuch für die 4. Klasse*, Cornelsen, Berlin, 2004

Gehrke Helga et al., *Zahlenzauber 4, Lehrermaterialien, Ausgabe D*, Oldenbourg, München, 2005

Ministerium für Schule, Jugend und Kinder des Landes NRW (Hrsg.), *Grundschule. Richtlinien und Lehrpläne zur Erprobung. Mathematik*, Ritterbach, Frechen, 2003

Padberg Friedhelm, *Didaktik der Arithmetik für Lehrerausbildung und Lehrerfortbildung*, 3. Auflage, Elsevier/Spektrum Akademischer Verlag, München, 2005

Winning Anita, *„Durch-Aufgaben" kurz schreiben. Von individuellen Rechenstrategien zur schriftlichen Division*, In: Die Grundschulzeitschrift, 119/1998, S. 44–46

Winter Heinrich, *Mathematik entdecken. Neue Ansätze für den Unterricht in der Grundschule*, 4. Auflage, Cornelsen Scriptor, Frankfurt am Main, 1994a

Wittmann Erich Ch. & Müller Gerhard N. (Hrsg.), *Handbuch produktiver Rechenübungen. Band 2: Vom halbschriftlichen zum schriftlichen Rechnen*, Klett, Stuttgart u. a., 2005

4.19 Ein Text – viele Fragen (Klasse 4)

Thema der Stunde

Ein Text – viele Fragen; Möglichkeiten für einen Sachrechenunterricht, der natürliche Differenzierung ermöglicht.

Bedingungsanalyse

1. Informationen zur Klasse

Die Klasse 4a besteht aus 25 Schülern. Das Geschlechterverhältnis ist ausgewogen. Das Leistungsniveau der einzelnen Schüler ist sehr unterschiedlich. Von sehr schwachen bis überdurchschnittlich begabten Schülern findet man in dieser Klasse alles. Dies muss bei der Wahl der Aufgaben berücksichtigt werden.

2. Informationen über Arbeitsformen und Methoden

Die eingesetzten Arbeitsformen sind den Schülern bekannt und stellen kein Problem dar. Auch die Präsentation von Arbeitsergebnissen gehört für diese Schüler zum Mathematikunterricht. Dies stellt auch räumlich gesehen kein Problem dar, da der Raum sehr groß ist, sodass genügend Platz zum Präsentieren vorhanden ist.

Inhaltsanalyse

1. Das Stundenthema

Inhalt der Doppelstunde ist die Behandlung eines Sachtextes. Bei Sachaufgaben geht es nicht nur um die Bestimmung eines Ergebnisses. Konkrete Sachsituationen, die in der Realität sehr komplex sind, werden vielmehr durch Abstraktion vereinfacht, sodass mit mathematischen Mitteln ein Teilergebnis erzielt werden kann. Dieses Ergebnis muss anschließend wieder in die Realität transferiert werden („Repräsentation"). Die folgende Grafik (vgl. Lauter 2005, S. 254) gibt einen Überblick über die genannten Schritte:

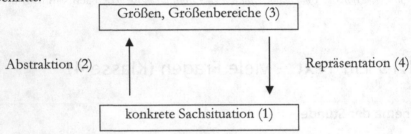

Eine Einteilung von Aufgaben beim Sachrechnen, kurz von Sachrechenaufgaben oder Sachaufgaben, kann nach der beschriebenen Situation (real oder fiktiv), nach dem mathematischen Inhalt (Arithmetik, Geometrie, Stochastik etc.) oder nach der Präsentationsform (reale Phänomene, authentische Materialien und Imitationen z. B. durch Rollenspiel und Hörspiel, Bildaufgaben, Bild-Text-Aufgaben, Textaufgaben, Sachtexte und Projekte) erfolgen (vgl. Franke 2003, S. 36ff., S. 46ff., S. 56ff.). In dieser Unterrichtsstunde wähle ich einen Sachtext als Präsentationsform.

2. Bezug zum Bildungsplan

Der Bereich Sachrechnen ist der Leitidee 5 *Daten und Sachsituationen* des Bildungsplans von Baden-Württemberg (2004) zuzuordnen. Die Schüler sollen dazu befähigt werden „bei der Bearbeitung von einfachen Textaufgaben aus dem Text mathematisch relevante Informationen [zu] entnehmen, diese in eine mathematische Struktur [zu] übertragen, [zu] lösen und das Ergebnis [zu] prüfen" (ebd., S.59).

Didaktisch-methodische Überlegungen

Grundsätzliche Überlegungen

Bei Sachrechenaufgaben ist es prinzipiell möglich, diese von sehr eng bis sehr offen zu stellen. Bei eng gestellten Sachrechenaufgaben entstehen dabei Probleme bei der Differenzierung, welche durch den Lehrer vorgenommen werden muss. Ich habe mich deshalb dafür entschieden, den vorgegebenen Text sehr offen zu gestalten. Wichtig ist hierbei, dass er Möglichkeiten bietet, Aufgaben auf verschiedenen Niveaustufen zu formulieren. So bleibt die Entscheidung über den Schwierigkeitsgrad weitgehend dem Schüler überlassen.

Der eingesetzte Text (vgl. Hatt et al. 2005, S. 61):

> Stefan und Miriam fahren am Samstag mit ihren Eltern zum Einkaufen in die Stadt. Ihr Zug fährt um 11.20 Uhr ab und ist um 12.05 Uhr in der Stadt. Für einen Erwachsenen kostet die einfache Fahrt 3,60 €, Kinder bezahlen die Hälfte. In der Stadt angekommen geht Familie Hofer zuerst in ein Sportgeschäft. Stefan sucht sich Freizeitschuhe für 58,90 € aus, Miriams Pulli kostet 37,50 €. Herr Hofer findet eine Jacke für 72,40 €, Frau Hofer gefällt ein T-Shirt für 23,70 €. Herr Hofer bezahlt die Kleidungsstücke mit einem 200 €-Schein. Danach hat die Familie Hunger. An einem Imbissstand essen die Kinder je eine Currywurst mit Pommes für 3,50 €, die Eltern je eine Pizza für 4 €. Nach dem Essen gehen sie noch eine Weile in den Stadtpark. Um 16.10 Uhr fährt der Zug zurück.

Mögliche Fragestellungen:
- Leicht: Dauer der Fahrt, Fahrtkosten für die Kinderkarten ...
- Mittel: Teilbeträge (Essen, Zugfahrt, ...)
- Schwer: Gesamtkosten

Zur Unterrichtsstunde

Einführung

Der Text wird den Schülern mithilfe des Tageslichtprojektors präsentiert und von einem der Schüler vorgelesen. Wenn nötig, werden hier zunächst unklare Begriffe geklärt, da hierdurch ein Verständnis der Aufgabe erst ermöglicht wird. Anschließend werden an der Tafel stichwortartig mögliche Fragestellungen in Form einer *mind-map* notiert. Im Anschluss daran wird den Schülern das weitere Vorgehen mündlich erläutert. Ein Raster zur Notation der Aufgaben wird an die Tafel gehängt und erklärt.

Arbeitsphase 1

Jeder Schüler überlegt sich eine zum Text passende mathematische Aufgabenstellung. Diese Aufgabe wird formuliert und notiert. Wer möchte, darf zu dem von ihm ausgewählten Themenbereich zunächst ein Bild zeichnen. Anschließend löst jeder Schüler seine eigene Aufgabe. Auch die Lösung wird notiert. Da aus den Aufgaben der Schüler anschließend ein Buch gebunden werden soll, ist es wichtig, dass die Schüler ihre Aufgaben nach einem vorgegebenen Raster notieren. Das gleichförmige Raster und die Sammlung in einem Buch ermöglichen, dass die Aufgaben auch von Mitschülern im Rahmen der Freiarbeit bearbeitet werden können. Das Raster dient darüber hinaus der Ästhetik des Buches. Da die Aufgaben auch von anderen gelöst werden sollen, muss darauf geachtet werden, dass die Lösungen zunächst nicht offensichtlich präsentiert werden. Hierzu wird ein DIN-A4-Blatt in der Mitte gefaltet, so dass zunächst nur die Frage und ggf. das Bild auf der oberen Hälfte sichtbar sind. Auf der unteren Hälfte befinden sich die Rechnung und die Antwort.

Durch die Offenheit des Textes, der eine Vielzahl von Fragestellungen ermöglicht, ist davon auszugehen, dass die meisten Schüler in der Lage sind, selbstständig eine mögliche Aufgabe zu formulieren.

Präsentation der Ergebnisse

Die Schüler lesen ihre Aufgaben vor, allerdings nur die Frage. Die Rechnung und die Antwort werden nicht vorgestellt. Dadurch bekommen die Mitschüler einerseits einen Überblick über die Fragen der Mitschüler, andererseits bleibt jedoch der Anreiz, diese Aufgaben selbst zu lösen, erhalten, da das Ergebnis nicht präsentiert wird. Die Aufgaben der Schüler werden nach Themen sortiert an die Tafel gehängt. Dies geschieht wenn möglich anhand der bereits vorhandenen *mind-map*, ansonsten werden neue Kategorien eingeführt. Die Präsentation zeigt den Schülern darüber hinaus, dass es viele verschiedene Lösungsmöglichkeiten für ein und dieselbe Aufgabe gibt. Die Schüler erhalten dadurch ein Gespür dafür, dass der Lösungsweg eines Mitschülers auch dann richtig sein kann, wenn er nicht mit der eigenen, richtigen Vorgehensweise übereinstimmt. Dies ist ein weiterer Vorteil der offen gestellten Aufgabe. Diese Phase verläuft im Sitzhalbkreis vor der Tafel. So sind auch die Schüler, die im Moment nicht präsentieren, nahe am Geschehen.

Arbeitsphase 2

Nachdem alle Aufgaben vorgestellt wurden und an der Tafel hängen, werden die Schüler dazu aufgefordert, Aufgaben ihrer Mitschüler zu lösen. Bei Fragen zu den Aufgaben steht zunächst nicht der Lehrer zur Verfügung, die Schüler müssen sich an den Autor der Aufgabe wenden. So erfahren die Schüler zum einen, dass ihre Aufgaben auch, nachdem sie beendet sind, weiter von Bedeutung sind. Ferner werden die Schüler durch diese Art der Aufgabenwahl dazu angeregt, über ihre Darstellung und Formulierung nachzudenken, da diese ja für die anderen Schüler verständlich sein müssen.

Abschluss

Die Schüleraufgaben werden eingesammelt und der Klasse in Form eines Buches in einer der nächsten Stunden zurückgegeben. Aus den einzelnen Aufgaben entsteht somit eine von den Schülern selbst zusammengestellte Aufgabenserie. Diese Aufgaben können im Rahmen der Freiarbeit bearbeitet werden.

Fachliche Ziele

Die Schüler sollen

- aus einer Sachsituation mathematisch-relevante Inhalte entnehmen.

- dazu passende Aufgaben formulieren und lösen.

- Aufgaben so formulieren, dass sie für die Mitschüler verständlich und lösbar sind.

Unterrichtsskizze

geplanter Verlauf	Bemerkungen	Sozialformen, Medien, Material
Einführung: Der Text wird vorgestellt. Wenn nötig werden inhaltliche Fragen geklärt. Eine *mind-map* mit möglichen Themen wird erstellt.	Hinführung zum Thema, Klärung der Sache, Klärung der Vorgehensweise	Unterrichts-gespräch, Text auf Folie mit OHP

Fortsetzung Unterrichtsskizze

geplanter Verlauf	Bemerkungen	Sozialformen, Medien, Material
Arbeitsphase 1: Die Schüler überlegen sich eine Aufgabe, notieren diese und lösen sie anschließend.	Durch den offenen Kontext wird Differenzierung ermöglicht.	Einzelarbeit, leeres Papier für die Aufgaben
Präsentation: Jeder Schüler stellt seine Aufgabe (ohne Lösung) vor, die Schüleraufgaben werden nach Themen sortiert.	Mitschüler erhalten einen Überblick, lernen die anderen Aufgaben kennen, Schüler erkennen Vielfalt der Fragestellungen.	Präsentation an der Tafel, Sitzhalbkreis
Arbeitsphase 2: Die Schüler rechnen die Aufgaben ihrer Mitschüler.	Schüler erkennen, dass ihre Aufgabe, auch nachdem sie abgeschlossen ist, noch eine Funktion erfüllt.	Einzel- oder Partnerarbeit, Schüleraufgaben
Abschluss: Einsammeln der Schülerlösungen, aus diesen entsteht ein Buch.	Die Schüler erfahren so, dass ihre Aufgaben weiter von Bedeutung sind, da sie nun von Mitschülern bearbeitet werden können.	

Literatur

Ministerium für Kultus, Jugend und Sport Baden-Württemberg (Hrsg.), *Bildungsplan für die Grundschule*, Philipp Reclam Jun., Ditzingen, 2004

Hatt Werner et al. (Hrsg.), *Mathe-Stars 4*, Oldenbourg, München, 2005

Franke Marianne, *Didaktik des Sachrechnens in der Grundschule*, Spektrum Akademischer Verlag, Heidelberg, 2003

Lauter Josef, *Fundament der Grundschulmathematik*, 4. Auflage, Auer, Donauwörth, 2005

5 Internet- und Literaturhinweise

In diesem letzten Kapitel werden abschließend noch einige Internet-[10] und Literaturhinweise gegeben, die bei der Ideenfindung für die Planung von Mathematikunterricht helfen können. Betont sei dabei noch einmal, dass es sich lediglich um *Anregungen* handeln kann, die einem den Planungsprozess jedoch in keiner Weise abnehmen. Denn auch wenn im Internet immer mehr vollständige schriftliche Unterrichtsentwürfe zu finden sind, sei noch einmal ausdrücklich davor gewarnt, diese unreflektiert für die eigene Klasse zu übernehmen. So wurde in Abschnitt 3.2.3 deutlich herausgestellt, dass eine Planung für eine Schülergruppe optimal sein kann, während sie gleichzeitig für eine andere Schülergruppe der gleichen Jahrgangsstufe völlig unangemessen ist, da z. B. inhaltliche oder methodische Voraussetzungen fehlen oder ganz andere organisatorische Rahmenbedingungen gegeben sind. Selbst Kleinigkeiten können dabei zum Scheitern des Unterrichtsvorhabens führen, sodass jede Idee stets an die spezifische Lerngruppe sowie an die spezifischen Lernbedingungen angepasst werden muss. Darüber hinaus liegt ein Problem darin, dass die im Netz zu findenden Unterrichtsentwürfe zum Teil zwar von anderen Lehramtsanwärtern kommentiert, aber nur selten von Fachleuten rezensiert sind. Insofern gibt es keine Garantie dafür, dass es sich tatsächlich um einen „gelungenen" Entwurf handelt, zumal diese Bewertung durchaus auch subjektiv ist. So werden einige Lehramtsanwärter mit einem „befriedigenden" Entwurf hochzufrieden sein, während andere hiermit sehr unzufrieden sind, ebenso wie es in der Schulpraxis Schüler gibt, die bei einem „ausreichend minus" in Jubel ausbrechen, während sich andere Schüler gleichzeitig über die Note „gut" ärgern. Zu bedenken geben wir in diesem Zusammenhang auch, dass man in aller Regel weder Kritikpunkte

---

[10] Da Websites im Unterschied zu Printmedien veränderbar sind, können wir selbstverständlich nicht für die Aktualität der Informationen garantieren.

noch Optimierungsvorschläge findet, obwohl gerade diese in den Nachbesprechungen erarbeitet werden sollen und erfahrungsgemäß auch gegeben werden. Vor diesem Hintergrund ist mit Nachdruck zu fordern, jede Unterrichtsidee sowie alle Planungsentscheidungen kritisch zu hinterfragen.

5.1 Internethinweise

Es folgt in Tabelle 5.1 eine knapp kommentierte Auflistung von Websites, auf denen man Unterrichtsentwürfe findet und darüber hinaus zum Teil auch weitere Arbeitsmaterialien (insbesondere Arbeitsblätter) und/oder Unterrichtstipps. In Tabelle 5.2 folgen die Internetseiten, die viele Materialien und praktische Anregungen für den Mathematikunterricht ohne zugehörige Unterrichtsentwürfe enthalten. Ein Durchsuchen dieser Websites nach Unterrichtsideen ist vielleicht sogar vorteilhafter, weil man von Anfang an die eigene Lerngruppe vor Augen hat und somit nicht zu einer vorschnellen Übertragung auf die eigene Lerngruppe verleitet wird.

Tabelle 5.1 Websites, auf denen Unterrichtsentwürfe zu finden sind

http://	Kommentar
www.4teachers.de	4teachers ist eine gut strukturierte Website, auf der man viele Unterrichtsentwürfe und -materialien findet (auch aus anderen Fächern und Klassenstufen), die i. A. von LAAs eingestellt wurden. Die Entwürfe und Materialien sind zwar nicht rezensiert, aber oft von anderen LAAs kommentiert. Zum Downloaden der Materialien ist eine (kostenlose) Registrierung erforderlich.
www.federmappe.de	Diese Website enthält unter dem Punkt „Unterrichtsentwürfe mit LAAKOM suchen" eine komfortable Suchfunktion. Die den Suchkriterien entsprechenden Unterrichtsentwürfe werden in verschiedenen anderen Internetseiten gesucht und angezeigt.
www.lehrproben.de	Es handelt sich um ein Portal speziell für die Grundschule. Die eingestellten Entwürfe sind weder rezensiert noch kommentiert.
www.grundschulideen.de	Es handelt sich um ein Portal speziell für die Grundschule, auf dem die eingereichten Entwürfe „in der Regel wie zugesandt [...] veröffentlicht werden".
www.schulportal.de	Es handelt sich um eine Börse für ausgebildete Lehrkräfte und LAAs, die nach einem raffinierten System funktioniert: Um Entwürfe und Materialien herunterladen zu können, müssen zunächst entsprechend viele eigene Materialien (nach einem Punktesystem) zur Verfügung gestellt werden, die gesichtet und bewertet werden. Dies soll zum einen die Qualität der Materialien sicherstellen und zum anderen bewirken, dass diese nur Lehrkräften und Lehramtsanwärtern zugänglich sind.
www.unterrichtsmaterial-grundschule.de	Auf dieser Website sind zwar nur vergleichsweise wenig Unterrichtsmaterialien bzw. -entwürfe eingestellt, jedoch wurden diese sorgfältig von der Betreiberin der Seite – einer Grundschullehrerin mit dem Fach Mathematik – ausgewählt.

Tabelle 5.2 Websites, auf denen Materialien und Anregungen für den Mathematikunterricht zu finden sind

http://	Kommentar
www.ak-grundschule.de	Es handelt sich um eine sehr gut strukturierte, übersichtliche Website des Arbeitskreises Grundschule, was auf eine qualifizierte Auswahl der angebotenen Materialien schließen lässt. Neben diesen Materialien findet man viele kurze Hinweise zu einer sinnvollen Behandlung der einzelnen Unterrichtsthemen und – im Zeitalter des technischen Fortschritts besonders interessant – viele Verlinkungen zu multimedialen Lernumgebungen (Lernprogramme und Internetangebote, zum Teil kommerziell).
www.lehrer-online.de	Neben Informationen rund um den Mathematikunterricht zeichnet sich diese Website durch eine kommentierte Sammlung von Unterrichtseinheiten, Projekten, Ideen sowie Informationen für den Einsatz der digitalen Medien im Grundschulunterricht aus.
www.unterrichtsmaterial-schule.de	Trotz des begrenzten Umfangs an angebotenen Materialien und trotz fehlender Hinweise zur Umsetzung im Unterricht lohnt sich ein Besuch auf dieser Website allein schon aufgrund der leeren Kästchenpapiervorlagen, auf denen man am Computer leicht eigene Aufgaben eintragen kann. Ebenso lassen sich auch die anderen Arbeitsblätter leicht verändern und somit an die spezifische Lerngruppe anpassen.
www.grundschulmaterial-online.de	Im Vergleich zur vorigen Website findet man hier ein größeres Angebot an (ebenfalls nicht kommentierten) Unterrichtsmaterialien, das allerdings leider nicht nach Themen, sondern nach Art der Materialien (Arbeitsbögen, Tafelkarten, Lernspiele, Bingospiele etc.) strukturiert ist. Vorteilhaft ist auch hier das Angebot leerer Arbeitsbögen (auch für andere Fächer) zur eigenen Gestaltung.

Lohnenswert ist immer auch ein Blick auf die Seiten der Landesbildungs-
server, auf denen man neben zahlreichen allgemeinen Informationen rund
um Schule und Unterricht i. d. R. auch einige Ideen und Materialien für
die verschiedenen Unterrichtfächer findet. Der Vorteil dieser staatlichen
gegenüber privaten Homepages besteht darin, dass man sich der Prüfung
der eingestellten Materialien durch Experten, und somit ihrer Qualität,
recht sicher sein kann (wobei natürlich auch hier eine Anpassung an die
spezifische Lerngruppe vorgenommen werden muss). Obwohl natürlich
vor allem der Bildungsserver des eigenen Bundeslandes interessant ist, ist
zum Zwecke der Generierung von Unterrichtsideen ein Blick auf die Bildungsserver der anderen Bundesländer durchaus sinnvoll. Es folgen die
Adressen in alphabetischer Reihenfolge der Bundesländer (Tab. 5.3).

Tabelle 5.3 Bildungsserver der einzelnen Bundesländer

Bundesland	URL der Bildungsserver: http://
Baden–Württemberg	www.schule-bw.de
Bayern	www.schule.bayern.de
Berlin	www.bebis.de
Brandenburg	www.bildung-brandenburg.de
Bremen	www.schule.bremen.de
Hamburg	lbs.hh.schule.de
Hessen	www.portal.bildung.hessen.de
Mecklenburg–Vorpommern	www.bildung-mv.de
Niedersachsen	nibis.de
Nordrhein–Westfalen	www.learn-line.nrw.de
Rheinland–Pfalz	bildung-rp.de
Saarland	www.bildungsserver.saarland.de
Sachsen	marvin.sn.schule.de
Sachsen–Anhalt	www.bildung-lsa.de
Schleswig–Holstein	www.lernnetz-sh.de
Thüringen	www.thueringen.de/de/tkm

Abschließend sei in Tabelle 5.4 auf drei Websites verwiesen, die eine gute Zusammenstellung für Lehramtsanwärter relevanter Adressen bzw. Internetlinks enthalten.

Tabelle 5.4 Hilfreiche Adressen- bzw. Linksammlungen

http://	Kommentar
www.autenrieths.de	Bei dieser Seite handelt es sich um eine sehr gute WWW-Fachbibiliothek für Lehrer und Schüler, die eine sehr gute, umfangreiche und knapp kommentierte Linksammlung zu allen Bereichen rund um Schule und Unterricht enthält.
www.zs-augsburg.de	Ähnlich wie authenriets.de enthält auch diese Website keine eigenen Anregungen, Hinweise und Informationen zum Mathematikunterricht, aber eine gute Zusammenstellung von Links zu ebendiesen.
www.schulweb.de	Diese Website enthält keine unterrichtspraktischen Anregungen, aber u. a. eine umfangreiche Zusammenstellung bzw. Verlinkung zu wichtigen Institutionen und anderen relevanten Adressen (Bildungsserver, Studienseminare, Ministerien, Schulen, Schulbuchverlage etc.).

5.2 Literaturhinweise

Bei den Printmedien bildet der jeweils gültige *Lehrplan* zusammen mit *schulinternen Vorgaben* eine zentrale Grundlage für jeden Unterrichtsentwurf, insbesondere zum Zwecke der Legitimation, darüber hinaus aber auch zur Ideenfindung. Der Lehrplan implementiert wiederum die länderübergreifenden *Bildungsstandards* (2004), in denen u. a. einige hilfreiche Umsetzungsbeispiele für ausgewählte inhalts- und prozessbezogene Kompetenzen gegeben werden.

Voraussetzung für einen erfolgreichen Unterricht ist daneben ein entsprechendes fachdidaktisches Grundlagenwissen. In der zugehörigen Literatur sind viele Ideen und Anregungen für die Unterrichtspraxis zu finden. Hierzu zählen neben dem vorliegenden Band auch die folgenden Bände der Reihe Mathematik Primar- und Sekundarstufe, die sich schwerpunktmäßig mit der Didaktik der Grundschulmathematik befassen:

- Franke Marianne, *Didaktik des Sachrechnens in der Grundschule*, Spektrum Akademischer Verlag, Heidelberg, 2003

- Franke Marianne, *Didaktik der Geometrie in der Grundschule*, 2. Auflage, Elsevier/Spektrum Akademischer Verlag, München, 2007

- Hasemann Klaus, *Anfangsunterricht Mathematik*, 2. Auflage, Elsevier/Spektrum Akademischer Verlag, München, 2007

- Krauthausen Günter & Scherer Petra, *Einführung in die Mathematikdidaktik*, 3. Auflage, Elsevier/Spektrum Akademischer Verlag, München, 2007

- Padberg Friedhelm, *Didaktik der Arithmetik für Lehrerausbildung und Lehrerfortbildung*, 3. Auflage, Elsevier/Spektrum Akademischer Verlag, München, 2005

Viele unterrichtspraktische Anregungen findet man außerdem in den verschiedenen Handbüchern für den Mathematikunterricht. Zu nennen sind hier insbesondere folgende Werke, die sich zum Teil speziell auf leistungsschwächere Schüler beziehen:

- Lorenz Jens Holger & Radatz Hendrik, *Handbuch des Förderns im Mathematikunterricht*, Schroedel, Hannover, 2005

- Radatz Hendrik et al., *Handbuch für den Mathematikunterricht. 1. Schuljahr*, Schroedel, Hannover, 2005

- Radatz Hendrik et al., *Handbuch für den Mathematikunterricht. 2. Schuljahr*, Schroedel, Hannover, 2004

- Radatz Hendrik et al., *Handbuch für den Mathematikunterricht. 3. Schuljahr*, Schroedel, Hannover, 2004

- Schipper Wilhelm et al., *Handbuch für den Mathematikunterricht. 4. Schuljahr*, Schroedel, Hannover, 2005

- Radatz Hendrik & Rickmeyer Knut, *Handbuch für den Geometrieunterricht an Grundschulen*, Schroedel, Hannover, 1991

- Radatz Hendrik & Schipper Wilhelm, *Handbuch für den Mathematikunterricht an Grundschulen*, 6. Auflage, Schroedel, Hannover, 2004

■ Scherer Petra & Wember Franz, *Produktives Lernen für Kinder mit Lernschwächen. Fördern durch Fordern. Band 1: Zwanzigerraum*, Klett, Leipzig u. a., 2005

■ Scherer Petra, *Produktives Lernen für Kinder mit Lernschwächen. Fördern durch Fordern. Band 2: Addition und Subtraktion im Hunderterraum*, 2. Auflage, Verlag Persen, Horneburg, 2004

■ Scherer Petra, *Produktives Lernen für Kinder mit Lernschwächen. Fördern durch Fordern. Band 3: Multiplikation und Division im Hunderterraum*, Verlag Persen, Horneburg, 2005

■ Wittmann Erich Ch. & Müller Gerhard N., *Handbuch produktiver Rechenübungen. Band 1: Vom Einspluseins zum Einmaleins*, 2. Auflage, Stuttgart u. a., 2006

■ Wittmann Erich Ch. & Müller Gerhard N., *Handbuch produktiver Rechenübungen. Band 2: Vom halbschriftlichen zum schriftlichen Rechnen*, Stuttgart u. a., 2005

Während diese Bände i. d. R. inhaltlich systematisch aufgebaut sind, muss bei den nachfolgenden Büchern ein wenig gestöbert werden, um eine passende Idee zu einem geplanten Unterrichtsthema zu finden. Diese Suche kann jedoch sehr lohnenswert sein.

■ Hengartner Elmar, *Mit Kindern lernen*, Klett und Balmer, Zug, 2001

■ Hengartner Elmar et al., *Lernumgebungen für Rechenschwache bis Hochbegabte. Natürliche Differenzierung im Mathematikunterricht*, Klett und Balmer, Zug, 2006

■ Nührenbörger Marcus & Pust Sylke, *Mit Unterschieden rechnen. Lernumgebungen und Materialien für einen differenzierten Anfangsunterricht Mathematik*, Kallmeyer, Seelze, 2006

■ Rathgeb-Schnierer Elisabeth & Roos Udo (Hrsg.), *Wie rechnen Matheprofis? Ideen und Erfahrungen zum offenen Mathematikunterricht*, Oldenbourg, München u. a., 2006

■ Ruwisch Silke & Peter-Koop Andrea (Hrsg.), *Gute Aufgaben im Mathematikunterricht der Grundschule*, Mildenberger Verlag, Offenburg, 2003

- Scherer Petra & Bönig Dagmar (Hrsg.), *Mathematik für Kinder – Mathematik von Kindern*, Grundschulverband, Arbeitskreis Grundschule e. V., Frankfurt am Main, 2004

Neben all diesen Büchern stellen fachdidaktische Zeitschriften einen guten Fundus für Praxisideen mit zugehörigen didaktisch-methodischen Hinweisen dar. Ggf. müssen die Hefte nach dem vorgesehenen Thema durchsucht werden, wofür ein Besuch auf der jeweiligen Homepage hilfreich sein kann:

- *Die Grundschule* mit *Praxis Grundschule* (Westermann Verlag; www.die-grundschule.de bzw. www.praxisgrundschule.de):
  Das Heft Praxis Grundschule enthält Arbeitsmaterialien zu den Ideen des Heftes Grundschule, die im Unterricht direkt eingesetzt werden können. Auf der Homepage werden u. a. bestimmte Berichte bzw. Materialien kommerziell vertrieben; daneben gibt es auch einige kostenlose Downloads.

- *Die Grundschulzeitschrift* (Friedrich-Verlag; www.friedrich-online.de/go/grundschule):
  Die Zeitschrift gibt einen Überblick über den aktuellen Forschungsstand (aller Fächer), gelungene Praxisbeispiele und vielseitige Arbeitsmaterialien zur eigenen Umsetzung. Hervorzuheben sind auch die Sammelbände dieser Zeitschrift „Offener Mathematikunterricht in der Grundschule" mit den Titeln
  - Arithmetik
  - Geometrie und Sachrechnen
  - Arithmetik II
  - Mathematiklernen auf eigenen Wegen.

- *Grundschule Mathematik* (Friedrich-Verlag, www.friedrich-online.de/go/grundschule):
  Diese Zeitschrift speziell zum Mathematikunterricht hat sich verstärkt der differenzierten Förderung der Schüler verschrieben. Sie enthält entsprechende Impulse, Unterrichtsideen und Förderhinweise. Zusätzlich zu den Heften können zugehörige Materialpakete für die praktische Umsetzung kommerziell erworben werden.

- *Grundschulunterricht* (Oldenbourg Verlag; www.oldenbourg.de/osv/zeitschriften/gsu/)

▪ *Sache-Wort-Zahl* (Aulis-Verlag; www.aulis.de/zeitschriften/swz/):
Es handelt sich um eine praxisorientierte Zeitschrift für den Mathematik-, Deutsch- und Sachunterricht in der Grundschule, die neben der Erörterung der pädagogischen und psychologischen Grundlagen erprobte Unterrichtsbeispiele sowie Arbeitsblätter und Kopiervorlagen beinhaltet.

Bei der Suche nach spezieller Literatur (etwa zu einem bestimmten Stichwort) ist außerdem die Arbeit mit der Datenbank *Mathematics Didactics Database* (www.emis.de/MATH/DI) zu empfehlen, in der alle wesentlichen Publikationen (Bücher, Beiträge aus Büchern, Zeitschriftenaufsätze) im Bereich der Mathematikdidaktik enthalten und i. d. R. kurz kommentiert sind. Nach der erforderlichen Registrierung kann man mithilfe der Suchfunktion leicht die entsprechenden Quellen finden. Speziell bei der Suche nach *neuen* Anregungen ist zudem ein Blick in das *Zentralblatt für Didaktik der Mathematik* sinnvoll, das die jeweils aktuellen Beiträge mit kurzen Kommentaren ausweist. Lohnend kann ferner ein Blick in die Tagungsbände der Gesellschaft für Didaktik der Mathematik sein, die jährlich in der Reihe *Beiträge zum Mathematikunterricht* im Verlag Franzbecker (Hildesheim) erscheinen, und in denen neben aktuellen theoretischen Diskussionen immer auch unterrichtspraktische Ideen zu finden sind.

Während in der bislang aufgeführten Literatur die fachlich-inhaltliche Seite im Vordergrund stand, seien abschließend noch einige Quellen aufgeführt, die sich fachübergreifend speziell auf die *methodische* Seite des Unterrichts beziehen und diesbezüglich viele wertvolle Hinweise und Anregungen geben:

▪ Brüning Ludger & Saum Tobias, *Erfolgreich unterrichten durch Kooperatives Lernen. Strategien zur Schüleraktivierung*, 2. Auflage, Neue Deutsche Schule Verlagsgesellschaft, Essen, 2006

▪ Brüning Ludger & Saum Tobias, *Erfolgreich unterrichten durch Visualisieren. Grafisches Strukturieren mit Strategien des Kooperativen Lernens*, Neue Deutsche Schule Verlagsgesellschaft, Essen, 2007

▪ Klippert Heinz, *Eigenverantwortliches Arbeiten und Lernen. Bausteine für den Fachunterricht*, 4. Auflage, Beltz, Weinheim u. a., 2004

▪ Klippert Heinz, *Methoden-Training. Übungsbausteine für den Unterricht*, 16. Auflage, Beltz, Weinheim u. a., 2006

- Klippert Heinz & Müller Frank, *Methodenlernen in der Grundschule. Bausteine für den Unterricht*, 2. Auflage, Beltz, Weinheim u. a., 2004

- Müller Frank, *Selbstständigkeit fördern und fordern: handlungsorientierte Methoden – praxiserprobt, für alle Schularten und Schulstufen*, 3. Auflage, Beltz, Weinheim u. a., 2004

Literatur

Bücher & Beiträge aus Büchern und Zeitschriften

Aebli Hans, *Zwölf Grundformen des Lernens*, 12. Auflage, Klett-Cotta, Stuttgart, 2003

A Campo Arnold & Elschenbroich Hans-Jürgen (Deutscher Verein zur Förderung des mathematischen und naturwissenschaftlichen Unterrichts e. V.), *Empfehlungen zur Umsetzung der Bildungsstandards der KMK im Fach Mathematik*, In: MNU Der Mathematische und Naturwissenschaftliche Unterricht, 8/2004, Supplement 8

Aschersleben Karl, *Einführung in die Unterrichtsmethodik*, 5. Auflage, Kohlhammer, Stuttgart u. a., 1991

Bardy Peter, *Eine Aufgabe – viele Lösungswege*, In: Grundschule, 3/2002, S. 28–30

Barzel Bärbel, *Einstiege*, In: mathematik lehren, 109/2001, S. 4–5

Barzel Bärbel, Hußmann Stephan & Leuders Timo, *Bildungsstandards und Kernlehrpläne in NRW und BW. Zwei Wege zur Umsetzung nationaler Empfehlungen*, In: MNU Der Mathematische und Naturwissenschaftliche Unterricht, 3/2004, S. 142–146

Bauer Ludwig, *Das operative Prinzip als umfassendes, allgemeingültiges Prinzip für das Mathematiklernen? Didaktisch-methodische Überlegungen zum Mathematikunterricht in der Grundschule*, In: Zentralblatt für Didaktik der Mathematik, 2/1993, S. 76–83.

Beck Uwe (Hrsg.), *Zahlenreise 4: Mathematikbuch für die 4. Klasse*, Cornelsen, Berlin, 2004

Bloom Benjamin S. et al., *Taxonomy of educational objectives: the classification of educational goals*, David McKay Company, New York, 1956

Blum Werner & Wiegand Bernd, *Offene Aufgaben – wie und wozu?* In: mathematik lehren, 100/2000, S. 52–55

Blum Werner et al., *Bildungsstandards Mathematik: konkret. Sekundarstufe I: Aufgabenbeispiele, Unterrichtsanregungen, Fortbildungsideen*, Cornelsen Scriptor, Berlin, 2006

Bobrowski Susanne & Grassmann Marianne, *Tragfähige Grundlagen des Mathematikunterrichts in der Grundschule*, In: Grundschule, 3/2001, S. 8–9

Bobrowski Susanne & Schipper Wilhelm, *Leitfaden zur Offenheit und Zielorientierung*, In: Grundschule, 3/2001, S. 16–17

Bofinger Manfred, *Graf Tüpo, Lina Tschornaja und die anderen*, 2. Auflage, Faber & Faber, Leipzig, 1998

Bönsch Manfred & Schittko Klaus (Hrsg.), *Offener Unterricht: curriculare, kommunikative und unterrichtsorganisatorische Aspekte*, Schroedel, Hannover u. a., 1979

Bönsch Manfred, *Methoden des Unterrichts*, In: Roth Leo (Hrsg.), Pädagogik. Handbuch für Studium und Praxis, 2. Auflage, Oldenbourg, München, 2001, S. 801–815.

Bruner Jerome S., *Entwurf einer Unterrichtstheorie*, Berlin Verlag und Pädagogischer Verlag Schwann, Berlin und Düsseldorf, 1974

Bruner Jerome S., *Der Prozeß der Erziehung*, 4. Auflage, Berlin Verlag und Pädagogischer Verlag Schwann, Berlin und Düsseldorf, 1976

Brüning Ludger & Saum Tobias, *Erfolgreich unterrichten durch Kooperatives Lernen. Strategien zur Schüleraktivierung*, 2. Auflage, Neue Deutsche Schule Verlagsgesellschaft, Essen, 2006

Brüning Ludger & Saum Tobias, *Erfolgreich unterrichten durch Visualisieren. Grafisches Strukturieren mit Strategien des Kooperativen Lernens*, Neue Deutsche Schule Verlagsgesellschaft, Essen, 2007

Büchter Andreas & Leuders Timo, *Mathematikaufgaben selbst entwickeln*, Cornelsen Scriptor, Berlin, 2005

Delft Pieter van & Botermans Jack, *Denkspiele der Welt*, Heimeran, München, 1977

Die Grundschulzeitschrift, 177/2005

Dockhorn Christian, *Schulbuchaufgaben öffnen*, In: mathematik lehren, 100/2000, S. 58–59

Elschenbroich Hans-Jürgen, *Bildungsstandards Mathematik. Standard Bildung oder Standardbildung?* In: MNU Der Mathematische und Naturwissenschaftliche Unterricht, 3/2004, S. 137–142

Erichson Christa, *Zum Umgang mit authentischen Texten beim Sachrechnen,* In: Grundschulunterricht, 9/1998, S. 5–8

Erichson Christa, *Authentizität als handlungsleitendes Prinzip,* In: Neubrand Michael (Hrsg.), Beiträge zum Mathematikunterricht. Vorträge auf der 33. Tagung für Didaktik der Mathematik vom 1. bis 5. März 1999 in Bern, Franzbecker, Hildesheim, 1999, S. 161–164

Erziehungs- und Kulturdirektion des Kantons Basel-Landschaft (Hrsg.), *Basellandschaftliche Schulnachrichten, Nr. 2: Unterrichtsentwicklung. Lernumgebungen für Rechenschwache bis Hochbegabte im Mathematikunterricht ... an der Primarschule Lupsingen,* 2003

Floer Jürgen, *Lernmaterialien als Stützen der Anschauung im arithmetischen Anfangsunterricht,* In: Lorenz Jens Holger (Hrsg.), Mathematik und Anschauung, Aulis, Köln, 1993, S. 106–121

Floer Jürgen, *Rechnen, offener Unterricht und entdeckendes Lernen,* In: Schipper Wilhelm et al. (Hrsg.), Offener Mathematikunterricht in der Grundschule. Band 1: Arithmetik, Friedrich Verlag, Seelze, 1995a, S. 6–9

Floer Jürgen, *Wie kommt das Rechnen in den Kopf? Veranschaulichen und Handeln im Mathematikunterricht,* In: Grundschulzeitschrift, 82/1995b, S. 20–39

Floer Jürgen, *Mathematik-Werkstatt. Lernmaterialien zum Rechnen und Entdecken für Klassen 1 bis 4,* Beltz, Weinheim und Basel, 1996

Floer Jürgen, *Einmaleins-Züge – Anregungen zum entdeckenden Üben,* In: Praxis Grundschule, 3/2001, S. 16–24

Floer Jürgen, *Mathematikunterricht in der Schuleingangsphase. Vielfalt als Chance oder nur neue Probleme?* In: Grundschule, 3/2004, S. 9–14

Fraedrich Anna Maria, *Planung von Mathematikunterricht in der Grundschule – aus der Praxis für die Praxis,* Spektrum Akademischer Verlag, Heidelberg u. a., 2001

Franke Marianne, *Strategiekonferenzen,* In: Grundschule, 3/2002, S. 19–20

Franke Marianne, *Didaktik des Sachrechnens in der Grundschule,* Spektrum Akademischer Verlag, Heidelberg, 2003

Franke Marianne, *Didaktik der Geometrie in der Grundschule,* 2. Auflage, Elsevier/Spektrum Akademischer Verlag, München, 2007

Freudenthal Hans, *Mathematik als pädagogische Aufgabe. Band 1*, Klett, Stuttgart, 1973

Freudenthal Hans, *Didaktik des Entdeckens und „Nacherfindens"*, In: Grundschule, Heft 3/1981, S. 103

Fuhrmann Elisabeth, *Unterrichtsverfahren im Frontalunterricht. Vom gelenkten Gespräch bis zum darbietenden Unterricht. Ein Überblick*, In: Pädagogik, 5/1998, S. 9–12

Gage Nathaniel L. & Berliner David C., *Pädagogische Psychologie*, 5. Auflage, Psychologie Verlags Union, Weinheim, 1996

Gagné Robert M., *Die Bedingungen des menschlichen Lernens*, 5. Auflage, Hermann Schroedel Verlag, Hannover u. a., 1980

Gehrke Helga et al., *Zahlenzauber 4, Lehrermaterialien, Ausgabe D*, Oldenbourg, München, 2005

Grassmann Marianne, *Näherungsrechnen in Klasse 6*, In: Mathematik in der Schule, 4/1982, S. 244–257

Grassmann Marianne, *Mathematik entdecken – den Kindern verschiedene Zugänge zur Mathematik ermöglichen*, In: Grundschulunterricht, 9/1998, S. 2–4

Green Norm & Green Kathy, *Kooperatives Lernen im Klassenraum und im Kollegium: das Trainingsbuch*, 3. Auflage, Kallmeyer, Seelze-Velber, 2007

Grunder Hans-Ulrich et al., *Unterricht verstehen – planen – gestalten – auswerten*, Schneider Verlag Hohengehren, Baltmannsweiler, 2007

Gudjons Herbert, *Didaktik zum Anfassen. Lehrer/in-Persönlichkeit und lebendiger Unterricht*, 2. Auflage, Verlag Julius Klinkhardt, Bad Heilbrunn, 1998a

Gudjons Herbert, *Frontalunterricht – gut gemacht ... Come-Back des „Beybringens"?* In: Pädagogik, 5/1998b, S. 5–8

Hansel, Carmen, *Lang, Länger, am Längsten. Eine Mathewerkstatt*, Verlag an der Ruhr, Mühlheim an der Ruhr, 2001

Hasemann Klaus, *Anfangsunterricht Mathematik*, 2. Auflage, Elsevier/Spektrum Akademischer Verlag, München, 2007

Hatt Werner et al. (Hrsg.), *Mathe-Stars 4*, Oldenbourg, München, 2005

Heimann Paul, *Didaktik als Theorie und Lehre*, In: Die deutsche Schule, 54. Jahrgang, 1962, S. 407–427

Heimann Paul et al., *Unterricht – Analyse und Planung*, 9. Auflage, Hermann Schroedel Verlag, Hannover, 1977

Heine Helme, *Na warte, sagte Schwarte*, Middelhauve, Köln und Zürich, 1992

Hengartner Elmar, *Mit Kindern lernen*, Klett und Balmer, Zug, 2001

Hengartner Elmar et al., *Lernumgebungen für Rechenschwache bis Hochbegabte. Natürliche Differenzierung im Mathematikunterricht*, Klett und Balmer, Zug, 2006

Herget Wilfried, *Rechnen können reicht ... eben nicht!* In: mathematik lehren, 100/2000, S. 4–10

Jank Werner & Meyer Hilbert, *Didaktische Modelle*, 7. Auflage. Cornelsen Scriptor, Berlin, 2005

Jost Dominik (Hrsg.), *Mit Fehlern muss gerechnet werden*, 2. Auflage, sabe, Zürich, 1997

Jürgens Eiko, *Die ‚neue‘ Reformpädagogik und die Bewegung Offener Unterricht*, 6. Auflage, Academia Verlag, Sankt Augustin, 2004

Keck Rudolf W., *Der Impulsunterricht. Eine vermittelnde Unterrichtsform zwischen gängelnden und selbststeuernden Verfahren*, In: Pädagogik, 5/1998, S. 13–16

Klafki Wolfgang, *Die bildungstheoretische Didaktik im Rahmen kritisch-konstruktiver Erziehungswissenschaft. Oder: Zur Neufassung der Didaktischen Analyse*, In: Gudjons Herbert et al. (Hrsg.), Didaktische Theorien, Bergmann + Helbig Verlag, 4. Auflage, Hamburg, 1987, S. 11–26

Kliebisch Udo W. & Meloefski Roland, *LehrerSein. Pädagogik für die Praxis*, Schneider Verlag Hohengehren, Baltmannsweiler, 2006

Klieme Eckhard & Steinert Brigitte, *Einführung der KMK-Bildungsstandards. Zielsetzungen, Konzeptionen und Einführung in den Schulen am Beispiel der Mathematik*, In: MNU Der Mathematische und Naturwissenschaftliche Unterricht, 3/2004, S. 132–137

Klingberg Lothar, *Einführung in die allgemeine Didaktik*, Athanaeum Fischer Taschenbuch Verlag, Frankfurt am Main, o. J.

Klippert Heinz, *Eigenverantwortliches Arbeiten und Lernen. Bausteine für den Fachunterricht*, 4. Auflage, Beltz, Weinheim und Basel, 2004

Klippert Heinz, *Methoden-Training. Übungsbausteine für den Unterricht*, 16. Auflage, Beltz, Weinheim u. a., 2006

Klippert Heinz & Müller Frank, *Methodenlernen in der Grundschule. Bausteine für den Unterricht*, 2. Auflage, Beltz, Weinheim u. a., 2004

Klotzek Benno, *Kombinieren, parkettieren, färben*, Aulis, Köln, 1985

Kösel Edmund, *Sozialformen des Unterrichts*, 6. Auflage, Otto Maier Verlag, Ravensburg, 1978

Konrad Klaus & Traub Silke, *Kooperatives Lernen. Theorie und Praxis in Schule, Hochschule und Erwachsenenbildung*, 2. Auflage, Schneider Verlag Hohengehren, Baltmannsweiler, 2005

Krauthausen Günter, *Zahlenmauern im zweiten Schuljahr – ein substantielles Übungsformat*, In: Grundschulunterricht, 10/1995, S. 5–9

Krauthausen Günter, *Lernen – Lehren – Lehren lernen. Zur mathematik-didaktischen Lehrerbildung am Beispiel der Primarstufe*, Klett, Leipzig u. a., 1998

Krauthausen Günter, *Allgemeine Lernziele im Mathematikunterricht der Grundschule*, In: Selter Christoph & Schipper Wilhelm (Hrsg.), Offener Mathematikunterricht: Mathematiklernen auf eigenen Wegen, Friedrich Verlag, Seelze, 2001, S. 86–93

Krauthausen Günter & Herrmann Volker, *Plädoyer für eine pädagogisch-didaktisch reflektierte Diskussion zum Computereinsatz in der Grundschule*, In: Krauthausen Günter & Herrmann Volker (Hrsg.), Computereinsatz in der Grundschule? Fragen der didaktischen Legitimierung und der Software-Gestaltung, Klett, Stuttgart u. a., 1994, S. 30–45

Krauthausen Günter & Scherer Petra, *Einführung in die Mathematikdidaktik*. 2. Auflage, Elsevier/Spektrum Akademischer Verlag, München, 2006

Krauthausen Günter & Scherer Petra, *Einführung in die Mathematikdidaktik*, 3. Auflage, Elsevier/Spektrum Akademischer Verlag, München, 2007

Kütting Herbert, *Didaktik der Wahrscheinlichkeitsrechnung*, Herder, Freiburg u. a., 1981

Kütting Herbert & Sauer Martin J., *Elementare Stochastik. Mathematische Grundlagen und didaktische Konzepte*, 2. Auflage, Springer-Verlag, Berlin und Heidelberg, 2008

Lauter Josef, *Fundament der Grundschulmathematik*, 2. Auflage, Auer Verlag, Donauwörth, 1995

Lauter Josef, *Fundament der Grundschulmathematik*, 4. Auflage, Auer Verlag, Donauwörth, 2005

Lorenz Jens Holger, *Veranschaulichungsmittel im arithmetischen Anfangsunterricht,* In: Lorenz Jens Holger (Hrsg.), Mathematik und Anschauung, Aulis, Köln, 1993, S. 122–146

Lorenz Jens Holger, *Arithmetischen Strukturen auf der Spur. Funktion und Wirkungsweisen von Veranschaulichungsmitteln,* In: Grundschulzeitschrift, 82/1995, S. 8–12

Lorenz Jens Holger, *Kinder entdecken die Mathematik,* Westermann, Braunschweig, 1997

Lorenz Jens Holger, *Arithmetische Entdeckungen mit dem Taschenrechner,* In: Grundschule, 3/1998, S. 22–29

Lorenz Jens Holger & Radatz Hendrik, *Handbuch des Förderns im Mathematikunterricht,* Schroedel, Hannover, 2005

Maak Angela, *So geht's: Zusammen über Mathe sprechen. Mathematik mit Kindern erarbeiten,* Verlag an der Ruhr, Mühlheim an der Ruhr, 2003

Mager Robert F., *Lernziele und Unterricht,* völlig überarbeitete Neuausgabe, Beltz, Weinheim und Basel, 1977

Malmendier Norbert & Kaeseler Peter, *Stochastik in der Primarstufe,* In: Sachunterricht und Mathematik in der Primarstufe, 10/1985, S. 414–421

Meyer Hilbert, *Leitfaden zur Unterrichtsvorbereitung,* 12. Auflage, Cornelsen Scriptor, Frankfurt am Main, 2003a

Meyer Hilbert, *Zehn Merkmale guten Unterrichts,* In: Pädagogik, 10/2003b, S. 36–43

Meyer Hilbert, *Unterrichtsmethoden I: Theorieband,* 12. Auflage, Cornelsen Scriptor, Berlin, 2005

Meyer Hilbert, *Unterrichtsmethoden II: Praxisband,* 13. Auflage, Cornelsen Scriptor, Berlin, 2006

Möller Christine, *Technik der Lernplanung. Methoden und Probleme der Lernzielerstellung,* 4. Auflage, Beltz, Weinheim und Basel, 1973

Möller Manfred & Pönicke Peter, *Mit Köpfchen spielen! Gewinnstrategien suchen und entwickeln.* In: Schipper Wilhelm et al. (Hrsg.), Offener Mathematikunterricht in der Grundschule. Bd. 1: Arithmetik, Friedrich Verlag, Seelze, 1995, S. 42–44

Mühlhausen Ulf, *Unterrichtsvorbereitungen – Wie am besten?* In: Daschner Peter & Drews Ursula (Hrsg.), Kursbuch Referendariat, Beltz, Weinheim und Basel, 1997, S. 58–86

Müller Frank, *Selbstständigkeit fördern und fordern: handlungsorientierte Methoden – praxiserprobt, für alle Schularten und Schulstufen*, 3. Auflage, Beltz, Weinheim u. a., 2004

Müller Gerhard N. & Wittmann Erich Ch., *Der Mathematikunterricht in der Primarstufe*, Vieweg, Braunschweig, 1977

Müller Gerhard N. & Wittmann Erich Ch., *Der Mathematikunterricht in der Primarstufe*, 3. Auflage, Vieweg, Braunschweig, 1984

Müller Gerhard N. et al., *Das Zahlenbuch. Mathematik im 1. Schuljahr. Lehrerband*, Klett, Leipzig u. a., 1996

Neubert Bernd, *Grundschulkinder lösen kombinatorische Aufgabenstellungen*, In: Grundschulunterricht, 9/1998, S. 17–19

Neuhaus-Siemon Elisabeth, *Reformpädagogik und offener Unterricht*, In: Grundschule, 6/1996, S. 19–24.

Nührenbörger Marcus & Pust Sylke, *Mit Unterschieden rechnen. Lernumgebungen und Materialien für einen differenzierten Anfangsunterricht Mathematik*, Kallmeyer, Seelze, 2006

Oerter A. & Anders K., *Das 2-Wege-Spiel – kombinatorische und arithmetische Fragestellungen zum operativen und produktiven Üben. Klassen 3 und 4*, In: RAAbits Grundschule, Februar 2002

Padberg Friedhelm, *Didaktik der Arithmetik für Lehrerausbildung und Lehrerfortbildung*, 3. Auflage, Elsevier/Spektrum Akademischer Verlag, München, 2005

Padberg, Friedhelm et al., *Zahlbereiche. Eine elementare Einführung*, Spektrum Akademischer Verlag, Heidelberg, 1995

Peter-Koop Andrea & Ruwisch Silke, *"Wie viele Autos stehen in einem 3-km-Stau?" – Modellbildungsprozesse beim Bearbeiten von Fermi-Problemen in Kleingruppen*, In: Peter-Koop Andrea & Ruwisch Silke (Hrsg.), Gute Aufgaben im Mathematikunterricht der Grundschule, Mildenberger Verlag, Offenburg, 2003, S. 111–130

Peterßen Wilhelm H., *Kleines Methoden-Lexikon*, Oldenbourg, München, 1999

Peterßen Wilhelm H., *Handbuch Unterrichtsplanung. Grundfragen, Modelle, Stufen, Dimensionen*, 9. Auflage, Oldenbourg, München u. a., 2000

Piaget Jean & Inhelder Bärbel, *Die Psychologie des Kindes*, 9. Auflage, Klett-Cotta, München, 2004

Platte Hans K. & Kappen Achim, *Wirtschaftslehre im Unterricht 1. Unterrichtsentwürfe für den 5. Jahrgang*, Otto Maier Verlag, Ravensburg, 1976

Polya Georg, *Vom Lösen mathematischer Aufgaben. Einsicht und Entdeckung, Lernen und Lehren. Band II*, Birkhäuser Verlag, Basel und Stuttgart, 1967

Quak Udo (Hrsg.), *Fundgrube Mathematik*, 4. Auflage, Cornelsen Scriptor, Berlin, 2006

Radatz Hendrik, *„Sag mir, was soll es bedeuten?" Wie Schülerinnen und Schüler Veranschaulichungen verstehen*, In: Grundschulzeitschrift, 82/1995, S. 50–51

Radatz Hendrik et al., *Handbuch für den Mathematikunterricht. 1. Schuljahr*, Schroedel, Hannover, 1996

Radatz Hendrik et al., *Handbuch für den Mathematikunterricht. 2. Schuljahr*, Schroedel, Hannover, 1998

Radatz, Hendrik et al., *Handbuch für den Mathematikunterricht. 3. Schuljahr*, Schroedel, Hannover, 1999

Radatz Hendrik et al., *Handbuch für den Mathematikunterricht. 4. Schuljahr*, Schroedel, Hannover, 2000

Radatz Hendrik et al., *Handbuch für den Mathematikunterricht. 1. Schuljahr*, Schroedel, Hannover, 2005

Radatz Hendrik et al., *Handbuch für den Mathematikunterricht. 2. Schuljahr*, Schroedel, Hannover, 2004a

Radatz Hendrik et al., *Handbuch für den Mathematikunterricht. 3. Schuljahr*, Schroedel, Hannover, 2004b

Radatz Hendrik et al., *Handbuch für den Mathematikunterricht, 3. Schuljahr*, Schroedel, Hannover, 2006

Radatz Hendrik & Rickmeyer Knut, *Handbuch für den Geometrieunterricht an Grundschulen*, Schroedel, Hannover, 1991

Radatz Hendrik & Schipper Wilhelm, *Handbuch für den Mathematikunterricht an Grundschulen*, 6. Auflage, Schroedel, Hannover, 2004

Rasch Renate, *42 Denk- und Sachaufgaben. Wie Kinder mathematische Aufgaben lösen und diskutieren*, Kallmeyer, Seelze-Velber, 2003

Rathgeb-Schnierer Elisabeth & Roos Udo (Hrsg.), *Wie rechnen Matheprofis? Ideen und Erfahrungen zum offenen Mathematikunterricht*, Oldenbourg, München u. a., 2006

Reinmann-Rothmeier Gabi & Mandl Heinz, *Wissensmanagement in der Schule*, In: Profil, 10/1997, S. 20–27

Rickmeyer Knut, *Übungen zur Kopfgeometrie*, In: Praxis Grundschule, März 2003, S. 12–16

Röhr Martina, *Kooperatives Lernen im Mathematikunterricht der Primarstufe. Entwicklung und Evaluation eines fachdidaktischen Konzepts zur Förderung der Kooperationsfähigkeit von Schülern*, Deutscher Universitäts-Verlag, Wiesbaden, 1995

Röhr Martina, *Rechnen, Denken und Argumentieren mit Ziffernkärtchen*, In: Schipper Wilhelm & Selter Christoph (Hrsg.), Die Grundschulzeitschrift. Sammelband. Offener Mathematikunterricht: Arithmetik II, Friedrich Verlag, Seelze, 2001, S. 80–83

Ruwisch Silke & Peter-Koop Andrea (Hrsg.), *Gute Aufgaben im Mathematikunterricht der Grundschule*, Mildenberger Verlag, Offenburg, 2003

Scherer Petra, *Schülerorientierung UND Fachorientierung – notwendig und möglich!* In: Mathematische Unterrichtspraxis, 1/1997a, S. 37–48

Scherer Petra, *Substantielle Aufgabenformate – jahrgangsübergreifende Beispiele für den Mathematikunterricht*, In: Grundschulunterricht, 1/1997b, S. 34–38

Scherer Petra, *Zahlenketten. Entdeckendes Lernen im 1. Schuljahr*, In: Schipper Wilhelm & Selter Christoph (Hrsg.), Offener Mathematikunterricht: Arithmetik II, Friedrich Verlag, Velber, 2001, S. 64–67.

Scherer Petra, *Produktives Lernen für Kinder mit Lernschwächen. Fördern durch Fordern. Band 2: Addition und Subtraktion im Hunderterraum*, 2. Auflage, Verlag Persen, Horneburg, 2004

Scherer Petra, *Produktives Lernen für Kinder mit Lernschwächen. Fördern durch Fordern. Band 3: Multiplikation und Division im Hunderterraum*, Verlag Persen, Horneburg, 2005

Scherer Petra & Bönig Dagmar (Hrsg.), *Mathematik für Kinder – Mathematik von Kindern*, Grundschulverband, Arbeitskreis Grundschule e. V., Frankfurt am Main, 2004

Scherer Petra & Selter Christoph, *Zahlenketten – ein Unterrichtsbeispiel für natürliche Differenzierung*, In: Mathematische Unterrichtspraxis, 2/1996, S. 21–28

Scherer Petra & Wember Franz, *Produktives Lernen für Kinder mit Lernschwächen. Fördern durch Fordern. Band 1: Zwanzigerraum*, Klett, Leipzig u. a., 2005

Schipper Wilhelm, *Üben im Mathematikunterricht der Grundschule*, 9. Auflage, Niedersächsisches Landesinstitut für Lehrerfortbildung, Lehrerweiterbildung und Unterrichtsforschung, Hildesheim, 1995

Schipper Wilhelm, *„Schulanfänger verfügen über hohe mathematische Kompetenzen."* Eine *Auseinandersetzung mit einem Mythos,* In: Peter-Koop Andrea (Hrsg.), Das besondere Kind im Mathematikunterricht der Grundschule. Peter Sorger zum 60. Geburtstag gewidmet. Mildenberger Verlag, Offenburg, 1998, S. 119–140

Schipper Wilhelm, *Arbeitsmittel für den arithmetischen Anfangsunterricht. Kriterien zur Auswahl,* In: Schipper Wilhelm & Selter Christoph (Hrsg.), Offener Mathematikunterricht: Arithmetik II, Friedrich Verlag, Seelze, 2001a, S. 52–55

Schipper Wilhelm, *Offenheit und Zielorientierung,* In: Grundschule, 3/2001b, S. 10–15

Schipper Wilhelm et al., *Handbuch für den Mathematikunterricht. 4. Schuljahr,* Schroedel, Hannover, 2005

Schulz Wolfgang, *Unterricht – Analyse und Planung,* In: Heimann et al. (Hrsg.), Unterricht – Analyse und Planung, 9. Auflage, Hermann Schroedel Verlag, Hannover, 1977

Schulz Wolfgang, *Unterrichtsplanung,* 3. Auflage, Urban & Schwarzenberg, München u. a., 1981

Schütte Sybille, *Graf Tüpo und die Kunst, mit Geometrie Sinn zu machen,* In: Die Grundschulzeitschrift, 62/1993, S. 36–37

Schütte Sybille, *Mehr Offenheit im mathematischen Anfangsunterricht,* In: Selter Christoph & Schipper Wilhelm (Hrsg.), Offener Mathematikunterricht: Mathematiklernen auf eigenen Wegen, Friedrich Verlag, Seelze, 2001a, S. 11–13

Schütte Sybille, *Offene Lernangebote – Aufgabenlösungen auf verschiedenen Niveaus,* In: Grundschulunterricht, 11/2001b, S. 4–8

Schütte Sybille, *Die Matheprofis 3,* Oldenbourg, München, 2005a

Schütte Sybille, *Die Matheprofis 3, Lehrermaterialien,* Oldenbourg, München, 2005b

Schwätzer Ulrich, *Rechnen mit dem „mathe 2000"-Logo – Zahlentreppen vom ersten Schuljahr an,* In: Selter Christoph & Walther Gerd (Hrsg.), Mathematiklernen und gesunder Menschenverstand. Festschrift für Gerhard Norbert Müller. Ernst Klett, Leipzig u. a., 2001

Selter Christoph, *Der nordrhein-westfälische Mathematik-Lehrplan für die Grundschule und die Diskussion um Bildungsstandards,* überarbeitete Version eines Vortrags auf der Herbsttagung des Arbeitskreises Grundschule der Gesellschaft für Didaktik der Mathematik in Tabarz, 2003, http://www.uni-lueneburg. de/gdm_grundschule/pdf/Tabarz03%20Selter.pdf

Selter Christoph & Scherer Petra, *Zahlenketten – Ein Unterrichtsbeispiel für Grundschüler und Lehrerstudenten,* In: mathematica didactica, 1/1996, S. 54–66

Selter Christoph & Schipper Wilhelm (Hrsg.), *Offener Mathematikunterricht: Mathematiklernen auf eigenen Wegen,* Friedrich-Verlag, Seelze, 2001

Selter Christoph & Spiegel Hartmut, *Wie Kinder denken und rechnen,* Klett, Leipzig u. a., 1997

Spiegel Hartmut, *Mut zum Nachdenken haben. Ein Plädoyer für Knobelaufgaben im Mathematikunterricht der Grundschule,* In: Die Grundschulzeitschrift, 163/2003, S. 18–21

Spiegel Hartmut & Selter Christoph, *Kinder & Mathematik. Was Erwachsene wissen sollten,* 2. Auflage, Kallmeyer, Seelze-Velber, 2004

Steinbring Heinz, *Beziehungsreiches Üben – ein arithmetisches Problemfeld,* In: mathematik lehren, 83/1997, S. 59–63

Verboom Lilo, *Produktives Üben mit ANNA-Zahlen und anderen Zahlenmustern,* In: Die Grundschulzeitschrift, 119/1998, S. 48–49

Verboom Lilo, *Die „Goldene Zahlenkette" – ein kindgemäßer Zugang zum Entdecken und Begründen von Gesetzmäßigkeiten,* In: Grundschulunterricht, 9/1999, S. 9–11

vom Hofe Rudolf, *Mathematik entdecken,* In: mathematik lehren, 105/2001, S. 4–8

Weinert Franz E., *Für und Wider die „neuen Lerntheorien" als Grundlagen pädagogisch-psychologischer Forschung,* In: Zeitschrift für Pädagogische Psychologie, 1/1996, S. 1–12

Wielpütz Hans: *Zur Unterrichtskultur für einen differenzierten Umgang mit Mathematik,* In: Christiani Reinold (Hrsg.), Auch die leistungsstarken Kinder fördern. Cornelsen, Frankfurt am Main, 1994, S. 83–88

Winning Anita, *„Durch-Aufgaben" kurz schreiben. Von individuellen Rechenstrategien zur schriftlichen Division,* In: Die Grundschulzeitschrift, 119/1998, S. 44–46

Winter Heinrich, *Begriff und Bedeutung des Übens im Mathematikunterricht,* In: mathematik lehren, 2/1984a, S. 4–16

Winter Heinrich, *Entdeckendes Lernen im Mathematikunterricht,* In: Grundschule, 4/1984b, S. 26–29

Winter Heinrich, *Lernen durch Entdecken?* In: mathematik lehren, 28/1988, S. 6–13

Winter Heinrich, *Entdeckendes Lernen im Mathematikunterricht. Einblicke in die Ideenge-schichte und ihre Bedeutung für die Pädagogik*, 2. Auflage, Vieweg, Braunschweig und Wiesbaden, 1991

Winter Heinrich, *Mathematik entdecken. Neue Ansätze für den Unterricht in der Grund-schule*, 4. Auflage, Cornelsen Scriptor, Frankfurt am Main, 1994a

Winter Heinrich, *Sachrechnen in der Grundschule*, Cornelsen Scriptor, Frankfurt am Main, 1994b

Winter Heinrich, *Problemorientierung des Sachrechnens in der Primarstufe als Möglichkeit, entdeckendes Lernen zu fördern*, In: Bardy Peter (Hrsg.), Mathematische und ma-thematikdidaktische Ausbildung von Grundschullehrerinnen/-lehrern, Deut-scher Studienverlag, Weinheim, 1997, S. 57–92

Wittmann Erich Ch., *Grundfragen des Mathematikunterrichts*, 6. Auflage, Vieweg Verlag, Braunschweig, 1981

Wittmann Erich Ch., *Unterrichtsbeispiele als integrierender Kern der Mathematikdidaktik*, In: Journal für Mathematikdidaktik, 3/1982, S. 1–18

Wittmann Erich Ch., *Aktiv-entdeckendes und soziales Lernen im Rechenunterricht – vom Kind und vom Fach aus*, In: Müller Gerhard N. & Wittmann Erich Ch. (Hrsg.), Mit Kindern rechnen, Arbeitskreis Grundschule – Der Grundschulverband, Frankfurt am Main, 1995a, S. 10–41

Wittmann Erich Ch., *Unterrichtsdesign und empirische Forschung*, In: Müller Kurt Peter (Hrsg.), Beiträge zum Mathematikunterricht. Vorträge auf der 29. Tagung für Didaktik der Mathematik vom 6. bis 10. März 1995 in Kassel, Franzbecker, Hildesheim, 1995b, S. 528–531

Wittmann Erich Ch., *Was muss sich bewegen? Die weitere Entwicklung des Mathematik-unterrichts in der Grundschule*, In: Floer Jürgen u. a. (Hrsg.), Offener Mathematik-unterricht in der Grundschule. Band 2: Geometrie und Sachrechnen. Friedrich Verlag, Seelze-Velber, 1995c, S. 78–80

Wittmann Erich Ch., *Offener Mathematikunterricht in der Grundschule – vom FACH aus*, In: Grundschulunterricht, 6/1996, S. 3–7

Wittmann Erich Ch., *Wider die Flut der „bunten Hunde" und der „grauen Päckchen": Die Konzeption des aktiv-entdeckenden Lernens und des produktiven Übens*, In: Wittmann Erich Ch. & Müller Gerhard N. (Hrsg.), Handbuch produktiver Rechenübun-gen, Band 1, 2. Auflage, Klett, Stuttgart u. a., 2006, S. 157–171

Wittmann Erich Ch. & Müller Gerhard N., *Das Zahlenbuch. Mathematik im 1. Schul-jahr. Lehrerband*, Klett, Leipzig u. a., 2005a

Wittmann Erich Ch. & Müller Gerhard N., *Handbuch produktiver Rechenübungen. Band 2: Vom halbschriftlichen zum schriftlichen Rechnen*, Klett, Stuttgart u. a., 2005b

Wittmann Erich Ch. & Müller Gerhard N., *Handbuch produktiver Rechenübungen. Band 1: Vom Einspluseins zum Einmaleins*, 2. Auflage, Klett, Stuttgart u. a., 2006

Wittmann Erich Ch. et al., *Das Zahlenbuch. Mathematik im 2. Schuljahr. Lehrerband*, Klett, Stuttgart u. a., 1995

Bildungsstandards und Lehrpläne
(Internetversionen, vgl. http://db.kmk.org/lehrplan)

Bildungsplan Baden-Württemberg (2004):
Ministerium für Kultus, Jugend und Sport, *Bildungsplan 2004. Grundschule*, Stuttgart, 2004

Bildungsstandards (2004):
Sekretariat der Ständigen Konferenz der Kultusminister der Länder in der Bundesrepublik Deutschland, *Beschlüsse der Kultusministerkonferenz: Bildungsstandards im Fach Mathematik für den Primarbereich. Beschluss vom 15.10.2004*, Luchterhand, München und Neuwied, 2004

Kerncurriculum Niedersachsen (2006):
Niedersächsisches Kultusministerium, *Kerncurriculum für die Grundschule. Schuljahrgänge 1–4. Mathematik*, Hannover, 2006

Lehrplan NRW (2003):
Ministerium für Schule, Jugend und Kinder des Landes Nordrhein-Westfalen, *Richtlinien und Lehrpläne zur Erprobung für die Grundschule in Nordrhein-Westfalen*, Ritterbach, Frechen, 2003

Rahmenplan Hessen (1995):
Hessisches Kultusministerium, *Rahmenplan Grundschule*, Wiesbaden, 1995

Rahmenplan Rheinland-Pfalz (2002):
Ministerium für Bildung, Frauen und Jugend, *Weiterentwicklung der Grundschule. Rahmenplan Grundschule. Allgemeine Grundlegung. Teilrahmenplan Mathematik*, Sommer Druck und Verlag, Grünstadt, 2002